LESEN 3

Walter Raitz (Hrsg.)

Deutscher Bauernkrieg

LESEN

Herausgegeben von Erhard Schütz und Jochen Vogt

Springer Fachmedien Wiesbaden GmbH

LESEN 3

Walter Raitz (Hrsg.)
Redaktionelle Mitarbeit:
Manfred Dutschke, Klaus Siblewski

Deutscher Bauernkrieg

Historische Analysen und Studien zur Rezeption

Springer Fachmedien Wiesbaden GmbH

Ursprünglich erschienen bei Westdeutscher Verlag GmbH, Opladen 1976

C. Bertelsmann, Vertretung für Wien, Gesellschaft mbH
Satz: Vieweg, Wiesbaden

ISBN 978-3-531-11352-4 ISBN 978-3-663-16294-0 (eBook)
DOI 10.1007/978-3-663-16294-0

Inhalt

Historische Analysen

Andreas Seiverth

Dogma und häretische Kritik als Voraussetzung des Bauernkriegs

I.

Die formale Bestimmung des theologischen Dogmas ist in sich widersprüchlich: in seiner Geschichte ist es von theoretischen und politischen Konstellationen abhängig, die in seinem allgemeinen Geltungsanspruch überwunden sein sollen. Es geht der Fixierung eines Dogmas ein als wahr oder selbstverständlich behaupteter Glaubenssatz voraus, der mit gleichem Anspruch von anderen bestritten wird. Formal stellt die Fixierung den Abschluß der Auseinandersetzung und die Vereinheitlichung der Lehre durch die Beseitigung von Widersprüchen dar. Einmal festgestellt, bildet es die systematische Voraussetzung für jede weitere Argumentation (vgl. Schmitt 1934, S. 54).
Das für die Theologie und in der Kirchengeschichte zentrale Dogma ist das historisch nach dem von der göttlichen Trinität und dem von der Erlösung (Christologisches Dogma) formulierte von der Erbsünde (Anthropologisches Dogma). Dem Inhalt nach war es vor seiner dogmatischen Fassung schon lange gegeben, ehe es im 5. Jahrhundert als Abschluß einer heftigen theologischen Auseinandersetzung zwischen Augustinus und Pelagius festgelegt wurde.
Wenn das Dogma erst als Resultat einer theoretischen und von politischen Umständen modifizierten Kontroverse entsteht, dann ist ihm trotz seines absoluten Geltungsanspruchs ein historischer Charakter eigen. In dieser Form wird es zum Bezugspunkt einer Traditionsbildung, an deren damit bezeichneten Anfang sich Wahrheitsanspruch und das Moment der Gewalt verschränken. Dadurch, daß es den Abschluß einer argumentativen Auseinandersetzung bildet, bewahrt das Dogma gleichzeitig das theoretische Problem und die Einwände der Gegner auf. Weil in seine Begründung die Zurückweisung der schließlich als Häresie verurteilten Behauptungen, die selbst aber sehr wohl begründet waren, eingehen mußte, hält es gegen die Niederlage der Häretiker die Erinnerung an sie fest. Deshalb bleibt das Dogma immanent kritisierbar und die scheinbar abgeschlossene Geschichte, das der Form nach entschiedene Problem, läßt sich jederzeit aktualisieren. Die spätere Kritik des Dogmas ist daher immer eine Vergegenwärtigung eines Vergangenen, die Aufbrechung der Geschichte als

nur tote Fakten und die Herstellung eines gewußten objektiven Zusammenhangs. Deutlich wird dies nicht zuletzt daran, daß die späteren Apologeten des Dogmas dessen Kritiker mit den Namen der früheren Ketzer belegen.

Im Dogma von der Erbsünde sind verschiedene theoretische Probleme synthetisiert, die aus der antiken Philosophie und der frühchristlichen Glaubenslehre herrühren. Die für jene frühe Theologie entscheidende Aufgabe lag darin, sowohl den „Erlösungsanspruch" als auch die „Erlösungsbedürftigkeit der Kreatur" gegenüber der antiken Philosophie zu begründen. In der Bestimmung des Menschen als einem „vernünftigen Lebewesen" war das sinnlich-materielle Moment als unwesentliches gedacht, insofern nämlich die Vernunft des Einzelnen sich nicht auf die „Sorgen dieses sterblichen Lebens" richtet (Augustinus 1962, I, 79), sondern auf das „höchste Vernunftgesetz" (illa lex quae summa ratio nominatur) (Augustinus 1962, I, 48). „Nach ihm ist gerecht, daß alles vollkommen geordnet sei" (Augustinus 1962, I, 51). In der Erkenntnis und Ausrichtung des individuellen Handelns nach jenem Gesetz stellte sich die Übereinstimmung von Einzelnem und Allgemeinem her. Wenn die „Weisheit und Erkenntnis nicht das Mächstigste wäre unter allem Menschlichen" (Platon, Protagoras 352 d), dann ließe sich die Differenz zum Naturzusammenhang nicht bestimmen. Die Herrschaft der Vernunft erweist sich nach Augustinus aber in der Fähigkeit des Menschen zur Selbstreflexion, darin, daß er nicht nur lebt, sondern weiß, daß er lebt.

In der reflexiven Beziehung auf sich selbst sind die Menschen frei. Die in der Vernunft gesetzte Freiheit des Menschen existiert so lange, wie er gegenüber den sinnlich-partikularen Bedingungen selbständig bleibt. „Da also den herrschenden und tugendhaften Geist kein gleiches oder überlegenes Wesen wegen seiner Gerechtigkeit zum Knecht des Gelüstens machen kann, und da kein tiefer stehendes wegen seiner Schwäche es kann, (. . .) so kann nichts anderes den Geist zum Genossen der Begierde machen als der eigene Wille und die freie Wahl (Augustinus 1962, I, 76)." Weil die Menschen nicht als bloße Naturwesen existieren, ist die „Sünde" gerade der Erweis ihrer Freiheit. Damit die Menschen das gesetzte Gebot Gottes erfüllen können, muß es ihnen möglich sein, es zu negieren.

Der höchste praktische Zweck der Philosophie und christlichen Theologie, einen vernünftigen geordneten Natur- und Gesellschaftszusammenhang zu denken und darin die menschliche Glückseligkeit zu erreichen, hing von den jeweiligen individuellen Entscheidungen der Einzelnen ab. Die Allgemeinheit des Bösen ist daher nichts von

ihnen Unabhängiges, Substantielles, sondern das Resultat der Gewohnheit. Daß die Menschen darunter leiden, fällt auf sie selbst zurück und die Erlösung kann nur von ihnen selbst ausgehen.
Augustinus kann einerseits die individuelle Verantwortlichkeit nicht preisgeben, denn damit gäbe er nach seinen eigenen Voraussetzungen das Selbstbewußtsein der Menschen auf, diese fielen bewußtlos in den Naturzustand zurück, andererseits soll jedoch die Erlösungsbedürftigkeit aller Menschen erwiesen werden. Gemeinsam ist allen Menschen die Sehnsucht nach dem seligen Leben.
Das Bild der erfüllten Sehnsucht wird als im Gedächtnis schon präsentes vorausgesetzt. „. . . und eben die Freude nennen sie das Selige Leben (ipsum gaudium vitam beatam vocant). Mag der sie hier, dort der andere suchen, es ist nur Eines, wonach das Trachten aller geht: sich zu freuen. Was für ein Ding das sei – keiner kann sagen, daß er's nie erfahren; darum findet sich's im Gedächtnis, und es wird erkannt (propterea reperta in memoria recognoscitur), wenn das Wort vom Seligen Leben erklingt" (Augustinus 1966, X, 21). Nach platonischer Voraussetzung, die Augustinus teilt, wäre es als gewußtes Wiedererinnertes auch zu erreichen.
Hinge die Möglichkeit, das Gute zu wählen ausschließlich vom sich selbst beherrschenden vernünftigen Individuum ab, dann wäre das ewige, sündlose Leben von jedem erreichbar. Diese Konsequenz entwickelte Pelagius. Damit entfiele gleichzeitig der Anspruch der Kirche, die notwendige Vermittlungsinstanz der Lehre und der für die Erlösung unabdingbaren Sakramente zu sein. Der Universalitätsanspruch der Kirche gründete sich auf die Allgemeinheit der Sünde, die nicht mehr nur der subjektiv verfehlte Wille war, sondern die Wesensbestimmung der menschlichen Gattung ausmacht. Dem Geltungsanspruch der Kirche, wie er sich in der Auseinandersetzung mit den frühen anarchisch-eschatologischen Sektenbewegungen herausgebildet hatte, lag zum einen die zeitliche Vertagung zugrunde (was sich in der affirmativen Angleichung an das römische Imperium ausdrückte und die Übernahme seines politischen Imperialismus einschloß), zum anderen setzte er die Wahrheit des Dogmas von der Erbsünde voraus. Gegenüber dem individuellen Erlösungsanspruch wird die Kirche somit zwingend zur Herrschaftsinstitution. Sie stellt die Anerkennung jenes Impulses, das Versprechen seiner Einlösung dar und drückt gleichzeitig seine Negation aus. Diese Aporie macht den Kirchenbegriff aus: als in der Wirklichkeit erscheinendes, aber nicht vollendetes Reich Gottes (Augustinus). Demnach gilt das historische Dasein der Kirche selbst schon als Beweis für die Unmöglichkeit individueller Erlösung; jedoch kann die Wahrheit des kirchlichen

Anspruchs nur mit der spekulativen Annahme begründet werden, daß die menschliche Gattung mit der Schöpfung Gottes und dem Sündenfall Adams in der Zeit wirklich begonnen hat. Die dem Universalitätsanspruch der Kirche vorausgesetzte Idee der Einheit des Menschengeschlechts ist nicht demonstrativ zu beweisen, sondern muß als die Wahrheit des Sündenfallmythos erschlossen werden. In ihm stellt sich anschaulich „die Art der empirischen Menschheit (. . .) dar und (das) Schicksal (Adams) ist das Schicksal der natürlichen Menschheit" (Seeberg 1974, II, S. 504).

Im Durchbrechen des Verbotes Gottes wird sich der Mensch in Adam als dem mythischen ersten Gattungssubjekt seiner selbst als endliches, vereinzeltes Wesen bewußt. Der Versuch, zu sein wie Gott, hat zum Ergebnis zwar die Allgemeinheit der „menschlichen Gebrechlichkeit" (humana fragilitas), die in der Mühe der Arbeit, eingeschränkter Erkenntnisfähigkeit und der Fixierung auf die Sinnlichkeit [als Begierde] und der Furcht ums Dasein am einzelnen erscheint, gleichzeitig das Festhalten am Versprechen der Schlange: Ihr werdet sein wie Gott. Der Sündenfall ist in einem der Beginn der menschlichen Gattungsgeschichte in der Nötigung zur Unterwerfung der eigenen und äußeren Natur und die Vorwegnahme ihres Endes, wenn die Menschen, wie Gott, das meint selig, sind.

Der freie Wille, die natürliche Vernunft des Menschen, erscheint gemäß dem Sündenfallmythos als Resultat des Vergehens gegen Gottes Verbot und dadurch gleichzeitig als die Bedingung der menschlichen Selbstbehauptung als physisches Wesen im Naturzusammenhang. Weil die Vernunft also auf den natürlichen Zwang zur Selbsterhaltung bezogen bleibt, ist sie als differencia specifica gegen bloße Natur jener doch verhaftet und daher unfrei. Deshalb kann weder der einzelne selig werden, noch ein vernünftiger gesellschaftlicher Zusammenhang aus der Selbsterhaltung einzelner entstehen. Gegen den behaupteten freien Willen und die Möglichkeit individueller Vollkommenheit bringt Augustinus deshalb drastisch die natürlichen Schranken der physischen Reproduktion zur Geltung.

„Denket doch ein wenig über das Paradies nach. Sollen wir da hineinsetzen keusche Männer und Weiber, die wider die Wollust kämpfen, Schwangere, von Übligkeit und Ekel geplagt und bleichen Antlitzes, und andere, die bei der Fehlgeburt unreife Leibesfrüchte von sich geben und wieder andere, die über der Geburt stöhnen und heulen? Oder die Kinder selbst, wie sie alle weinen, spät lachen, noch später sprechen und das bloß stammelnd, wie sie dann später zur Schule gebracht werden, um die Wissenschaft zu erlernen und unter der Peitsche, dem Stock und der Rute jammern, indem je nach ihrer Begabung diese Strafen in Anwendung kommen? Dazu dann die zahllosen Krankheiten, die Anläufe der Dämonen, die Bisse wilder Tiere. . . . Führwahr, niemand, der euch kennt wird sich wundern, wenn zur Unterschrift des Bildes euer Name gefügt würde und es hieße: Das *Paradies der Pelagianer*" (Seeberg 1974, II, S. 507).

Daher kann die existierende Welt das wirkliche Paradies nicht sein. Das Bild des wahren Paradieses als der versöhnten Natur ist zwar verloren und „in statu präsentis vitae" als unmöglich erwiesen, „den Willen zum Glück aber haben wir nicht verloren, da wir das Glück verloren" (Augustinus 1965, XXII, 30, S. 348).

Aus dem Sündenfall ergibt sich der Begriff des doppelten Gesetzes: das eine, das als göttliches Gebot nach seiner Übertretung den Maßstab für das andere, das menschliche Gesetz abgibt. Da die Menschen prinzipiell wegen der Erbsünde und durch individuelle Schuld sündigen, sind sie von der Erfüllung des göttlichen Gebotes abgeschnitten. Der gesellschaftliche allgemeine Zusammenhang ist daher auch nicht das Resultat ihres freien Zusammenschlusses, sondern – wie es in allen Mythen und Rekonstruktionen der Staatsentstehung dargestellt wird – das Produkt der Not und der Existenzsicherung. Die Zwanghaftigkeit der staatlichen Organisation hat ihren Grund in der dem einzelnen vorgegebenen unbeherrschten Naturgewalt. Liegt die Herstellung und Sicherung des gesellschaftlichen Zusammenhangs nicht in der Macht des Einzelnen, sind sie aber objektiv auf diesen angewiesen, dann zwingt die Selbsterhaltung zur Anerkennung der politischen Herrschaft. Mit der Geltung des Dogmas von der Erbsünde ist die Unmöglichkeit der Versöhnung von freiem Willen des Einzelnen mit der notwendigen Existenz des Staates gesetzt. Sein Vorrang gegenüber dem Einzelnen erweist dessen Nichtigkeit und wird zur Apologie der Unterwerfung: „Jedermann sei untertan der Obrigkeit, die Gewalt über ihn hat. Denn es ist keine Obrigkeit ohne von Gott; wo aber Obrigkeit ist, die ist von Gott verordnet" (Römer 13,1).

Das Dogma bezeichnet in der Rechtfertigung des politischen Gewaltverhältnisses die Bedingungen seiner Geltung; nämlich die Unfähigkeit der Einzelnen, das Gesetz Gottes von sich aus zu erfüllen. Wenn die Menschen aber gezwungen sind zusammenzuleben, muß die Zurückstellung ihrer Interessen, die Beherrschung des Bösen, von der Obrigkeit erzwungen werden. Deren Funktion ist die Sicherung des Rechtszustandes unter vereinzelten und die Aufrechterhaltung des Friedens. Die politische Herrschaft existiert aber nicht aus sich, sondern steht selbst wiederum unter dem göttlichen Gesetz. In der verwirklichten Idee des Reiches Gottes wäre dann sowohl die Beschränkung der Einzelnen auf sich selbst als auch die Notwendigkeit des staatlichen Gewaltzusammenhangs aufgehoben: „Es wird also in jenem Staat der freie Wille allen gemeinsam und dem einzelnen unzertrennlich verbunden sein, von allem Bösen frei und alles Guten voll, ohn Unterlaß die Labsal der Freuden genießend, aller Schuld vergessend und aller Strafen vergessend und doch nicht vergessend seiner Erlösung" (Augustinus 1965, XXII, 30, S. 348). Das fixierte Dogma, die Negation der Erlösung hier und jetzt, begründet das die antike Spekulation sprengende geschichtsphilosophische Verhältnis von Glaube und Wissen: „Da nun die Menschen durch die göttliche Vorsehung auf ein höheres Gut hingeordnet sind, als es die menschliche Gebrechlichkeit im gegenwärtigen Leben erfahren kann, (. . .) mußte der Geist zu etwas Höherem aufgerufen werden, als unsere Vernunft im gegenwärtigen Leben erreichen kann, damit er so lerne, nach etwas zu verlangen und sich strebend auf etwas hin zu richten, was über den ganzen Stand des gegenwärtigen Lebens hinausgeht" (Th. v. Aquin 1974, I, 5).

II.

Mit der Darstellung der Einheit der menschlichen Gattung im Dogma erhielt ein spekulativ erschlossenes Allgemeines in der Institution der universalen Kirche historische Gestalt. Die Spekulation über die Erbsünde wurde als institutionelle politische Gewalt konstitutiv für die Regelung des gesellschaftlichen Zusammenhangs und die Erfahrungen der Menschen. Die Kämpfe um die Formulierung der Dogmen entschieden mit der theoretischen Auseinandersetzung über die Freiheit im Verhältnis zur Notwendigkeit der Gnade praktische Fragen der unter dem Einflußbereich der Kirche stehenden Menschen. Die Einheit und Wahrheit der Lehre und ihre Verfügbarkeit im theologisch begründeten Glaubensbekenntnis schloß den einzelnen Gläubigen in einen virtuellen Gesamtzusammenhang ein. Die materielle Reproduktion blieb demgegenüber unverändert stationär. Nur durch die Teilhabe am Kultus der Kirche war der Einzelne praktisch in den von der Kirche gestifteten gesellschaftlichen Zusammenhang einbezogen. Von dessen unmittelbarer Ausführung, die sich nicht wesentlich von den als „Götzendienst" kritisierten magischen Kultpraktiken der Heiden unterschied, war der Versuch der theoretischen Rechtfertigung im Lehrsystem abgehoben.
In der theologischen Begründung der Kultpraxis wurde die Kritik des empiristisch naiven Denkens durch die antike Metaphysik insofern gesellschaftlich allgemein, als die Reflexion über die Bedingungen des

realen Zusammenhangs von Einzelnem und vorgeordnetem Ganzen (wie sie etwa Platon in der Politeia vorführt) nun unabhängig von der gesellschaftlichen Klassenzugehörigkeit der Individuen auf das Verhältnis des einzelnen Menschen zur Gattung bezogen wird.
Im Erlöser Christus war, wie im ersten Menschen, das erlöste Wesen der gesamten Gattung in eine historisch-mythische Gestalt gefaßt. Die theoretischen Probleme der Begründung der Erbsünde, die schließlich auf die Darstellung des biologischen Reproduktionsprozesses hinauslief, wiederholten sich bei der Darstellung des Erlösungsbegriffs. War mit dem Dogma von der Erbsünde die Unmöglichkeit der Erlösung aus der subjektiven Anstrengung gesetzt, so mußte nun umgekehrt die Kirche als der irdische „corpus Christi" dem einzelnen die Erlösung zusichern. Läßt sich die Erlösung als die Realisierung der Freiheit gegenüber dem Naturprozeß und als Überwindung der bloßen Reproduktion der Gattung, die gleichgültig gegen das empirische Schicksal der Individuen bleibt, interpretieren, dann ist die Erlösung durch die „Gnadenwirkung" Gottes notwendigerweise ein „übernatürliches" Geschehen. Wenn mit dem Ende des menschlichen Daseins Gottes in Christus die Unmittelbarkeit der Befreiung nicht unwiderruflich abgeschlossen sein sollte, so bedurfte es einer autorisierten Vermittlungsinstanz der göttlichen Gnade.
Im Unterschied zum überlieferten Monotheismus wurde der christliche Gott als trinitarische Einheit gedacht. Danach war in Christus das Wesen Gottes selbst erschienen und wirkte im „Heiligen Geist" aktuell weiter. Daraus ließ sich, verbunden mit der Berufung auf die Überlieferung der Lehre Christi durch die Apostel, die Unmittelbarkeit der Erlösung, d. h. des Reiches Gottes begründen. Das Ende der Geschichte (Eschatologie) erschien damit in jedem Augenblick möglich. Aus dem aporetischen Verhältnis von behaupteter Wirklichkeit der Erlösung und realer Fortdauer der natürlichen Bedingungen resultierte erst der Geltungsanspruch der Kirche. Sie war legitimiert durch ihre historische Zurückführung auf die unmittelbaren Jünger Jesu (apostolische Tradition), durch die eindeutige Fixierung eines Kanons von Lehrschriften und durch die Monopolisierung der Gnadenwirkung in dem Sakrament der Taufe und des Abendmahls. Den historischen Konstitutionsprozeß der Kirche kennzeichnet der Versuch, gegenüber den Verfolgungen seitens des römischen Staates zu überleben mit dem apologetischen Nachweis der eigenen Ungefährlichkeit und Nützlichkeit zur Sicherung des Staates (vgl. Overbeck, 1965), sowie nach innen der Kampf gegen die eschatologisch-gnostischen Häresien, woraus die Dogmatisierung der Glaubensinhalte resultierte. Die schließlich gesicherte Existenz der universalen Kir-

che implizierte die Abdichtung gegen die eigene Geschichte als die der Bedrohung und der Häresien, die Erzwingung der Anerkennung als ausschließlicher Heilsvermittlungsinstanz und der Affirmation an die politische Gewalt.
Damit sind die theoretischen Voraussetzungen als Rechtfertigung der Institution entwickelt, die durch staatliche Gewalt gesichert wird. War der Inhalt des Dogmas die Allgemeinheit und Wirklichkeit sowohl der Sünde wie der Erlösung, dann mußte in der Praxis der Kirche als der einzigen Instanz, die die Erlösung als Gnadenwirkung vermitteln konnte, dem Gläubigen seine Teilhabe am Unsichtbaren „corpus Christi" gesichert demonstriert werden. Dies geschah im Abendmahl. Unter Voraussetzung des Glaubens an den wirklich existenten „Leib Christi" konnte der Gläubige der Gnadenwirkung im Empfang der „sichtbaren Zeichen des Leibes Christi" gewiß sein. Damit verknüpft war das „Bußsakrament" und ein zunehmend ausgebautes Kirchenstrafrecht. Bei der historischen Sicherung der Kirche war die Praxis und die theologische Interpretation bis ins Mittelalter unproblematisch, aber man hatte „keine in sich geschlossene Abendmahlslehre überkommen" (Seeberg 1974, III, S. 73). Damit blieb aber der zentrale Gegenstand kirchlicher Praxis, an dem gleichsam ihr Existenzrecht haftete, die Wirklichkeit der Erlösung und die Vergebung der Sünden, unklar. Nach zwei Kontroversen im 9. und 11. Jahrhundert wurde die Abendmahlslehre 1215 als Dogma gefaßt (vgl. Overbeck, 1971, S. 157 ff.). Dort wurde das Problem, ob im sinnlichen Ding (Brot und Wein) durch die Konsekration der Leib Christi real präsent wird, oder nur im Glauben des empfangenden Subjekts, mithin als symbolisch-intellektueller Willens- und Vorstellungsakt angenommen wird, im ersten Sinn entschieden. Die Gewaltsamkeit, mit der an der magisch-realistischen Auffassung bereits gegen den ersten Kritiker, Beringa von Tours, festgehalten wurde, daran also, daß sich die Substanz des sinnlichen Dings in die göttliche verwandeln solle, ohne daß sich die Akzidentien verändern, solch logischer Widersinn verweist sowohl auf die Macht des Wunderglaubens als auch auf das objektive Problem, wie ein nur virtuell Allgemeines real erscheint. Das Verhältnis von dogmatischer Bestimmung und äußerer Gewalt tritt bei der Fixierung des Dogmas auf dem Laterankonzil 1215 deutlich hervor: „An der Spitze stand die zum Dogma erhobene Wandlungslehre (Transsubstantiation). Das Wesentliche in ihr bestand darin: die Abendmahlslehre wird so eng mit den Bekenntnissen der Trinität und der Menschwerdung verknüpft, daß sich im Altarsakrament die gegenwärtige irdische Verwirklichung der Geheimnisse der Dreifaltigkeit und der Christologie vollzieht, so daß

die Realpräsenz denselben Wert und dasselbe Gewicht erhält wie die Trinität und die Zweinaturenlehre. Durch diese als unverbrüchliche Wahrheit festgesetzte Lehre wurde der magisch-sakramentale Hintergrund geschaffen, der die geforderte Trennung der kirchlich gebundenen Christen von den Häretikern erlaubte. Denn wer diese Lehre leugnete, war nicht nur ein Irrender, sondern mußte geradezu als Anarchist erscheinen und entsprechend behandelt werden. Darum war es nur folgerichtig, wenn auf diesem Konzil der Krieg gegen die Ketzer beschlossen (Katharer in Südfrankreich, A. S.) und die politischen Gewalten zur aktiven Mithilfe verpflichtet wurden. – Zugleich war dieses Dogma ein Triumph des hierarchischen Gedankens: Die Wandlung vollzog sich nur unter den Händen des geweihten Priesters. Ferner wurde die Ohrenbeichte zur Pflicht gemacht, was ebenfalls der Stärkung der priesterlichen Gewalt über die Gewissen dienen sollte. Denn man wollte durch die Ohrenbeichte vornehmlich ketzerische Ansichten feststellen" (Kupisch, 1974, II, S. 97 f.).

Solche päpstlich-kirchliche Machtfülle hat ihre Entgegensetzung in der barbarischen Unterwerfung ketzerischer Gruppen, die das kirchliche Gewaltsystem dadurch denunzieren, daß sie unter den gegebenen dogmatisch-theologischen Voraussetzungen die darin enthaltenen Ansprüche aktualisierten (vgl. Grundmann, 1970). Die Verurteilung der „Ketzer" setzt die historisch gewordene Geltung des Dogmas immer schon voraus. Im Auftreten dieser Gruppen wird das herrschende Lehrsystem an seine unterdrückte Vorgeschichte erinnert. Dadurch erscheint die Gegenwart im Licht einer Geschichte der Unterdrückung, die die absolute Geltung der geschichtlichen Resultate dadurch bestreitet, daß sie deren Voraussetzungen aufhebt.

In der Kraft zur Kritik gegenüber der Gewalt der Tradition artikulierten die Häretiker deren immanente Widersprüche und das eigene Selbstbewußtsein, indem „die Traditionen nicht mehr nur gläubig hingenommen, sondern alle darin enthaltenen Möglichkeiten einseitig bis ins Extrem verfolgt wurden, um vermeintlich neue Wege zu höherer religiöser Vollkommenheit zu finden – bis zum Ziel der Vergottung des Menschen" (Grundmann 1970, S. 537). Die entscheidende Differenz hing an dem Unterschied von „similitudo Dei" und „Deificatio hominis". In der theologischen Schöpfungslehre und im Sündenfallmythos war die Negativität des gegenwärtigen Zustandes und der Anspruch auf seine Überwindung als Gehalt der Lehre vorgegeben. „Et unaquaeque creatura intendit consequi suam perfectionem, quae est similitudo perfectionis et bonitatis divinae. Sic ergo divina bonitas est finis rerum omnium" (1). „Das dogmatische Kriterium ist dabei die Frage, ob diese Vergottung als Gnadenerleb-

nis gedeutet wird, als übernatürliches Einwirken der Gottheit, die den Menschen zu sich und in sich zieht; oder ob eine natürliche Möglichkeit des Menschen angenommen wird, aus eigener Kraft und Leistung oder dank seiner metaphysischen Wesensgleichheit mit Gott vergottet werden zu können" (Grundmann 1970, S. 416). Das Urteil von Albertus Magnus erklärt „die Aussagen der Ketzer im Ries (auf die es speziell bezogen war, deren allgemeine Verbreitung jedoch sicher ist, A. S.) über die Vergottung des Menschen und der Seele alle für ‚pelagianische' Ketzerei [!], also für unvereinbar mit der katholischen Gnadenlehre" (Grundmann 1970, S. 416).
Die Kritik hatte den Anspruch auf das Ziel, dessen Erreichen die Dogmatik, wie problematisch und gewaltsam auch immer, bestritt, zur Voraussetzung. Darin lag das die widersprüchliche Einheit des Dogmas sprengende Moment (2). Die Erlösung als Vergottung des Menschen war die Restitution des verlorenen Paradieses, die wiederhergestellte Vollkommenheit der Erkenntnis, die Überwindung der „menschlichen Gebrechlichkeit".
Die behauptete notwendige Vermittlungsfunktion der Kirche beruhte auf dem in der Lehre durchgehend festgehaltenen Begriff einer „Vollendung der Natur" und der Unmöglichkeit, diesen Zweck individuell herzustellen. Das gleiche Modell der Angewiesenheit auf die Kirche wird auch auf das Verhältnis zur staatlichen Gemeinschaft übertragen. Diese kann aus sich die Gerechtigkeit nicht realisieren. „Ohne Gott zu dienen kann ja weder die Seele dem Leib noch die Vernunft den Leidenschaften in Gerechtigkeit gebieten. Und da in einem solchen Menschen keine Gerechtigkeit ist, wie kann sie in einer Vereinigung solcher Menschen sein?" (Augustinus 1965, XIX, S. 327) (3) Damit wird der doppelte Primat der Kirche sowohl gegenüber dem einzelnen als auch gegenüber der staatlichen Gemeinschaft gerechtfertigt. Andererseits soll in ihr aber das verwirklicht sein, dessen Realisierungsmöglichkeit sie den Individuen und den Staaten bestreitet. Dadurch geraten päpstlicher Universalanspruch wie die Kirche als Verwalterin der Heilsgüter in einen Konflikt, der in der theoretischen und politischen Kirchenkritik des 14. und 15. Jahrhunderts ausgetragen wird. Gegenstand der Kritik war zum einen die reale Machtbasis der Kirche, die Verfügung über den Grundbesitz und damit über die wichtigste Reproduktionsgrundlage des Feudalismus („Theoretischer Armutsstreit" der Franziskaner). Zum anderen wurde die ökonomische Verwertung der Sakramente (Ablaßhandel), wodurch die Kirche aufgrund ihrer Umwandlung in ein Rechtsinstitut zur Verwaltung der Sündenschuld aller Menschen über eine zusätzliche Reproduktionsbasis verfügte, in Frage gestellt.

Diese Kritik hatte nicht mehr den unmittelbaren Bezug zum gegebenen Lehrgehalt zur Voraussetzung, sondern war das Ergebnis einer historisch-juristischen Kritik des geltenden Kirchenrechts und der Herausarbeitung einer neuen dogmatischen Grundlage. Nachdem sich die Kirche in nichts von der weltlichen Gewalt mehr unterschied, trotzdem aber den Primat beanspruchte, führte die Kritik auf deren historischen Ursprung zurück und reproduzierte nun den Sündenfallmythos als Erklärung der Erscheinungsform der existierenden Kirche. Demnach stellt sich das Urchristentum, gestützt auf die apostolische Lehre und gemäß „dieser Ordnung des Evangeliums Christi", als die einzig wahre Kirche dar. Die „Konstantinische Wende" war der Bruch in ihrer Geschichte. „Und nach diesen Jahren wurde zweierlei heidnische Herrschaft in die Kirche eingemischt, zwei große Herren sind in sie eingemengt worden: der weltliche Herr, der Kaiser, der geistliche Herr, der große Priester, der Papst; welche zwei Herren über den Glauben herrschen und über alles Volk nach der Einrichtung des Satans im Gegensatz zu Christus" (Cheltschitzky 1967, S. 400). Wie durch den ursprünglichen Sündenfall das Wesen des Menschengeschlechts bestimmt und an ihm greifbar wurde, so ist „das Kennzeichen der abendländischen Geschichte (. . .) die Treulosigkeit der Kirche gegenüber ihrem Prinzip, das Abweichen von ihrem Ursprung. In der Gegenwart hat dieser Abfall sein Übermaß erreicht, sind Reichtum und Herrschaft, die beiden Hauptmerkmale ihrer Verweltlichung, aufs höchste gesteigert. Die Geschichte der Kirche ist nichts als die Geschichte ihres Zerfalls" (Benrath 1974, S. 366). Konfrontiert mit ihrem historischen Urbild erscheint die Kirche als das depravierte Gegenbild ihres Anspruchs und ihrer Aufgabe: die „reine Lehre" zu bewahren und durch die Zeit hindurch die Aussicht auf das versprochene kommende „Reich Gottes" festzuhalten. Wenn sich aber als Resultat ihrer Geschichte die Umkehrung ihres Ausgangspunktes, der „Lex Christi" zeigt, dann wird alle Tradition zwischen Ursprung und Gegenwart nichtig und nur noch der Beseitigung wert. Verschwindet die Geschichte, so wird der historische Ursprung zum einzigen fordernden Bild der Restitution. Die daraus folgende Trennung von Tradition und „Schrift", deren Geltung als einziger Grundlage gegen alle Autoritäten und historischen Setzungen, ist das Ergebnis solch apokalyptischer Geschichtstheologie als der Akkumulation des Bösen und der eschatologischen Interpretation der Gegenwart als Erfüllung des angekündigten Endgerichts.

Das „Schriftprinzip" (sola scriptura) als neuer und einziger Grundlage ist der Intention nach die Negation der Dogmen, des objektiven Ausdrucks der geschichtlichen Entwicklung der Kirche und deren theologisch-juristischer Basis. Deutlich wird dies in der Bestimmung des Glaubens bei den Taboriten (1431): „Unter Glauben sind die von den Gläubigen zu glaubenden hauptsächlichen Wahrheiten zu verstehen, die im Kanon der Bibel geschrieben stehen, sowie diejenigen Wahrheiten, welche mit unausweichlicher Notwendigkeit zu glauben und unmittelbar aus ihnen ableitbar sind. Alles, was weder durch diese Wahrheiten umschrieben noch aus ihnen, wie gesagt, abzuleiten ist, muß man für eine menschliche Hinzufügung halten" (Benrath 1967, S. 380).

Die historische Kritik und die Fixierung einer neuen dogmatischen Grundlage führten zu einem zweifachen praktischen Resultat: zum begründeten Angriff auf den Reichtum der Kirche mit der Forderung nach ihrer Enteignung durch die weltliche Gewalt und einer wieder herzustellenden Kirche, die nicht auf ökonomische Macht und juristische Zwangsmittel sich stützt. Das implizierte die ausdrückliche Trennung der Geltungsbereiche von weltlichem und kirchlichem Gesetz. Zum zweiten aber sollte das göttliche Gebot, dargestellt in der „lex evangelica" zur praktischen Regel in der Bestimmung der Lebensverhältnisse werden. Da im neuen Gebot das ganze alte aufgehoben und überwunden sein sollte, und als Folgerung aus dem christologischen Dogma in Christus die unverkürzte Erscheinung des göttlichen Gebotes historisch gegeben war, so war damit die Geschichtlichkeit und Erfüllbarkeit des Reiches Gottes gesetzt, dessen Herstellung zur praktischen Forderung als „imitatio Christi" gemacht. Die Idee der Vollkommenheit der Kreatur, der Überwindung der „menschlichen Gebrechlichkeit" wurde aus der zukünftig-jenseitigen Verwirklichung in ein „historisches Bild" gefaßt, in dem allgemeines Gesetz und dessen individuelle Befolgung sich verschränken. Wenn dessen Gültigkeit und Erreichbarkeit vorausgesetzt wurde, was unumgänglich war, wenn der Begriff „Imitatio" nicht inhaltslos sein sollte, dann wurde damit die Kirche als Heilsinstitut und der Staat als nur notwendiges Übel angreifbar. Die in Christus einmal erreichte „perfectio naturae" war die Aufhebung der Erbsünde und der Versuch der Überwindung der Rechtfertigung der Gewalt.

„Dem Erlöser nachfolgen heißt: leibliche Schäden und Unrecht, das einem zustößt, übersehen und die Feinde lieben und ihnen Gutes erweisen für ihr Böses und ihre Seelenschäden mehr als die eigenen leiblichen beklagen. Und darauf steht die ganze Sache des Schwertes und der Widerspruch alles verführten und von Christus längst abwendigen Christentums, welches keinerlei Unrecht ohne Rache hinnehmen und Christo Jesu nicht in Demut und Geduld nachfolgen will. Und sie streiten über das Schwert und häufen Beweise aus der Schrift und den Doktoren zur Rechtfertigung des Schwertes und heben die Macht hoch aus keinem anderen Grund als deswegen, weil sie Christum und seine Gebote bereits verworfen haben und im Heidentum stehen wollen, wie sie es seit langem gewohnt sind. Hier liegt die ganze Last der abtrünnigen Christen, die sich von Christus scheiden: in diesem Gebot der Feindesliebe" (Cheltschitzky 1967, S. 402 f.).

III.

Mit der Darstellung der Geschichte der Kirche als die ihres Zerfalls kommt innerhalb der Theorie ein dynamisches Moment in die gesellschaftliche Statik. Das dadurch entstehende historische Bewußtsein unterscheidet sich von dem affirmativen Bezug auf die Traditionsbildung darin, daß die Gegenwart nicht der versöhnte Ausgleich zwischen überliefertem Anspruch und Forderung der „Lex evangelica" mit der Wirklichkeit ist, sondern der Rückfall in Verhältnisse, die durch jenes neue Gesetz gerade aufgehoben werden sollten. Das Modell der Kritik ist durchgehend der Nachweis, daß die realen gesellschaftlichen und kirchlichen Verhältnisse die Umkehrung des göttlichen Gesetzes (Gerechtigkeit) und der objektiven Aufgabe der Kirche darstellen, nämlich die Folgen des Sündenfalls, der menschlichen Schwäche, aufzuheben. Handelt die Kirche, repräsentiert durch Bischöfe und Gelehrte, bzw. die „Gewaltigen", insgesamt gegen den ihr gestellten Auftrag und ihre Einsicht, dann geht die Forderung nach der Durchsetzung der „Ordnung Gottes" auf diejenigen über, die deren Objekte waren. Die Verblendung der Obrigkeit ist der Grund für ihren kommenden und notwendigen Sturz. In der „Reformatio Sigismundi" wird dies expliziert:
Dye weysen in der werlt sein plint worden, in ist dye recht weißheyt verzucht" (Ref. Sig. 1964, S. 58); „dye eygen sunde hat sye geblendet" (Ref. Sig. 1964, S. 324). Die Aufgabe der Lehrvermittlung, die Interpretation des überlieferten Wortes wird den Gelehrten entschlagen. „Dye gelehrten leben nicht naturlich, sye wyssen das unrecht und meyden das nit und sein gote widerig, ich bekenne, ich empfinde, das dye cleinenn dye grossen weysen müßenn durch das ewyngelium Christi; nit an einer stat, an mancher stat man es woll findet. Augustinus spricht: surgunt indocti et rapiunt celum et docti merguntur in infernum – es sten auff dye ungelerrten und ergreyfent den hymel und dye gelerten gen untter in dye helle. Wer ist ytzundt gotlicher ordenung wyderiger dann dye prelaten und dye gelertenn?" (Ref. Sig. 1964, S. 82).

In dieser Argumentation wird mit dem Verweis auf das neue Testament die Frage nach dem Subjekt der Interpretation der „Schrift" gelöst, die in der früheren Entwicklung des „Schriftprinzips" als Grundlage der Kirchen- und Gesellschaftskritik gar nicht ins Bewußtsein trat oder unbeantwortet blieb. Wyclif hatte den ausschließlichen Wahrheitsanspruch der Bibel entwickelt um zu zeigen, daß „die Christenheit eine selbständige Grundlage hat (. . .), auf die sich die Christen hinsichtlich ihrer Redeweise und der Bedeutung ihrer Begriffe stützen sollten" (Benrath 1974, S. 274). Ihr gegenüber entfiel die gesonderte Autorität des Papstes als oberstem Interpreten der Lehre. Die Wahrheit der Bibel war objektiv und evident. Die Reflexion auf die zwischen dem göttlichen Gesetz und der Wirklichkeit vermittelnde Tätigkeit der Individuen, die die Differenz zwischen Anspruch und Realität, von der Wyclif ausgegangen war, einzig konstatieren konnten, wurde zugunsten der subjektunabhängigen dogmatischen Gültigkeit der ganzen Schrift gestrichen. In der Frage nach dem freien Willen entsprach diesem Schriftdogmatismus dessen strikte Leugnung (vgl. Erasmus, 1969, S. 25). Die Objektivität und Allgemeinheit des Gesetzes gegenüber partikular willkürlicher Setzung wird dadurch zwar gesichert, jedoch bleibt der Zusammenhang zwischen Prinzip und einzelner gesetzlicher Bestimmung ungeklärt, weil der Inhalt der Schrift selber wieder in einzelne Sätze zerfällt, die sich qua Interpretation wechselseitig widerlegen lassen. Auch der Rekurs Wyclifs auf „die Logik der Schrift", die „schuldhaft außer Gebrauch gekommen ist" (Benrath 1974, S. 275), unterstellt ein Prinzip der Interpretation, das er nicht hat.
Innerhalb der Bibel hat dieses Problem ein für die spätere revolutionäre Bibelinterpretation ausschlaggebendes Modell. Der Kritik der Propheten geht die sakral-rechtliche Tradition voraus, dergemäß die gesellschaftlichen Verhältnisse zu regeln seien. Gegenüber den Einzelbestimmungen des Kultus bezogen sich die Propheten durchgehend auf die Idee der Gerechtigkeit Gottes, die sowohl regulatives Prinzip war als auch konstitutiv werden sollte. „Siehe, an dem Tag, da ihr fastet, geht ihr doch euren Geschäften nach, und bedrückt alle eure Arbeiter. Siehe, wenn ihr fastet, hadert und zankt ihr und schlagt mit gottloser Faust drein. Ihr sollt nicht so fasten, wie ihr jetzt tut, wenn eure Stimme in der Höhe gehört werden soll. (. . .) Das aber ist ein Fasten, an dem ich Gefallen habe: laß los, die Du mit Unrecht gebunden hast, laß ledig, auf die Du das Joch gelegt hast! Gib frei, die du bedrückst, reiß jedes Joch weg!" (Jes. 58)
Die äußerliche Subsumtion des Einzelnen unter das Gesetz und die Forderungen des Kultus sollen dadurch aufgehoben sein, daß die

realen gesellschaftlichen Verhältnisse tatsächlich gerecht sind und das Prinzip des Gesetzes jedem Einzelnen inhärent ist: Solange das allgemeine Gesetz weder als real verwirklicht gelten kann noch jedem Einzelnen als Prinzip seines Handelns gegeben ist, bleibt das Verhältnis von Rechtsprinzip und Einzelgesetz als Deduktionsverhältnis bestehen. Dabei hängt die Konsistenz des Gesetzes, auch gegen die widersprüchliche Entäußerung des Willens Gottes in der Bibel, von dessen unterstellter Einheitlichkeit ab.

Mit der Notwendigkeit der Einheit des Gesetzes gegenüber den partikularen Gewalten hatte das Papsttum seinen Universalanspruch begründet. Das Ergebnis der pästlichen Realpolitik war die Unterordnung unter den gleichen Anspruch des Kaisers. Nach der Trennung von kirchlichem und weltlichem Gesetz stellte er die oberste Rechtsinstanz dar. Im Kaiser sollte die universale politische Einheit gegenüber den Ständedifferenzierungen repräsentiert sein. Dessen zentrale politische Aufgabe bestand im Spätmittelalter darin, gegenüber den konkurrierenden und selbstdestruktiven Partikulargewalten, dem blanken Faustrecht, einem neuen einheitlichem Rechtssystem Geltung zu verschaffen. Dies war der wesentliche Inhalt der geforderten Reichsreform und führte 1495 zur Einsetzung des Reichskammergerichts als oberster Appellationsinstanz, dessen „wichtigste Aufgabe (. . .) die Ablösung von Fehde und Selbsthilfe durch gerichtlichen Austrag" war (Kroeschell 1973, S. 256). Der wirkliche Fortschritt für die rechtliche Regelung und die mühsam erkämpfte Rechtssicherheit gegen das einfache Gewaltmonopol der Herrschenden erweist sich an deren Reaktion: „Mancher Fürst scheute nicht einmal vor Gewaltanwendung zurück, um zu verhindern, daß seine Untertanen das Reichskammergericht anriefen, und die Gerichtsboten sahen sich bei der Zustellung von Ladungen oder gerichtlichen Anordnungen oft genug behindert oder bedroht" (Kroeschell 1973, S. 257). Daran wird deutlich, daß die Möglichkeit einer gewaltfreien juristischen Austragung abhängig ist von der selber wiederum nur gewaltsamen Herstellung von rationalen gesellschaftlichen Verhältnissen, die vor dem Rückfall in die unmittelbare Gewaltanwendung geschützt sind. In dieser Weise war die reformatorische Aufgabe des Kaisers bestimmt: „beschnid am ersten die geistlichen, darnoch die wucherer und stell ab den bosen gewalt und beschuernus. Und (wenn) er das nit tut, so ist zu furchten, der gemein man werd einem vffwerfen, der all(er) das stroffen wirt" (Franke/Zschäbitz 1967, S. 286).

Als das Subjekt der objektiv nötigen Veränderung, um überhaupt einen realen Rechtszustand denken und verwirklichen zu können, wurde der Kaiser in dem Zitat bereits nur unter Vorbehalten angenommen. Wenn die Aufgabe der Obrigkeit seit Augustinus explizit die Friedenssicherung ist, die sich aber dazu als unfähig erweist und die zur Interpretation des bestehenden Rechts und der Bibel (Dogmen) traditionell befugten „prälaten und gelertenn" korrumpiert sind, so stellt sich das Problem in der Form, daß das neue Subjekt die gesellschaftlich-politische Einheit herstellen und die Durchsetzung und angemessene Interpretation des Gesetzes sichern soll. In der *Reformatio Sigismundi* war in dieser Hinsicht ein deutlicher Vorgriff artikuliert.

Ein etwa 1493 entstandenes Gedicht (Weller 1863, S. 231 ff.) zeigt indirekt die Bauern als den Stand, von dessen Produktion die Lebenserhaltung aller anderen Stände real abhängig ist. „Nun wolt ich wissn also geren/ wann die Edel leüt her kumen weren/ Sintemal das dy pösen und die frumen/ nit mer dann von Adam vnd Eua sind kumen/ Da Adam reütet und Eua span/ wer was die zeit da ein Edelman". Die Gleichheit der Menschen im unterschiedslosen Zwang zur Selbsterhaltung „nur unter viel Arbeit, Mühsal und Drangsal" wird durch den Gewaltakt der Aneignung durchschlagen: „ . . . Nemroth sich nam gewaltz an/ vnd ist gewest der erst Edelman" (Gen. 10, 8). Seither erst existiert innerhalb des Menschengeschlechts ein Herrschaftsverhältnis, das sich durch Gewohnheit befestigt und erhält: „Also ist es kummen in ein gewohnheit". Ist damit der Ursprung der Herrschaft angegeben als ein zufälliges Ereignis, das nachdem verlorenen Paradies den Unterschied nun nicht mehr gegenüber dem Naturzusammenhang selbst, sondern unter den Menschen setzt, dann verliert der Feudaladel den Schein seiner Natürlichkeit: „es ist sünst nyemant edel geporen/ Denn wen sein tugend edel macht/ und der mit frümkeit sich besacht/ So ist dennoch kein Fürst so lobeleich/ der sich dem Paurn mag geleich/ Der Paur ist wol ein Edelman/ wer das rechtlich erkennen kan/ Wann alles das in der werlt lebt/ alles nach des Paurn arbeit strebt." In genauer Umkehrung der gesellschaftlichen Hierarchie wird, wenn der Bauer der „Edelman" ist, implizit sein Herrschaftsanspruch behauptet, weil der bestehende Feudaladel die Gesellschaftsspitze nicht mehr ausmachen kann, wenn er vom untersten Stand abhängig ist. In der objektivierenden Darstellungsform selbst liegt die Zurückweisung der vorherrschenden Entwürdigung der Bauern und der Verachtung der gegenständlichen Tätigkeit: „Ich lob den edeln Paur/ über alle creataur/ wann Hertzogen Fürsten vnd die heren/ die muß der Paur all erneren."

Kennzeichnend auch für die spätere Argumentation und Kritik im Bauernkrieg ist der affirmative Bezug auf die eigene Existenzform und das Begreifen des Leids als durch die erzwungene Produktion für andere bedingt. Der Inhalt des Dogmas von der Erbsünde wird anerkannt und in neuer Form interpretiert. Dem dogmatischen Begriff nach fallen alle Menschen unter die Unmöglichkeit der Erfüllung des Gesetzes. Gemäß der kanonischen Interpretation durch die Kirchenväter ist der „Fluch der Arbeit" die notwendige Strafe der „Verletzung des Gehorsams" (Augustinus). „Inmitten des Paradieses pflanzte Gott den Baum des Lebens und den Baum der Erkenntnis. Den Baum der Erkenntnis als eine Versuchung, Erprobung und Übung des Gehorsams und Ungehorsams des Menschen. Darum heißt er Baum der Erkenntnis des Guten und Bösen, oder er heißt deshalb so, weil er denen, die davon nahmen, die Kraft gab, ihre eigene Natur zu erkennen" (Joh. v. Damaskus, 1963, S. 305). Die Selbsterkenntnis kommt demnach nur denen zu, die objektiv unter den Folgen der Erbsünde stehen, in der unaufhörlichen Anstrengung der Sicherung des Lebens durch die Arbeit.

„Sünde" im genauen Sinne als Verletzung des Gehorsams gegen das Gesetz Gottes ist, wenn jenes bestimmt ist als verwirklichte Gerechtigkeit, die Verselbständigung der Herrschaft. Diese ist nach dem dargestellten Mythos keineswegs von Gott eingesetzt, die „Selbstanmaßung" der Menschen, weil sie nicht dem objektiven Gesetz folgen wollen, „sondern wollent für sich selbst herren sein" (Kaczerowski, 1970, S. 152). Dadurch aber durchbrechen sie die ausschließliche Gültigkeit des göttlichen Gesetzes, wenn sie ein gegen dieses selbständiges behaupten. Der Monotheismus als Überwindung des Polytheismus wird demgegenüber ausdrücklich politisch interpretiert: „die recht grüntlich wurtzel aller abgotterey ... Ist die angeporn selbs onuermessen herrschafft, welcher vrsprung hatt in Babilonien under den Ersten auffgeworffen konig Ninus, oder Nemrot, der den hohen thurn pawet, seyns willens Got zuvbersteygen, der auch seins vatters bildtnuß auff ain Sewl satzt, vnd die gebot für ain got zu eren" (Kaczerowski, S. 157). Die Sünde als die Souveränität der Herren und der Abfall von Gott im Götzendienst, die beliebige Vervielfachung der rechtlichen Bestimmungen, macht die bestehende Herrschaft aus. Die Obrigkeit ist insofern – entgegen der vorherrschenden theologischen Lehre – gerade nicht von Gott eingesetzt, sondern verdankt sich dem „Abfall" von Gottes Gesetz; dieses zu restituieren wäre die Aufhebung der Sünde. Nach dieser historisch-dogmatischen Interpretation macht die Beseitigung der selbstgesetzten Herrschaft die Erlösung aus.

„Sich zu, soll dan ain verworffner Endtchrist das Christlich volck regieren, welches der herr hymelreychs vnd erdtreichs mit seinem bittern tod so tewer erkaufft hat. Wie wer es sogar von grossen nötten, hie dyse worte des gotlichen gaistes gar aygentlich zubedencken. Darumb ynd nit zuhoch zubefremden ist, ob der Türck yetzt gewünscht würde vber vns ain herr zu sein, in hoffnung, er ließ das Euangelion frey vnuerhyndert vns zupredigen, des wir yetzt von den mechtigisten vnd jren Hensseleinern so gewaltiglichen beraubt werden, vnnd wir armen von jrs geytz vnd prachts wegen, es wert leydlich leib vnd gut, aj vnsere selen verderben musten, wo wir yetzt jnen folgung vnd gehorsam thetten. Darumb so habent wir christen allzumal genugsam dapffer vnd redlich vrsachen, vnd wir sind schuldig vns zuerlösen von dysen gotlosischen herren. Auß dyser Babilonischen gefencknuß . . . " (Kaczerowski, S. 160 f.).

Gegen die reale Gewalt der Traditionsbildung in Form der rechtlich gestützten Ausbeutung und dem Selbsterhaltungsprinzip der Herrschaft als wechselseitiger Unterstützung, kommt der Bezug auf den christlichen Glauben zur Geltung, von dessen neu erkanntem Prinzip aus erst die Kritik der alten tradierten Herrschaft möglich wird: „Got wolle aber seine arme schäflein gotlicher gnad erleüchten mit warem christlichen glauben, vnd sy behuten für dysen einreyssende wolffen, vn nit der gestalt, als das schedlich vnnd verflucht vnzyfer mit aynander laychet, Gilff (hilf) du mir, so hilff ich dir, sihe ist es nit ain klegliche plag, daß sy die gotlichen schrifft so jamerlich vnnd schentlich verrantzent, also strenglich on alles mittel gehorsam zusein, jren bubischen gepotten," (Kaczerowski, S. 154).

In den fortgeschrittensten Programmen der aufständischen Bauern- und Bürgerbewegungen zeigt sich in den Prinzipien ihrer Kritik, der vorrangigen und alleinigen Geltung des „Gesetzes Gottes" und des höchsten Zwecks, des „gemeinen Nutzens", die bewußte Negation der partikularisierten Regierungsgewalt und deren scheinhafter Rechtfertigung.

Luthers politisch-ökonomische Kritik charakterisiert die Verknüpfung von empirischer Einzeldarstellung, dogmatischer Schriftauslegung und ausdrücklicher politischer Schlußfolgerung. An ihm wird darüber hinaus einsichtig, wie die empirische Kritik an Einzelphänomenen bestimmt wird von dogmatischen Vorentscheidungen, deren Kernpunkt nach Luthers eigener Aussage die Kontroverse um die Erbsünde und den freien Willen ausmacht. Davon hängen die gesamte theologische Interpretation der Schrift und die daraus begründeten politischen Imperative ab. Während der Auseinandersetzung mit Erasmus von Rotterdam bemerkte Luther: „Du bist allein der Mann, der den Nerv der Sache gesehen und in diesem Kampfe an die Gurgel gegriffen hat" (zit. n. Kupisch, III, S. 100). In seiner Schrift *Vom freien Willen* hatte Erasmus die gesamte Tradition zu diesem Zentral-

problem dargestellt und dabei den Entstehungsprozeß nochmals vergegenwärtigt: „Augustinus wurde aufgrund seines Ringens mit Pelagius ungerechter gegenüber dem freien Willen, als er früher gewesen war. Dagegen wurde Luther, der vorher noch einiges dem freien Willen zuschrieb, in der Hitze der Verteidigung dazu getrieben, ihn gänzlich zu beseitigen" (Erasmus, S. 171). Mit der Verwerfung des freien Willens traf Luther aber die herrschende Kirchenpraxis und die Sakramentenlehre. Bei der Streichung der individuellen Beteiligung am Erreichen des Heils in Form der guten Werke war sowohl die Notwendigkeit der sakramentalen Vermittlung durch die Kirche als auch die ökonomische Verwertung der Sakramente ausgeschlossen. Darin lag der politische Angriff auf die katholische Kirche und gleichzeitig die völlige Entwertung des menschlichen individuellen Handelns. Die Ausschließlichkeit der Gnadenwirkung und die strikte Fassung des Dogmas von der Erbsünde setzen sich bei Luther wechselseitig voraus. Erasmus dagegen hatte sich der traditionellen vermittelnden Position angeschlossen: „Deus (. . .) nos instruit per legem, et iuvat per gratiam (Gott unterweist uns durch das Gesetz und hilft uns durch die Gnade; Thomas v. Aquin, Summa theol. II, quest. 90).
Der ökonomischen Kritik Luthers liegt in jedem einzelnen Argument die alles beherrschende Gewalt der Erbsünde zugrunde. Von hier aus kennzeichnet er die frühkapitalistischen Praktiken, wie sie sich für ihn in der Bürgschaft, dem Kredit, dem Zins, der Unmöglichkeit eines allgemeinen Äquivalents für den Wert der Arbeitskraft, der willkürlichen Preisfestsetzung darstellen. „Bürge werden ist ein Werk, das einem Menschen zu hoch ist und nicht gebührt: es greift mit Vermessenheit in Gottes Werk ein. *Erstens* nämlich gebietet die Schrift (PS 118, 8), man solle keinem Menschen vertrauen noch sich auf ihn verlassen, sondern allein auf Gott. Denn die menschliche Natur ist falsch, untauglich, lügenhaft und unzuverlässig, wie die Schrift (PS 116, 11; 14, 2 ff.) sagt und wie es auch die Erfahrung täglich lehrt. Wer aber Bürge wird, der traut einem Menschen und setzt sich mit Leib und Gut der Gefahr aus auf einer trügerischen, ungewissen Grundlage. Darum geschieht es ihm recht, wenn er zu Fall kommt und das Ziel verfehlt und in der Gefahr verdirbt. *Zweitens* vertraut ein solcher auch auf sich selbst und macht sich selbst zum Gott. (Denn das, worauf ein Mensch traut und sich verläßt, das ist sein Gott)" (Luther 1973, S. 123). In der Kritik, gemäß der Schrift und dem Dogma, bezeichnet Luther genau den Moment der Selbständigkeit in der ungedeckten Planung und Kalkulation, die dem frühkapitalistischen Unternehmer notwendig eigen ist. Die theoretische Spekulation zur Frage des freien Willens wird damit nicht mehr nur im-

manent theologisch entschieden, sondern kennzeichnet eine Bedingung der gesellschaftlich-ökonomischen Verkehrsform. Daß der Zirkulationsprozeß der Waren durch kein Prinzip zu regeln, sondern von zahllosen kontingenten Umständen abhängig ist, zeigt sich in der „Habsucht" als praktischer Maxime des Wucher- und Handelskapitals: „,. . . die Kaufleute (haben) unter sich eine allgemeine Regel; das ist ihr Hauptspruch und der Grund aller Wucherkniffe. Sie sagen nämlich: ‚Ich kann meine Ware so teuer hergeben, als ich mag' – das halten sie für etwas Berechtigtes!" (Luther 1973, S. 117). Daraus folgert Luther die Inkompatibilität zwischen dem hinter dem Akkumulationsprozeß des Kaufmannskapitals stehenden freien Willen und dem göttlichen bzw. weltlichen Gesetz. „Denn wer ist so verblendet, daß er nicht sieht, wie die Handelsgesellschaften nichts anderes sind als lauter richtige Monopole? Solche aber verbieten doch sogar die weltlichen, heidnischen Rechtssatzungen als etwas, was offenkundig aller Welt schädlich ist; ich will vom göttlichen Recht und vom christlichen Gesetz schweigen. Denn sie haben alle Ware unter ihren Händen und machen's damit, wie sie wollen; sie treiben ohne alle Scheu die oben angeführten Stücke, daß sie den Preis nach ihrem Belieben steigern oder heruntersetzen und alle kleinen Kaufleute bedrücken und zugrunderichten, wie der Hecht die kleinen Fische im Wasser, gerade als wären sie Herren über Gottes Geschöpfe und frei von allen Gesetzen des Glaubens und der Liebe" (Luther 1973, S. 141). Die der rechtlosen Willkür der Adeligen gegenüber ihren Leibeigenen und der Praxis der Fehde vergleichbare frühkapitalistische Wucherpraxis wird kritisiert im Hinblick auf das kanonische Wucherverbot der Kirche. Dies hatte seine dogmatische Voraussetzung im NT (Luk. 6; 35–36) als moralische Forderung, der dadurch, daß sie in das kirchliche Rechtssystem einging, allgemeine Geltung verschafft wurde. Das kirchlich-kanonische Recht sollte die widerspruchsfreie Umsetzung der einzelnen moralischen Gebote in die systematische Einheit des Rechts sein, so daß tendenziell das weltliche und christliche Gesetz zusammen fielen. In der lutherischen Trennung in der Zwei-Reiche-Lehre wurde vom juristischen Grundsatz der Wucherkritik, der von „Recht und Billigkeit", ein christliches Gebot abgehoben, das entgegen dem früheren Anspruch der Kirche keine konstitutive Geltung für die Regelung der Zirkulationsprozesse erlangen konnte, sondern lediglich noch der subjektiven Gewissensprüfung für das eigene Handeln diente.

Wenn Luthers detaillierte Ökonomiekritik, wie davor die Kirchenkritik (An den christlichen Adel deutscher Nation) real wirksam sein sollte, mußte in ihr das Subjekt praktischer Kritik mit angegeben werden. Die Verknüpfung der Lehre vom unfreien Willen und der zwei Reiche spaltete die existierende Welt auf und erlaubte ein, die offenkundigen, in der Kritik dargestellten, gesellschaftlichen Widersprüche aufhebendes Handeln nur der weltlichen Gewalt. Diese ist als einzige dazu auch von Gott verpflichtet. Zwar läßt sich die Welt nicht „nach dem Evangelium regieren", aber zumindest „das will Gott haben, daß den Unchristen gesteuert werde, damit sie nicht Unrecht oder wenigstens nicht straflos Unrecht tun. Es darf niemand denken, die Welt lasse sich ohne Blut regieren; es soll und muß das weltliche Schwert rot und blutrünstig sein. Denn die Welt will und muß böse sein; so ist das Schwert die Rute und Rache Gottes für sie!" (Luther 1973, S. 128). Darin besteht das alleinige, die realen Verhältnisse konstitutiv bestimmende Prinzip, die apriorische Rechtfertigung der Obrigkeit und die Notwendigkeit des absoluten Gehorsams gegen sie, das Luther und Melanchthon aus der Bibel ableiten. Dieser alleinige Bezug auf die Schrift, mit dem Luther seine frühe radikale Kritik entwickelte, hat jedoch ihre Subsumtion unter die weltliche Gewalt zum Resultat. Dadurch nämlich, daß – in der Umkehrung der Argumentation der Taboriten – das christliche Gesetz nur als individuell – regulative Maxime gedacht wird, der gegenüber als Konsequenz der Zwei-Reichelehre und der Erbsünde sich die Entscheidungs- und Handlungsfreiheit der, wiederum durch den Verweis auf die Schrift begründeten weltlichen Obrigkeit, ergab. In dem Determinationszusammenhang des Bösen, den die Welt ausmachen soll, ist sie, wenngleich der verselbständigte Ausdruck davon, der einzige Moment der Freiheit, die für den Vollzug des Auftrages Gottes vorausgesetzt werden muß. Wäre die Obrigkeit nicht durch jenes Moment unterschieden, dann wäre sie der Anwendung der Gesetze gar nicht fähig. Der Umstand aber, daß Luther mit Bezug auf die dogmatische Grundlage der Rechtfertigung der politischen Herrschaft diese ihre objektive Funktion darstellen muß, verweist darauf, daß jene zu deren Erfüllung nicht in der Lage ist. Hierzu erbringt Luther selbst noch den Nachweis, indem er zeigt, daß die „Könige und Fürsten (. .) bewußt daran beteiligt" sind (Luther 1973, S. 142), was sie als Unrecht bekämpfen sollen. Daher bleibt für ihn nur der sichere Ausgang im Strafgericht Gottes. Wodurch dies geschehen wird, konnte Luther nun aber nicht mehr bezeichnen wenn gezeigt wurde, daß die von Gott eingesetzte Obrigkeit ihrem Auftrag nicht folgt. Die Folgerung daraus ist daher ein unbegreifbarer, mechanischer Prozeß des kommenden Unheils, eine objektive Tendenz, die von keinem göttlichen oder menschlichen Subjekt zu steuern ist. Die Möglichkeit der Umkehr und des Eingriffs in den Geschichtsverlauf, den die propheti-

sche Geschichtstheologie beanspruchte, hat Luther gestrichen. Dies hängt zusammen mit dem, gegenüber der alttestamentarischen und scholastischen Vorstellung, veränderten Gottbegriff.
Im AT wurde er gedacht als allmächtiges, planendes Subjekt, das sich auf wechselnde Weise einzelnen, durch die „Berufung“ von Gott legitimierten Menschen, den Propheten, offenbarte. Ihnen oblag die Interpretation des Willens Gottes, der in dem sakralen Kultus nicht mehr hinreichend objektiviert erschien. In der prophetischen Theologie verschränkte sich das seiner selbst nicht bewußte subjektive Moment der Interpretation des Geschichtsverlaufs (mythisiert im Berufungserlebnis) mit dem Gedanken eines allgemeinen Plans der menschlichen Geschichte, dessen Ausführung der Handlungen der Menschen bedurfte. In der systematischen Theologie des Mittelalters war der Gottesbegriff bezogen auf den hierarchisch geordneten Kosmos. Er war Bedingung des Gottesbeweises, der als Reflexionsprozeß nicht zu intuitiven oder bloßen Glaubensaussagen gelangt. Die Konkordanz zwischen Vernunftprinzipien und den jene übersteigenden Glaubensinhalten sollte durch die Vermittlung von spekulativer Naturerkenntnis und tradierter Offenbarungswahrheit hergestellt sein. Das reflektierte Verhältnis von Vernunft und Glaube, in welchem die Differenz zwischen beiden ausdrücklich festgehalten wurde, ohne daß sie inkompatibel seien, wird bei Luther schließlich mit der Verwerfung der Vernunft in den reinen Glaubensakt aufgelöst. Dessen einzige objektive Basis ist das Schriftzeugnis. Die Notwendigkeit der subjektiven Interpretation und Aneignung der Glaubensinhalte, wodurch der Zusammenhang der einzelnen Subjekte mit Gott als der allgemeinen Subjektivität neu hergestellt werden sollte, verkehrte sich zur Subordination unter die weltliche Macht. Bei der grundsätzlichen Scheidung der Geltungsbereiche der göttlichen Gebote und der weltlichen Gesetze war das einzige Prinzip, das als gültig für die Bestimmung der Verhältnisse über den Empirismus des Gebotes der Nächstenliebe hinaus aus der Bibel gefolgert wurde, der absolute Vorrang der göttlich legitimierten Obrigkeit. Wenn sonst auch kein allgemein gültiges Gesetz der Bibel uneingeschränkt anerkannt werden sollte, darin mußte jeder sich unterwerfen. Dies war das Generalargument, mit dem alle Schlußfolgerungen aus der Bibel kassiert wurden. Nach Luthers theologischen Voraussetzungen erschien dies konsequent. Sind die Dinge und gesellschaftlichen Ordnungen nicht an sich vernünftig strukturiert, sondern das Resultat des – nach nominalistischer Lehre, der Luther folgte – zufälligen und beliebigen Schöpfungsaktes Gottes, dann bedarf es gegenüber der Unfähigkeit der Einzelnen und ihren nicht übereinstimmenden Intentionen des

Eingriffs von oben, durch den die „vernünftige Allgemeinheit“ hergestellt wird. Prinzipiell sei es zwar nicht möglich, aber es gelte, ein Mindestmaß bürgerlicher Ordnung zu sichern. Das dazu einzig berufene Subjekt war, nachdem sich die Kirche in dieser Hinsicht hinlänglich als unfähig und korrumpiert erwiesen hatte, die weltliche Obrigkeit, in deren Handlungen nun der nicht begreifbare Wille Gottes sichtbar wurde.

IV.

Gegen die theologische Begründung der Ohnmacht des Subjekts gegenüber einem objektiven Prozeß richtete sich von Anfang an Müntzers Theologie mit der Zurückweisungg der „bloßen Schrift“ und dem Insistieren darauf, „daß die Menschen das Papier oder Pergament sind, da (hinein) Gott mit seinem Finger, nicht mit Tinte, seinen unverrücklichen Willen und ewige Weisheit einschreibt. (Dies ist) eine Schrift, welche jeder Mensch lesen kann, wenn er eine aufgetane Vernunft hat“ (Wehr 1973, S. 39). Gegen das dogmatische Schriftprinzip und die Rechtfertigung der notwendigen Gewalt setzte er daher die knappe Bemerkung, er wolle „keinen stummen, sondern einen redenden Gott anbieten“ (Wehr 1973, S. 48). In der kürzesten Form artikuliert er darin die geschichtliche Lage und seine eigene höchste Intention. Gerade der hervortretende Willenscharakter enthält einen Verweis darauf, daß Gott, einmal als ens realissimum und summum bonum gedacht, sich dem begreifenden Denken entzogen hat. An diese ihrem Wirklichkeitsgehalt nach schon destruierte Idee bleibt aber die ursprüngliche Intention der christlichen Erlösungsreligion gebunden. Im Text stellt Müntzer die erstorbene Tradition als von der Kirche und den „Wuchersüchtigen und zinserhebenden Pfaffen, welche die toten Wörter der Schrift verschlingen“ (Wehr 1973, S. 46) verschuldete Geschichte dar. In der Gegenwart sind die Repräsentanten der kirchlichen Überlieferung zu deren Gegnern geworden: „danach schütten sie den (bloßen) Buchstaben und unerfahrenen Glauben, der nicht (einmal) eine Laus wert ist, unter das gerechte, arme, arme Volk. Damit machen sie, daß keiner seiner Seelenseligkeit gewiß ist“ (Wehr 1973, S. 46). Die Frage nach der, wie Augustinus formulierte, allen Menschen gemeinsamen Sehnsucht nach dem gewissen und unverkürzten Glück, macht für Müntzer den Kerngehalt seiner Theologie aus.
Seit der Mystik war der Erlösungsanspruch nicht mehr unabhängig von der Erfahrung der Individuen in einem selbst heilsgeschichtlich

aufgebauten Kosmos und unter der Idee der Heilsgeschichte objektiviert. Auch die rational wissenschaftliche Vergewisserung gegenüber der Tradition und der Lehre reichte nicht hin: „Und es ist auch kein gewisseres Zeugnis, das die Bibel wahr macht, als die lebendige Rede Gottes, da der Vater den Sohn im Herzen des Menschen anspricht" (Wehr 1973, S. 44). Die darin von Müntzer ausgesprochene Lehre vom „innerlichen Wort, (das) durch die Offenbarung Gottes im Abgrund der Seelen zu hören ist" (Wehr 1973, S. 89), hat eine Tradition, die bis in die prophetische Tradition zurückreicht, bei Paulus eine entscheidende, für Augustinus bestimmende Stellung hat und in der mittelalterlichen Mystik groß entfaltet wird. „Und der Mensch, der dies nicht gewahr wird und durch das lebendige Gezeugnis Gottes nicht empfindet (Röm. 8), der weiß von Gott nichts (Grundlegendes) zu sagen, auch wenn er hunderttausend Bibeln gefressen hätte. Daraus mag wohl ein jeder ermessen, wie fern die Welt noch vom Christenglauben ist." (Wehr 1973, S. 89) In zahlreichen Wendungen und Bildern sucht Müntzer die Notwendigkeit der Überwindung des äußerlichen Schriftprinzips seit Wyclif und Luther darzutun, und zwar gerade, um die Einheit der dogmatischen Grundlage zu sichern, die sie von sich aus nicht hat. Das einheitliche Prinzip der Interpretation liegt im Subjekt: „Denn es haben alle Urteile den größten Gegen(satz) in sich selber. Wo sie aber nicht zusammengefaßt (gedeutet) werden, kann keine (einzelne Schriftstelle) ganz und gar verstanden werden wie hell oder klar sie auch (sein mag) ohne (dem Verständnis anderer Stellen) unaussprechlich zu schaden. Das ist die Grundsuppe aller bösewichtischen Zertrennung." (Wehr 1973, S. 99) Nach dem orthodoxen traditionellen Modell interpretiert Müntzer das Verhältnis zwischen der Gnade Gottes und dem subjektiven Hinzutun zur Erlangung der Glaubensgewißheit, jedoch mit einer Uminterpretation des subjektiven Moments: dessen Hinzutun besteht in der vollkommenen „Gelassenheit", in der das Subjekt sich aller Äußerlichkeiten entledigt: „Wer aber Gott vom Abgrund seines Herzens (aus) nicht allein fürchtet, dem kann auch Gott nicht gnädig sein (. . .) wir können auch nicht erlöst werden von der Hand aller, die uns haßen und die herzliche Barmherzigkeit Gottes kann unsere unerkannte Finsternis nicht erleuchten, solange uns die Furcht Gottes nicht leer macht zum Anfang der unaufhörlichen Weisheit" (Wehr 1973, S. 108).
Innerhalb der theologischen Systematik kennzeichnet Müntzer mit dem Sündenfall die Bedingung aller menschlichen Herrschaft: „Darum daß der Mensch von Gott zu den Kreaturen (ab)gefallen ist, ist es über die Maßen billig gewesen, daß er die Kreatur zu seinem (eigenen) Schaden mehr als Gott fürchten muß" (Wehr 1973, S. 107). Aus der glei-

chen kanonischen Stelle, die die Verewigung der weltlichen Gewalt bei Luther begründet, gibt er die Möglichkeit ihrer Überwindung an, mit einem immanenten Verweis auf den Charakter der Freiwilligkeit des Abfalls von Gott: „Deshalb sagt Paulus zu den Römern im 13. Kapitel, daß die Fürsten nicht um die Furcht des guten Werkes, sondern um der henkerischen Furcht des (bzw. für den) Bösen (da sind). Darum sind sie nichts anderes als Henker und Büttel; das ist ihr ganzes Handwerk. Welches ist nun anders das böse Werk als daß man die (menschliche) Kreatur Gott vorzieht mit achtbarer Furcht und Würdigkeit? Ei, wie kommt das? Darum daß niemand Gott, wie man vor Augen sieht, allein mit emsigem Ernst, mit allem seinem Tun und Lassen (voran)setzt." (Wehr 1973, S. 108)
Im Dogma von der Erbsünde ist der latente Impuls der Rebellion immer enthalten gewesen. Der Anspruch der Selbsttätigkeit der Menschen ließ sich darin, wie sich von Augustinus bis Luther zeigte, nur mit einem dem Denken inkompatiblen Moment der Gewaltsamkeit und Selbstpreisgabe des Subjekts ersticken. Dies hatte Erasmus gegenüber Luther erkannt. Das nicht reduzierbare subjektive Moment der Selbstachtung als Widerstand gegen die Gewalt der Herrschenden, die die Furcht der Unterdrückten als Bedingung ihrer Herrschaft mitproduzieren müssen, tritt Müntzers polemischer Wendung gegen Luther hervor, „daß du mit deiner beschissenen Demut ein armer Sünder und ein giftiges Würmlein bist. Das hast du mit deinem phantastischen Verstand angerichtet aus deinem Augustinus, wahrlich, eine lästerliche Sache, (die) vom freien Willen, die Menschen frech zu verachten." (Wehr 1973, S. 139) Zwar ist „in einem Menschen (...) nicht die ganze Menschheit, denn ein Mensch ist nicht alle Menschen. Aber in Gott erkennt die Seele die ganze Menschheit und alle Dinge im Höchsten, denn sie erkennt sie nach dem Wesen" (Meister Eckehart, 1973, S. 60). Ist die Achtung der Menschheit im Anderen die Bedingung der Selbstachtung, dann ist die Tyrannei der Herren in der Negation des Gesetzes Gottes zugleich die Negation der menschlichen Würde aller. Wie auch Luther zeigte, können die Herrschenden das Unrecht nicht beseitigen weil sie – nach Müntzer – „die Grundsuppe des Wuchers, der Dieberei und Räuberei" sind. (Wehr 1973, S. 131) Der moralische Zweck der Revolution ist nicht getrennt von der Tat der Befreiung: „Schmiedet pinkepank auf den Ambossen Nimrods, werfet ihnen den Turm zu Boden! Es ist nicht möglich, solange sie leben, daß ihr der menschlichen Furcht leer werden solltet. Man kann euch von Gott nichts sagen, solange sie über euch regieren." (Wehr, 1973, S. 181)

Anmerkungen

1 „Jedes Geschöpf strebt danach, seine Vollkommenheit zu erreichen, die in der Ähnlichkeit mit der göttlichen Vollkommenheit in Güte besteht. So ist also die göttliche Güte das Ziel aller Dinge." (Th. v. Aquin, Sum. theol. I, quest. 44; 4).

2 Darin bestand auch das Problem der vom Papst zur Bekämpfung der Ketzer legitimierten Bettelorden: „ . . . sie (. . .) sahen sich genötigt, eine scharfe Trennungslinie zwischen sich und den unzuverlässigen, unsteten, organisatorisch nicht erfaßbaren und dogmatisch schwer zu überwachenden Elementen zu ziehen" (Grundmann 1970, S. 385).

3 So wie nach der Lehre die Vollkommenheit der Individuen aus eigener Kraft unmöglich war, so sollte die Herstellung eines politischen Gemeinwesens aus der Vernunft der Einzelnen unmöglich sein. Dieser Anspruch wurde theoretisch in den seit dem 13. Jahrhundert neu entdeckten und ausführlich kommentierten Schriften von Aristoteles entwickelt.

Literatur

Thomas von Aquin, Summe gegen die Heiden, hrsg. und übersetzt von Karl Albert und Paulus Engelhardt unter Mitarbeit von Leo Dümpelmann, Bd. 1, Darmstadt 1974.

Augustinus, De civitate Dei, hrsg. von Joseph Bernhart, Stuttgart ^{7}1965.

–, Vom freien Willen, hrsg. und übersetzt von K. Thimme, Zürich und Stuttgart 1962.

–, Bekenntnisse, hrsg. und übersetzt von J. Bernhart, München 1966.

G. A. Benrath, Traditionsbewußtsein, Schriftverständnis und Schriftprinzip bei Wyclif, in: Miscellanea mediaevalia, Bd. 9, 1974.

– (Hrsg.), Die Wegbereiter der Reformation, Bremen 1967.

Peter Cheltschitzky, Das Netz des Glaubens (1440), in: G. A. Benrath, Wegbereiter – s. Benrath.

Johannes Chrysotomos, Homilien zur Genesis 17, in: Texte der Kirchenväter I, hrsg. von A. Heilmann und H. Kraft, München 1963.

Johannes von Damaskus, Darlegung des orthodoxen Glaubens, in: Texte der Kirchenväter I, hrsg. von A. Heilmann und H. Kraft, München 1963.

Erasmus von Rotterdam, Über den freien Willen, übersetzt, eingeleitet und mit Anmerkungen versehen von Winfried Lesowsky, Darmstadt 1969 (= Ausgewählte Schriften, hrsg. von Werner Welzig, Bd. 4).

A. Franke, G. Zschäbitz, Das Buch der hundert Kapitel und der vierzig Statuten des sogenannten oberrheinischen Revolutionärs, Berlin (DDR) 1967.

Herbert Grundmann, Religiöse Bewegungen im Mittelalter, 3. Aufl., Darmstadt 1970.

Klaus Kaczerowsky (Hrsg.), Flugschriften des Bauernkrieges, Reinbek 1970.

Karl Kroeschell, Deutsche Rechtsgeschichte, Bd. II, Reinbek 1973.

Karl Kupisch, Kirchengeschichte, Bd. II und III, Stuttgart 1974.

Martin Luther, Von Kaufhandlung und Wucher, in Calwer Lutherausgabe, Bd. 4, hrsg. von W. Metzger, 2. Aufl., Hamburg 1973.

Meister Eckehart, Vom Wunder der Seele, hrsg. von F. A. Schmid-Noerr, Stuttgart 1973.

Franz Overbeck, Studien zur Geschichte der alten Kirche, Darmstadt 1965.
–, Vorgeschichte und Jugend der mittelalterlichen Scholastik, Darmstadt 1971.
Carl Schmitt, Politische Theologie, 2. Aufl., München-Leipzig-Wien 1934.
Reformatio Sigismundi, zit. nach Heinrich Koller, Reformation Kaiser Siegmunds, Stuttgart 1964.
Reinhold Seeberg, Lehrbuch der Dogmengeschichte, Bd. II und III, Darmstadt 1974.
Emil Weller, Ein newes gedicht wer der erst Edelmann gewest ist ..., in: Serapeum, Zs. f. Bibliothekswissenschaft 24, 1863, S. 231–235.

Hubertus Fischer

Thomas Müntzer: Religion und Kommunismus

Es mutet beinahe grotesk an, wenn eine stets größer werdende Zahl von Forschern drei Worte aus Müntzers auf der Folterbank erpreßtem Geständnis ins Zentrum seiner Lehre rücken will: „omnia sunt communia" (Müntzer, 1931, S. 165) (1). Denn ganz gewiß war nicht die Gütergemeinschaft, die Errichtung einer kommunistischen Gesellschaft, sein letztes Ziel, sondern, wie aus allen Schriften hervorgeht und im Rahmen des messianischen Chiliasmus auch gar nicht anders denkbar ist, die Errichtung des Reiches Gottes auf Erden, die Verwirklichung des Evangeliums. Für den Entwurf einer solchen im *Geist* verbundenen Gemeinschaft von Auserwählten war aber die Gütergemeinschaft eine fast selbstverständliche Voraussetzung, über die man nicht viel Worte verlieren mußte. Denn da gab es das Beispiel des Urchristentums und die lange Tradition mehr oder weniger ausgeprägt kommunistischer ‚Häresien'.

Noch widersinniger aber ist es, mit Engels Müntzers sog. politisches Programm „als die geniale Antizipation der Emanzipationsbedingungen der kaum sich entwickelnden proletarischen Elemente unter (den) Plebejern" (Engels, 1970, S. 60) (2) verstehen zu wollen. Dieser gewundenen Formulierung ist nur zu deutlich anzusehen, wie krampfhaft Engels sich bemüht, eine Verbindung zwischen Kommunismus und Proletariat herzustellen, als wären sie die zwei voneinander untrennbaren Seiten ein und derselben Sache und gar nicht denkbar, daß das ‚Omnia sunt communia' auch unter ganz anderen Voraussetzungen als denen eines ‚keimenden' Proletariats formuliert werden könnte.

Wenn beispielsweise der großbürgerliche Humanist Erasmus von Rotterdam ausdrücklich Sympathien für diesen Kommunismus bezeugt (3), ist er doch zugleich über den Verdacht erhaben, jemals mit dem Pöbel sympathisiert zu haben. Wenn nun gar einem englischen Kirchenfürsten des 11. Jahrhunderts von seinem Biographen ähnliche Neigungen nachgesagt werden (vgl. u. S. 43), so wird dieser, wiewohl ihn die Kirche heilig sprach, doch kaum mit der Vision eines die Klassengesellschaft aufhebenden Proletariats erleuchtet gewesen sein. Wir werden darauf zurückkommen. Aber schon jetzt mag deutlich geworden sein, daß Gütergemeinschaft recht wenig mit einer „genialen Antizipation" zu tun hat, die über die bürgerliche Gesellschaft hinaus in die Zukunft greift.

Um dem Problem näherzukommen, erscheint es uns sinnvoll, am anderen Ende zu beginnen, also nicht zuerst zu fragen, was hat es mit dem Müntzerschen Kommunismus auf sich, sondern, was greift Müntzer an den feudalen Verhältnissen an, mit welcher Begründung, um daraus kommunistische Konsequenzen zu ziehen. Auch hier wie bei den anderen Elementen der Müntzerschen Ideologie wird sich am Ende zeigen, daß Müntzer allein das aufnimmt, was die Kirche seit jeher verkündet hatte. Und nur deshalb, weil er das Evangelium hier und jetzt verwirklichen wollte, ohne einen Aufschub und ohne ein „Entschuldigen mit menschlichen oder vornunftigen Anschlegen" (Lenk 1974, S. 232) zu dulden, wurde er zum Propagandisten der Gütergemeinschaft und Widersacher der feudalen Ordnung.

In der Antwort auf Luthers Schrift *Über Kaufhandlung und Wucher* legt Müntzer sogleich die Axt an die Wurzel des Übels. Hatte Luther das Handels- und Wucherkapital scharf verurteilt und das feudale Raubrittertum als göttliches Strafwerkzeug gegen den Diebstahl, den Raub und den Wucher der Kaufleute hingestellt, so entlarvt Müntzer diese Polemik als Roßtäuscherei und bloßen Scheinradikalismus. Denn radikal sein heißt, die Sache an der Wurzel fassen, und die Wurzel des Übels sind die Feudalherren selbst: „Er saget aber im Buch von Kaufshandelung, daß die Fürsten söllen getrost unter die Diebe und Rauber streichen. Im selbigen verschweigt er aber den Ursprung aller Dieberei. Er ist ein Heerhold, er will Dank verdienen mit der Leute Blußvergießen und zeitlichs Guts willen, welches doch Gott nit auf seine Meinung befohlen. Sieh zu, die Grundsuppe des Wuchers, der Dieberei und Rauberei sein unser Herrn und Fürsten, nehmen alle Kreaturen zum Eigentum: Die Fisch im Wasser, die Vögel im Luft, das Gewechs auf Erden muß alles ihr sein (. . .). Darüber lassen sie dann Gottes Gebot ausgehn unter die Armen und sprechen: „Gott hat geboten, du sollt nit stehlen." Es dienet aber ihn nit. So sie nun alle Menschen verursachen, den armen Ackermann, Handwerkmann und alles, das da lebet, schinden und schaben (. . .), so er sich dann vergreift am Allergeringesten, so muß er hengen. Do saget denn der Doktor Lügner: „Amen". Die Herren machen das selber, daß ihn der arme Mann feind wird. Die Ursach des Aufruhrs wöllen sie nit wegtun, wie kann es die Lenge gut werden? So ich das sage, muß ich aufrührisch sein, wohlhin!" (Lenk 1974, S. 258)

Müntzer sieht nicht „in der privaten Aneignung (. . .) des *gesellschaftlichen* Eigentums durch die Herren (. . .) die Ursache allen

Übels", wie neuerdings behauptet wird. (Lenk 1974, S. 21 und 23; Hervorh. d. Vf.) Denn wie sollen Fische, Vögel und Gewächse immer schon gesellschaftliches Eigentum sein, wo sie doch von den Menschen nicht produziert worden sind und also Gabe eines Fremden, der Natur, sind? Und die Natur ist den Individuen in der feudalen Gesellschaft als ihr Lebensgrund, ihr objektives Dasein vorausgesetzt; sie stehen nicht auf dem Boden eines historisch produzierten, von ihnen selbst geschaffenen Gemeinwesens, das ihnen jederzeit als ihr Produkt erscheint (4). Sie müssen für ihr Dasein einen Grund annehmen, der außer ihnen selbst liegt, einen übernatürlichen, göttlichen Ursprung. Die Natur erscheint demnach auch nicht von vornherein als menschliches Eigentum, sondern als dem Menschen zur leihweisen Nutzung übertragenes Schöpfungswerk:

Niemand besitzt Eigentum
außer Gott in seiner Macht:
Leib, Seele, Stand und Gut,
die sind samt und sonders Leben,
was man auch immer damit tut.
(Frîdankes Bescheidenheit, 74, 19 ff.)

So wenig der Mensch sich selbst gehört, so wenig gehört ihm im strengen Sinne das, was er besitzt. Schon von daher kann das Privateigentum immer im Verdacht der Sünde stehen und religiös nie völlig unbedenklich sein. Wie sich zeigen wird, bleibt denn auch in den ausgefeiltesten theologischen Rechtfertigungen des privaten Eigentums seine negative Wertung durchgehend erhalten und ebenso bleibt der Kommunismus das nie bezweifelte Ideal. Denn nur im Zustand der Gemeinsamkeit der Güter kann der Mensch sowohl in Harmonie mit der Natur als Gottes Schöpfung und Eigentum als auch in Eintracht mit seinen Mitmenschen leben.

Aber kehren wir zurück zu Müntzer. Was er in den zitierten Sätzen brandmarkt, ist ja nicht die private Aneignung der Produkte fremder Arbeit. Das unterstellen nur die Interpreten, die ihren Blick starr auf die Ausbeutung der werktätigen Massen gerichtet haben. Vielmehr greift Müntzer die Fürsten und Herren deshalb an, weil sie die Natur selbst zu ihrem Eigentum machen: Vögel, Fische und Gewächse. Er sieht die Ursache allen Übels im feudalen Mißbrauch des natürlichen Reichtums und kann dies Diebstahl nennen, weil sich die Herren am Gemeingut aller Lebenden bereichern, auch Raub, weil sie noch auf die Reste des Gemeindeeigentums übergreifen, und endlich mit dem größten Rechte Wucher, weil sie sich den Gebrauch der Natur bezahlen lassen. Sie wuchern mit der Erde, der Luft und dem Wasser, obwohl sie ihnen niemals als *ihr* privates Eigentum zugehören können

(5). Dem liegt eine andere Vorstellung vom Reichtum zugrunde, als wir sie in der bürgerlichen Gesellschaft finden. Er ist „noch als *Natur* unmittelbar gegenständlicher Reichtum" (Marx, MEW, Erg. Bd., 1. Teil, S. 532), also nicht durch Arbeit produzierter, gesellschaftlicher Reichtum. Es verwundert nicht, daß auch beim Adel dieselbe Vorstellung vom Reichtum erscheint. So soll etwa im *Parzival* ein wunderwirkender Stein dem Helden die Vollmacht über die Erde und ihren natürlichen Reichtum geben. „Ich denke dabei", erläutert der Erzähler, „an alles, was die Erde nur hervorbringen kann", und auch „an alle wilden Tiere, die unter dem Winde leben, ob sie nun fliegen, laufen oder schwimmen" (Parzival 470, 15 ff.). Trotz dieser poetischen Verklärung des feudalen Grundeigentums ist diese Vorstellung vom Reichtum als Natur nicht bloße Fiktion. Denn in der Tat sind der Arbeiter *und* die Erde „die Springquellen alles Reichtums" (Marx, Kap. I, S. 530). Da nun die Naturkräfte selbst in der nach Breite und Tiefe von der agrikolen Produktion bestimmten feudalen Gesellschaft als die zwar unbegriffenen, gerade deshalb aber auch machtvollen und imponierenden Triebkräfte in den Reproduktionsprozeß des menschlichen Lebens eingehen, kann die Arbeit, das subjektive Wesen des Reichtums, auch nicht als die erste und entscheidende Quelle des Reichtums erscheinen. Dann bietet die Natur auch noch vieles zum unmittelbaren Gebrauch den Menschen dar, das nicht erst durch Arbeit anverwandelt werden müßte: „So Luft, jungfräulicher Boden, natürliche Wiesen, wildwachsendes Holz" (Marx, Kap. I, S. 55), ebenso Fische, Vögel und andere Tiere, „die unter dem Winde leben".

Dieser „Fetischismus des alten äußerlichen, nur als Gegenstand existierenden Reichtums (Marx, MEW, a. a. O., S. 532) erhält sich im gesellschaftlichen Bewußtsein, solange noch die Natur das gesellschaftliche Sein bestimmt und nicht umgekehrt die Gesellschaft die Natur bestimmt. Auch die ersten Nationalökonomen der bürgerlichen Gesellschaft haben sich nicht gänzlich von der Vorstellung des naturbestimmten Reichtums lösen können (vgl. Marx, Grundrisse, S. 233 ff.). Um wieviel mehr mußte aber eine Gesellschaft diesem Fetischismus erliegen, der nicht einmal die menschliche Arbeit als die wirklich leitende Kraft des Stoffwechsels der Natur erscheinen konnte. Und so liegt es auch hier wieder durchaus nahe, den Reichtum, wie ihn die Natur unmittelbar darbietet, einer außer dem Menschen stehenden, göttlichen Macht zuzuschreiben. Weil die Menschen die Produkte ihres Lebenserzeugungsprozesses nicht zuerst als die Produkte ihrer Arbeit erkennen können, glauben sie, daß sie sie ebenso von Gott empfangen, wie sie sie sich aneignen. Noch bei

Luther findet sich die Vorstellung, daß der Glaube an die Unbegrenztheit des natürlichen Reichtums als ein Zeichen für den Glauben an die göttliche Allmacht zu gelten habe: „Wie reimet sich das? die Luft gibt Speise und Nahrung, und allhier die Steine oder Felse fließen mit Wasser; es ist eine wunderbarlich Gabe. Wie es denn auch seltsam und wunderlich ist, daß Körner aus der Erde wachsen. Wer kann diese Kunst, und wer hat diese Gewalt? Gott hat sie, der kann solche unnatürliche Dinge tun, auf daß wir daraus uns einbilden mögen, was er für ein Gott sei und was er für Gewalt habe, auf daß wir an ihm nicht verzageten oder verzweifelten, sondern festiglich glaubeten und ihm vertraueten, daß er auch könne das Leder an der Tasche zu Gold machen und die Luft mir zum Keller voll Weins machen. Das soll man ihm vertrauen, daß er eine solche große Gewalt habe und wir wissen mögen, wir haben einen solchen Gott, der diese Kunst könne, und daß es um ihn alles regene und schneie mit Wunderwerken" (zit. n. Feuerbach 1971, S. 458).

Wir dürfen vorläufig zusammenfassen: Die Natur ist der allgemeine Lebensgrund des feudalen Individuums. Da sie ohne sein Zutun vorhanden ist, erscheint sie als Gottes Schöpfung und Eigentum, das dem Menschen nur zur leihweisen Nutzung überlassen wurde. Ebenso gilt der Reichtum, den Boden, Wasser, Stein und Luft dem Menschen darbieten, als ein Geschenk der übernatürlichen Macht Gottes. Was der Mensch erwirbt, erscheint immer auch als die Gabe eines Fremden, die er in Dankbarkeit vor ihm verzehren soll (vgl. Hegel 1970, Bd. 7, S. 356, § 203 Zusatz und S. 357, § 204 Zusatz). Machen die Herren und Fürsten aber den ganzen natürlichen Reichtum zu ihrem Privateigentum, dann bestehlen und berauben sie nicht nur den ‚gemeinen Mann', sondern auch Gott. Denn er allein hat wirkliches Eigentum an der Natur, während die Menschen insgesamt nur seine Kostgänger sind und nur im gemeinschaftlichen Gebrauch der Güter zu wahren Kindern Gottes werden. Sehr anschaulich hat das Nikolaus von Dresden ausgedrückt. Er erklärt, daß „nach göttlichem Gesetz (. . .) die Erde und deren Reichtum Gott (gehören); er machte Reiche und Arme aus einem Lehm, und eine Erde trägt Arme und Reiche. Es ist demnach menschliches Gesetz zu sagen: ‚Dieses Dorf gehört mir, dieses Haus gehört mir, dieser Diener (servus) gehört mir'. Nimm das Gesetz des Herrschers fort, wer wird dann zu sagen wagen: ‚Dieses Dorf, dieser Diener, dieses Haus gehört mir'? Besitztum (= Privateigentum) stammt von den Gesetzen der Könige" (zit. nach Bredekamp 1975, S. 278).

Es sollte nun auch deutlich geworden sein, daß man nicht unbedingt die Worte der Schöpfungsgeschichte im Kopf haben mußte, um das

Privateigentum als Bruch des göttlichen Gesetzes angreifen zu können. Denn die materiellen Lebensverhältnisse selbst erzeugten ein Bewußtsein über die Natur, das, wenn auch in der verkehrten Form der Religion, in Widerspruch mit den herrschenden Eigentumsverhältnissen treten mußte; dies zumal in Zeiten, in denen der Adel die Ausweitung des feudalen Grundeigentums mit blanker Gewalt betrieb und noch den kleinsten Übergriff grausam bestrafte: „(. . .) so er sich dann vergreift am Allergeringesten, so muß er hengen" (Lenk 1974, S. 258). Schon ein flüchtiger Überblick über die Masse der bäuerlichen Beschwerden lehrt, daß die Monopolisierung des natürlichen Reichtums in den Händen des Adels der zentrale Angriffspunkt dieser antifeudalen Bewegung war (vgl. Lenk 1974, Dok. 1, 2, 4 u. ö.). Kaum einmal fehlt der Hinweis darauf, daß die Natur nach göttlichem Gesetz allen Menschen gemeinsam und das feudale Grundeigentum nur Ausfluß einer „vermessen Eigengewalt" (Lenk 1974, S. 212) sei.

Man kann sich nur dann eine Vorstellung von dem grenzenlosen Haß auf die Herren als die Verkörperung der den Menschen geraubten Erde machen, wenn man das Grundeigentum seinem ganzen Umfang nach als den gewaltsamen Ausschluß der Masse der Menschen vom natürlichen Reichtum begreifen lernt. Nichts läßt diesen seinen Charakter besser erkennen als die Tatsache, daß sich der Rechtsfiktion nach das Herreneigentum auch noch auf das Naturelement erstrekken sollte, das sich an sich jedem Zugriff entzieht. Selbst die Luft wurde „zu einem Regale gemacht, ‚der Wind gehört der Herrschaft'" (Feuerbach 1975, S. 247), so daß derjenige, der diese herrschaftliche Luft atmete, zum Eigentum des Herren wurde: „Die Luft machte eigen" (Herder 1965, S. 439). Und die Bibel hätte niemals ihre einzigartige Beweiskraft für die Anklagen der Bauern gegen die gottlosen Herren gewinnen können, wenn sie nicht das in heiligen Worten gefaßt hätte, was ihnen die profane Wirklichkeit schon zuvor mit Faust und Schwert in das Gedächtnis geschrieben hatte. Als Zeugnis dafür, daß die gewaltsame Aneignung der Natur und ihre Unterwerfung unter das Eigentum der Fürsten immer schon als illegitim erschienen waren, mögen die folgenden, rund dreihundert Jahre vor Müntzer entstandenen Verse aus der Feder eines Spruchdichters gelten, der niemals in dem Geruch revolutionärer Umtriebe stand:

Die Fürsten beherrschen mit Zwangsgewalt
Erde, Fels, Gewässer und Wald,
und dazu noch die Tiere, die zahmen wie die wilden.
Auch hätten sie gerne die Luft in ihrer Gewalt,
die muß aber unser Gemeinbesitz sein.

Wenn sie es nur vermöchten, den Sonnenschein
uns zu untersagen und auch noch Wind und Regen,
dann müßte man ihnen den Zins dafür mit Gold aufwiegen.
(Frîdankes Bescheidenheit, 76, 5 ff.; übers. v. Vf.)

Die Kritik deckt sich im wesentlichen mit der Müntzers. Die letzten Verse machen noch einmal deutlich, was wohl auch Müntzer unter dem feudalen Wucher verstanden haben mußte: daß sich die Herren Gebrauch und Nutzung der Natur in harter Währung bezahlen ließen und so mit Gottes Eigentum schändlichen Wucher trieben (vgl. Ricardo 1959, S. 9 und S. 52 f.; Marx, MEW, Erg. Bd., 1. Teil, S. 505–507). Nun sinnt aber unser Spruchdichter beileibe nicht auf Umsturz. Er droht nur mit der Rache der Natur in Gestalt der zwikkenden und zwackenden Insekten:

Doch sollte allen Fürsten eine Lehre sein,
daß Mücken, Fliegen, Flöhe, Bremsen
ihnen genauso feindlich sind wie jedem anderen Mann,
der weder zu Reichtum noch Grundbesitz kam.
Ihre Herrschaft dünkt mich ein Nichts,
da doch gemeine Insekten ihnen über sind.
(Frîdankes Bescheidenheit, 76, 13 ff.; übers. v. Vf.)

Wo dieser nur Flöhe sät gegen die fürstliche Gewaltherrschaft über den natürlichen Reichtum, sät Müntzer die Drachenzähne des Aufruhrs: „So ich das sage, muß ich aufrührisch sein, wohlhin" (Lenk 1974, S. 258). Er will das Grundübel der Gesellschaft ausrotten, weil, „so anders die Christenheit soll recht aufgerichtet werden, (. . .) man die wuchersüchtigen Bösewichte wegtun und sie zu Hundknechten machen" muß (Müntzer 1958, S. 99). Nicht den gelegentlichen, unrechtmäßigen Übergriff auf fremdes Eigentum klagt er als das größte Hindernis für die Wiederaufrichtung der Christenheit an, sondern das feudale Grundeigentum überhaupt. Denn dieses ist „schon seinem Wesen nach die verschacherte Erde, die dem Menschen entfremdete und daher in der Gestalt einiger weniger großen Herrn ihm gegenübertretende Erde" (Marx, MEW, Erg. Bd., 1. Teil, S. 505). Damit sind die Herren als die Urheber von Diebstahl, Haß und Feindschaft erkannt und deshalb muß der Kampf in erster Linie ihnen gelten, nicht den „armen Münch und Pfaffen und Kaufleut", die Luther „wohl zu schelten" habe, weil diese sich „nit wehren können" (Lenk 1974, S. 265).

„Wann als Gott der Herr den Menschen erschuf, hat er ihm Gewalt geben uber alle Tier, uber den Vogel im Luft und uber den Fisch im Wasser', heißt es in den „12 Artikeln" (Lenk 1974, S. 92). Die Erde war einmal das Gemeingut aller Lebenden, und die Erinnerung daran wurde nicht nur durch die Schöpfungsgeschichte wachgehalten. Die Bauern hatten auch ganz handgreiflich vor Augen, daß das feudale Privateigentum nicht schon von Ewigkeiten her Bestimmung war. Denn da gab es noch allenthalben die zählebigen Reste des Gemeineigentums im Umkreis fast eines jeden Dorfes. Da es die einzige geschlossene materielle Basis für den kollektiven Widerstand der Bauern war, mußten die Übergriffe der feudalen Meute auf diesen „einzigen Hort der Volksfreiheit und des Volkslebens" (Marx, MEW 19, S. 403) den besonderen Haß gegen die „Eigengewalt" der Herren hervorrufen: „Zum zehenten sei wir beschwert, daß etlich haben ihnen zugeeignet Wiesen, dergleichen Ecker, die dann einer Gemein zugeherent" (Lenk 1974, S. 94). Und „daß kein armer Mann nit Gewalt gehabt hat, das Wildbret, Gevigel oder Fisch in fliessenden Wasser nit zu fachen zugelassen werden", erscheint den Bauern „eigennützig und dem Wort Gotts nit gemeß (. . .)" (Lenk 1974, S. 91). Ist es nun denkbar, daß den professionellen Verwaltern des Wortes Gottes, den Männern der Kirche, die Erinnerung an die Herkunft des Privateigentums aus dem sündhaften Eigennutz gänzlich verlorengegangen sein sollte?

Wir greifen vom Bauernkrieg um fünfhundert Jahre zurück. Da sagte schon der Heilige Anselmus, Erzbischof von Canterbury, „seinem Lebensbeschreiber Eadmerus zufolge, ganz im Widerspruch mit der weltbekannten geistlichen Habsucht, daß nach dem Naturgesetz (secundum naturalem legem) nicht dem einen mehr als dem andern angehöre und daß alle Schätze der Welt zum allgemeinen Besten der Menschen erschaffen seien" (Feuerbach 1975, S. 247) (6).

Nun wird mancher den hl. Anselm für einen Wolf im Schafspelz halten, dem die Ballonmütze besser zu Gesicht gestanden hätte als die erzbischöfliche Mitra. Aber auch dieser ungläubige Thomas – mag er sich einen christlichen Anhänger des Privateigentums nennen und beides nicht voneinander trennen können oder einen rechtmäßigen Erben Müntzers, der den Kommunismus nur in Verbindung mit Plebejern und Proleten gelten lassen will, – auch dieser wird seinen Irrtum einsehen müssen, wenn er das folgende bedenkt.

Kein Buch außer der Bibel hat für die feudale Kirche und die mittelalterliche Gesellschaft überhaupt eine höhere rechtliche Autorität besessen als das ca. 1140 entstandene, immer wieder kommentierte und in zahllosen Exemplaren überlieferte *Decretum Gratiani*. Es war *das* juridische Lehrbuch des Mittelalters, und ausgerechnet in diesem Lehrbuch geht noch das Gespenst des Kommunismus um. Nach ihm ist das Privateigentum „eine notwendige Einrichtung, wenigstens in

einer sündigen Welt (. . .). Aber das Privateigentum soll man nur als ein Zugeständnis an die menschliche Schwachheit dulden, nicht als etwas loben, das in sich selbst wünschenswert wäre; das Ideal ist – wenn sich die menschliche Natur nur dazu erheben könnte – der Kommunismus. ‚Denn der Gebrauch aller Dinge, die in dieser Welt vorhanden sind', schrieb Gratian in seinem Decretum, ‚sollte allen Menschen gemeinsam sein'" (Tawney 1972, S. 44; übers. v. Vf.) Etwas anderes hat auch Müntzer nicht gesagt; nur – und darin bestand seine revolutionäre Tat – er wollte es auch verwirklichen.
Auch ein Blick auf die in den folgenden Jahrhunderten herrschende Theologie der Scholastik kann in dieser Hinsicht lehrreich sein. Fern davon, das Privateigentum als die höchste Stufe menschlicher Gesittung zu verherrlichen, wie es in unseren Tagen die falschen Propheten des Christentums nicht müde werden zu tun, hält die scholastische Naturrechtslehre die Entfremdung der Dinge durch das Privateigentum wenigstens noch *als* Entfremdung fest. Sie geht davon aus, daß zwar nicht nach den absolut verpflichtenden Geboten (praecepta) und Verboten (perhibitiones), wohl aber nach den zeit- und beziehungsweisen Ratschlägen (demonstrationes) der Kommunismus ein naturrechtliches Gebot der Nächstenliebe (caritas) sein könne. Damit verbunden ist die Vorstellung des ursprünglichen Zustands paradiesischer Unschuld als eines Zustands der Gemeinsamkeit aller Güter. Das Privateigentum aber wird als Folge des Sündenfalls, des defizienten Status' der Menschheit, begriffen; seine Apologie ist daher rein negativ: „Im Zustand paradiesischer Unschuld war die Gütergemeinschaft Gebot. Aber im Zustand der durch sündhafte Begier verdorbenen Natur ist dies kein Gebot und kann auch keines sein, da sonst Staat und Gesellschaft in Auflösung geraten und die Menschen sich gegenseitig totschlagen würden" (Grabmann 1926, S. 65–103, hier S. 72). Immerhin lernen wir daraus, daß auch die massivste ideologische Legitimation nicht ohne Widerspruch auskommt. Denn obwohl das Ideal des Kommunismus ins ferne Paradies zurückverlegt wird, ist er doch immer noch das Ideal. Die Religion ist eben immer auch „die *Protestation* gegen das wirkliche Elend" (Marx, MEW 1, S. 378), wie sehr sie auch im theologischen Gewand dies Elend verhüllen soll.
Erschien der Scholastik der Kommunismus nur im Falle der äußersten Not des Nächsten als ein Gebot der caritas, so konnte doch der Wortführer einer sozialrevolutionären Bewegung, die aus der Not entstanden war, die Errichtung der Gütergemeinschaft um so mehr zu einem absoluten Gebot erheben und gegen Adel und Kirche erzwingen wollen, als er die Befreiung aus dem Sündenstand als gegenwärti-

ge praktische Aufgabe verstand. Unter diesem Ziel mußte die Beseitigung des feudalen Eigentums zur unabweisbaren Notwendigkeit werden, weil, wie die Kirche selbst gesagt hatte, die Herrschaft des Privateigentums die Herrschaft „der durch sündhafte Begier verdorbenen Natur" war. Müntzers ‚Omnia sunt communia' muß daher als die konsequente Verwirklichung der religiösen Bestimmung des Menschen und nicht als deren Negation erkannt werden.
Als er in der Fürstenpredigt „die christliche Kirche zu ihrem Ursprung (...) wieder kummen" (Lenk 1974, S. 248) lassen wollte, war damit eigentlich schon das kommunistische Programm angesprochen. Denn seit alters verband sich mit dem Urchristentum die Vorstellung von einer seligen Harmonie der Gläubigen im gemeinsamen Besitz und Gebrauch der Güter: „Die Masse der Gläubigen besaß ein Herz und eine Seele, alles gehörte allen. Nach dem Naturgesetz sind alle Dinge Allgemeinbesitz (communia omnibus)" (zit. nach Bredekamp 1975, S. 278).
Auch Müntzers Rückgriff auf den antiken Philosophen Platon gehört hierher. Das zeigen die Beispiele anderer kommunistisch orientierter Denker des ausgehenden Mittelalters. Der eben zitierte Nikolaus von Dresden sieht in Platon den frühen Verkünder des dann im Urchristentum gelebten Prinzips der Gütergemeinschaft (Bredekamp 1975, S. 278). Der ‚Fürst der Humanisten', Erasmus von Rotterdem, entwirft in der Form eines Briefes an Ulrich von Hutten mit großer Sympathie ein Porträt des ihm befreundeten Thomas Morus, dem wir mit der *Utopia* die erste ausführliche Schilderung eines vorbildlichen kommunistischen Gemeinwesens verdanken, und er hebt dabei besonders hervor, daß dieser bestrebt war, „Platons Kommunismus bis zur letzten Konsequenz hin zu verteidigen" (Büchner 1948, S. 53).
Erasmus selbst läßt in seiner politischen Hauptschrift, der *Institutio principis Christiani* (Unterweisung des christlichen Fürsten), und dem *Enchiridion militis Christiani* (Handbuch des christlichen Streiters) eine deutliche Höherbewertung gemeinschaftlicher Eigentumsformen erkennen. Daß beide, Erasmus gegen die Reformation und Morus gegen die anglikanische Staatskirche, am Katholizismus festhielten, kann nach dem Dargelegten nicht mehr verwundern. Max Beer hat aufgrund seiner Untersuchungen sogar „die allgemeine Regel" aufstellen können, „daß diejenigen Humanisten, die der katholischen Kirche treu blieben, mit dem Kommunismus oder mindestens einer gründlichen sozialethischen Reform sympathisierten (...) während die lutherisch-kirchenreformatorischen Humanisten antikommunistisch, sozialkonservativ und kleinbürgerlich waren (...),

insbesondere Melanchthon (. . .), der sich große Mühe gab, die kommunistisch-naturrechtlichen Stellen der lateinischen Literatur und Patristik sowie die kommunistischen Verse des neuen Testaments hinweg zu disputieren" (Beer 1921, 3. Teil, S. 51).
Wo also die Beziehung zum mittelalterlichen Katholizismus nicht aufgegeben wird, schlägt allenthalben noch die kommunistische Tendenz durch. Demgegenüber schreibt die lutherische Reformation das Privateigentum als gottgewollte Einrichtung ein für allemal fest (vgl. Luther 1844, 2. Bd., S. 113) und schafft damit eine wichtige Voraussetzung für die weitere Ausbildung der bürgerlichen Eigentumsideologie. Der Kommunismus aber ist die höchste Stufe der Verwirklichung jener alten, der feudalen Gesellschaft adäquaten Religionsform, denn nur in ihm ist das absolute Naturrecht bzw. das göttliche Gesetz erfüllt.
Und mochte auch die Kluft zwischen diesem Ideal und der Wirklichkeit der feudalen Gesellschaft unüberbrückbar geworden sein und der Kommunismus allein noch für den paradiesischen Urzustand zugelassen werden, der Gedanke an seine prinzipielle religiöse Überlegenheit war darüber niemals verlorengegangen. Er konnte auch niemals verlorengehen, weil die Dominanz der Naturbeziehung in der feudalagrarischen Gesellschaft es gar nicht zuließ, das Privateigentum positiv und widerspruchsfrei zu legitimieren. „So tief war gerade durch die (. . .) nahe Beziehung von Mensch und Natur auch die Vorstellung, daß die Erde in der Verteilung ihrer Gaben von sich aus keine Unterschiede mache und die natürliche Gleichheit der Menschen das Primäre sei, im Bewußtsein der Zeit eingewurzelt, daß selbst die Kirche nicht umhin konnte, formell noch durch das ganze Mittelalter und Spätmittelalter diese Idee beizubehalten, nicht ohne aber in einem ständigen ideologischen Erneuerungskampfe gleichzeitig ihre Geltung ‚für diese Welt' in Frage zu stellen. Schon im Denken der Kirchenväter bestand (...) eine Beziehung von Privateigentum und Sündenfall. Der Gegensatz zum bürgerlichen Eigentumsbegriff (. . .) ist eklatant. Einen „quellenmäßigen" Nachweis für diesen Zusammenhang zwischen den allgemeinen Bewußtseinsinhalten der agrarischen Gesellschaft und der gleichheitlichen Naturrechtsidee gibt es allerdings nicht und kann es nicht geben, denn der wichtigste Träger dieser Ideologie, die Bauernschaft, war so unterdrückt, daß sie kein Schrifttum hinterließ. Aber jede beliebige Analogie mit den Bauernbewegungen späterer Zeit und den Argumentationen der verschiedenen Kritiker an der ungerechten Verteilung des Bodenbesitzes (. . .) beweist nicht nur das Bestehen, sondern geradezu die Unaufhebbarkeit eines solchen Zusammenhanges im Bewußtsein aller agrarwirtschaftlich orientierten

und interessierten Menschen. Nicht anders kann das Fortwirken der kommunistischen Vorstellungen der Kirchenväter im agrarischen Europa durch Jahrhunderte erklärt werden. (. . .) Überdies wäre der ständige Kampf der Kirche gegen die alleinige Geltung der gleichheitlichen Naturrechtsvorstellung bei ihrer gleichzeitigen formellen Beibehaltung in eben dieser komplizierten Form völlig unverständlich, wenn nicht die Annahme des Zwangs bestünde, dem allgemeinen Empfinden des Volkes Rechnung zu tragen. Man nennt nicht eine gefährliche revolutionäre Ansicht ständig beim Namen und bekämpft sie nicht gleichzeitig durch Jahrhunderte, einem rein theoretischen Aspekt zuliebe. Erst Luther blieb es vorbehalten, gegen das Alte das Neue Testament hervorzukehren und die Behauptung aufstellen (!), daß auch Jesus Eigentum bessessen hätte und dieses eine natürliche und gottgewollte Einrichtung sei. Aber Luthers Anschauung wurzelte bereits in der städtischen Gesellschaft, und deshalb war er nicht genötigt, auf die Bauernschaft viel Rücksicht zu nehmen" (Kofler 1974, S. 57 f.).

Im Anschluß an diese im Kern richtigen Ausführungen Koflers wollen wir zum Schluß noch einmal in einem allgemeineren theoretischen Zusammenhang die These begründen, daß dieser Kommunismus wie das religiöse Bewußtsein, das ihn ideell zum Ausdruck bringt, einem historisch bestimmten Verhältnis des Menschen zur Natur entspringt und entspricht und daß er *in striktem Gegensatz zu jeder frühbürgerlichen Ideologie* steht.

„In allen Formen, worin das Grundeigentum herrscht, ist die Naturbeziehung noch vorherrschend. In denen, wo das Kapital herrscht, das gesellschaftlich, historisch geschaffene Element" (Marx 1951, S. 264 f.). Man lese nur die folgenden Sätze aus Maxim Gorkis *Über das russische Bauerntum,* um die Richtigkeit des Marxschen Satzes bestätigt zu finden. „Der Mensch des Westens sieht von seiner frühesten Kindheit an, von dem Moment, wo er auf seinen Hinterbeinen steht, überall um sich herum die monumentalen Resultate der Arbeit seiner Vorfahren. (. . .) Ganz Europa ist dicht übersät mit den grandiosen Wahrzeichen des organisierenden menschlichen Willens – des Willens, der sich das stolze Ziel gesetzt hat, die elementaren Kräfte der Natur den vernünftigen Interessen des Menschen zu unterwerfen. Die Erde ist in der Hand des Menschen und der Mensch ist wirklich ihr Beherrscher. (. . .) Solche Gedanken, solche Empfindungen und Wertvorstellungen können nicht in der Seele des russischen Bauern entstehen. (. . .) Nirgendwo im Umkreis (seines Lebensraumes) kann man die Ergebnisse schöpferischer Arbeit sehen" (Gorki 1971, S. 369–371, hier S. 369; übers. v. Vf.). Der Mensch des Westens bewegt sich also überall im „gesellschaftlich, historisch geschaffene(n) Element", während bei dem russischen Bauern die „Naturbeziehung" vorherrscht und die Erde als ein Gegebenes, nicht Geschaffenes erscheint. Streicht man das Pathos aus den Sätzen Gorkis, dann bleibt als nüchternes Resultat: In der industriell-kapitalistischen Gesellschaft wird die Erde nicht mehr „als von Menschen unabhängiges Naturdasein anerkannt" (Marx, MEW, Erg. Bd., 1. Teil, S. 532). Sie ist inzwischen „rein Gegenstand für den Menschen" (Marx, Grundrisse, S. 313) geworden. In einer vom Grundeigentum beherrschten Gesellschaft ist das Verhältnis gerade umgekehrt. So gilt denn für die feudale Gesellschaft in einem noch viel größeren Maße als für die russische Gesellschaft zu Gorkis Zeit die grundlegende Vorherrschaft der Naturbeziehung gegenüber dem „gesellschaftlich, historisch geschaffene(n) Element".

Die Erde behauptet hier ihre selbständige Macht gegenüber den Menschen, weil sie durch die Arbeit kaum modifiziert ist und im ganzen dem menschlichen Willen nicht unterworfen ist. Sie erscheint als der vorgegebene und gleichsam verlängerte Leib des Menschen, von dem er sich nährt. Man muß sich diese Grundtatsache genau vor Augen führen, um die Beschwerden der Bauern über das Herreneigentum in ihrem wesentlichen Inhalt begreifen zu können. Denn da sie mit der Erde als ihrem Lebensgrund verwachsen sind, muß die Durchsetzung des feudalen Grundeigentums – ein langer und, wie gezeigt wurde, bis in den Bauernkrieg nicht abgeschlossener Prozeß – gerade in dieser Phase der gewaltsam forcierten Privatisierung der Erde und des natürlichen Reichtums als eine förmliche „Entleibung" der Bauern erscheinen. Was jetzt in den Artikeln der Bauern gedanklichen Ausdruck gewinnt, ist das ursprünglich ganz naive Eigentumsverhalten zur Erde, d. h. zu den „*objektiven Bedingungen* ihres Lebens" als den ihrigen (Marx, Grundrisse, S. 376). „Entscheidend dabei ist, wie gesagt, daß sich die Menschen zu diesen Bedingungen unreflektiert als zu ihrem eigenen verlängerten Leib verhalten: ‚Die Erde ist das große Laboratorium, das Arsenal, das sowohl das Arbeitsmittel, wie das Arbeitsmaterial liefert, wie den Sitz, die *Basis* des Gemeinwesens. Sie verhalten sich naiv zu derselben als dem *Eigentum* des *Gemeinwesens* und des in der lebendigen Arbeit sich produzierenden und reproduzierenden Gemeinwesens. Jeder Einzelne verhält sich nur als Glied (. . .) dieses Gemeinwesens als *Eigentümer* oder *Besitzer*. Die wirkliche Aneignung durch den Prozeß der Arbeit geschieht unter diesen *Voraussetzungen*, die selbst nicht *Produkt* der Arbeit sind, sondern als die natürlichen oder *göttlichen* Voraussetzungen erscheinen'" (Schmidt 1971, S. 182 f.; das Marx-Zitat wurde von mir ergänzt, H. F.).

Die kommunistischen Programme im Bauernkrieg sind von dieser Seite her in ihrem materiellen Kern nichts anderes als die negative Reflexion auf die entfremdete und geraubte Natur. Sie intendieren die Wiederaufrichtung des Gemeineigentums an den Produktionsbedingungen, der Erde und ihrem Reichtum, um das einzelne Individuum mit dem Gemeinwesen wieder identisch werden zu lassen. Ihr letztes Ziel finden sie aber in der Wiederherstellung der „göttlichen Voraussetzungen", unter denen die Aneignung der Natur sich vollziehen soll. Und dieses Ziel ist allein über den Kommunismus zu erreichen. Denn nur durch die Beseitigung des Privateigentums kann dem göttlichen Eigentumsvorbehalt an der Natur Geltung verschafft werden; nur dadurch, daß die Herrschaft der „vermessen Eigengewalt" über die Erde aufgehoben wird und alle ihre Reichtümer zum gemeinsamen Gebrauch und zur gemeinsamen Nutzung freigelassen werden, gewinnt die Erde ihre göttliche Würde wieder, weil „die Anschauung, welche unter der Herrschaft des Privateigentums (. . .) von der Natur gewonnen wird, (. . .) die wirkliche Verachtung, die praktische Herabwürdigung der Natur" (Marx, MEW 1, S. 375) ist. Das ‚Omnia sunt communia' stellt sich so in der Phase der Auflösung der alten feudalen Gesellschaft und den Geburtswehen einer neuen als die *bewußte* Rekonstruktion eines ursprünglich *naiven* Verhaltens zur Erde dar. Es ist direkt antifeudal, in der Konsequenz auch anti-bürgerlich. Von einer „geniale(n) Antizipation der Emanzipationsbedingungen" proletarischer Elemente kann aber gar keine Rede sein.

Ferner: „Unter den Voraussetzungen einer agrarischen Wirtschaftsweise verhalten sich die Menschen zu der sich ihnen unmittelbar als Reichtum an Lebensmitteln darbietenden Natur passiv-empfangend: ‚Die Erde wird hier noch als von Menschen unabhängiges Naturdasein anerkannt, noch nicht als Kapital, d. h. ein Moment der Arbeit selbst. Vielmehr erscheint die Arbeit als ihr Moment'" (Schmidt 1971, S. 122). Natürlich müssen die Menschen arbeiten, um zu leben. Aber die Erde, die Mutter des Reichtums (Marx, Kap. 1, 1971, S. 58), erscheint in der feudalen Gesellschaft selbst als die tätige Kraft, die aus ihrem Schoß die lebensnotwendigen Dinge hervorbringt, wohingegen der menschlichen Arbeit nur eine Art Geburtshelferrolle zukommt, die vom Naturprozeß absorbiert wird. Die Natur als Macht für sich anerkannt, nimmt aber im Bewußtsein der Menschen die Form einer über sie herrschenden Macht an. Denn da sie ihr eigenes Dasein nicht sich selbst und ihrer Arbeit verdanken und somit weder ihre subjektive noch ihre objektive Existenz als *ihr* Produkt erkennen können, muß da ein Wesen sein, das ihnen Leben, Leib und Nahrung gibt.

„Ein *Wesen* gilt sich erst als selbständiges, sobald es auf eignen Füßen steht, und es steht erst auf eignen Füßen, sobald es sein *Dasein* sich selbst verdankt. Ein Mensch, der von der Gnade eines andern lebt, betrachtet sich als ein abhängiges Wesen. Ich lebe aber vollständig von der Gnade eines andern, wenn ich ihm nicht nur die Unterhaltung meines Lebens verdanke, sondern wenn er noch außerdem mein *Leben geschaffen* hat, wenn er der *Quell* meines Lebens ist, und mein Leben hat notwendig einen solchen Grund außer sich, wenn es nicht meine Schöpfung ist (Marx, MEW, Erg. Bd., 1. Teil, S. 544 f.).

Im Göttlichen schauen die Menschen diesen „Quell" ihres Lebens ideell an und verherrlichen es im Sinne des Wortes als ihren allmächtigen Herrn. Kasimierz Dobrowolski hat denn auch als grundlegenden Inhalt des bäuerlichen religiösen Bewußtseins hervorgehoben "a deep rooted belief in 'divine omnipotence' which created and controls everything, in the 'will of God' regulating equally the social order and the destiny of individuals as well as controlling the laws of nature" (Dobrowolsky 1971, S. 277–298, hier S. 290). Hier berührt sich das Müntzersche Pathos der göttlichen Allmacht und des göttlichen Willens durchaus mit dem Bewußtsein bäuerlicher Massen.

Soll nun – und dies ist der Gedanke des religiösen Kommunismus – das Leben ein einziger Gottesdienst, Dienst an diesem einzigen Herrn sein, so darf kein Mensch dieser Herr sein wollen. Denn er schindet und schabt seine Knechte, raubt ihnen die Erde, will ihren Dienst und Gehorsam, ihren Blutschweiß für seinen Genuß, ja schließlich der Herr ihres Lebens sein. Da bleibt dann für Gott den Allmächtigen nichts mehr. Und so muß denn allen alles gemeinsam sein, damit sie sich in der alleinigen „Furderung der Ehre Gottes" (Hergot 1974, S. 279–294, S. 279 u. ö.) (7) zur wahren Christenheit wandeln können.

In der Härte und Hast des Kampfes hat es für Müntzer nie Gelegenheit, aber auch nie die Notwendigkeit gegeben, das vorausgreifende Bild einer kommunistisch verfaßten Gemeinschaft der Gläubigen zu entwerfen. Erst als der Aufstand in Strömen von Blut erstickt war und mit ihm das ‚Omnia sunt communia' als lebendige Losung in einem noch unentschiedenen Kampfe verstummte, stiegen aus der Friedhofsruhe Visionen auf, in denen die ersehnte „neue Wandlung" nun auch gedankliche Gestalt gewann.

Die folgenden Sätze aus Hans Hergots Schrift gleichen Namens mögen ein letzter Beweis dafür sein, daß dieser Kommunismus die entschiedene Verwirklichung der Religion sein wollte. Die voraufgegangenen theoretischen Klärungen der Einheit von Naturbeziehung, Gütergemeinschaft und religiösem Bewußtsein werden die prophetischen Worte besser begreifen lassen als jeder emphatische Nachvollzug. Nirgends tritt auch diese Einheit deutlicher hervor als bei diesem, Müntzer eng verbundenen, Märtyrer des Bauernkriegs: „Zu einer Furderung der Ehre Gottes und des gemeinen Nutzes tue ich arm Mann wissen dasjenige, das do kunftig ist, also daß Gott will demutigen alle Stenden, die Dörfer, Schlösser, Stift und Klöster und will einsetzen ein neu Wandlung, in welcher wird niemand sprechen: Das ist mein. (. . .) Alle Ding werden kommen zu einem Gebrauch der Gemein, als Holz, Wasser, Weid etc. (. . .) Hernach hab ich erkannt, daß Gott hat von neuem an aufbestallt und einen Hirten gemacht uber seinen Schafstall durch Verleihung des Erdreichs. Das ist also geschehen, daß Gott hat einen itzlichen Flur verliehen den Gotteshеusern, die auf dem Flur sind und darzu Menschen soviel ein itzlicher Flur ertragen kann, und alles, das in dem Flur wechst, das ist des Gotteshaus und der Menschen, die darauf sein. (. . .) Die Wandlung derselbigen Menschen wird besser sein denn aller Orden. Sie werden gleuben in Gott und das mit Werken beweisen, beten, fasten, Gottes Leiden betrachten, göttliche Barmherzigkeit und ander mehr" (Lenk 1974, S. 279 f.).

Anmerkungen

1 So zuletzt Günther Rudolph, Thomas Müntzers sozialökonomische Konzeption, in: Deutsche Zeitschrift für Philosophie, 23. Jg., Heft 4, 1975, S. 558–567.

2 Engels folgt fast ausnahmslos die gesamte DDR-Historiographie zum Bauernkrieg, zuletzt: Max Steinmetz, Thomas Müntzer in der Forschung der Gegenwart, in: Zeitschrift für Geschichtswissenschaft, 23. Jg., Heft 6, 1975, S. 666–685, hier S. 685. Bezeichnend für das starre Festhalten an Engels Fehldeutung ist die Wendung bei Rudolph (s. Anm. 1, S. 563), daß Engels die Frage nach dem Charakter des Müntzerschen Kommunismus in dieser Weise „entschieden" habe.

3 Vgl. Ernst Bloch, Thomas Müntzer als Theologe der Revolution, erg. Ausg., Frankfurt/M. 1969, S. 27 und S. 62; ferner Max Steinmetz, s. Anm. 2, S. 683 und Willehald Paul Eckert, Erasmus von Rotterdam, Werk und Dichtung (= Zeugnisse der Buchkunst, Bd. 4), 2 Bde., Köln 1967.

4 Grundlegend dazu: Karl Marx, Grundrisse der Kritik der politischen Ökonomie (Rohentwurf) und Anhang, Berlin (DDR) 1953, S. 375–413. Ferner die Einleitung von E. J. Hobsbawm zu: Karl Marx, Pre-Capitalistic Economic Formations, transl. by Jack Cohen, ed. and with an introduction by E. J. Hobsbawm, sec. impr. 1965, repr. 1969, S. 9–65 und Alfred Schmidt, s. Literaturverzeichnis.

5 Dagegen aber: Rudolph, s. Anm. 1, S. 565 ff., der das Wesen des Wucherbegriffs bei Müntzer trotz weit ausholender Erklärung verfehlt.

6 Wir könnten auch um mehr als ein Jahrtausend auf die Anfänge der Patristik zurückgehen und würden dort bereits mit den kommunistischen Vorstellungen der Kirchenväter des 2. bis 4. Jahrhunderts bekannt gemacht. Vgl. dazu Kofler, s. Literaturverzeichnis, S. 57 und das grundlegende Werk von K. Farner, Christentum und Eigentum, 1947.

7 Dies an den angegebenen Stellen fast immer verbunden mit der Formel des „gemeinen Nutzens". Das betont die Einheit von Gottes‚dienst' und Gemeineigentum.

Literatur

Max Beer, Allgemeine Geschichte des Sozialismus und der sozialen Kämpfe, Berlin 1921.

Horst Bredekamp, Kunst als Medium sozialer Konflikte, Bilderkämpfe von der Antike bis zur Hussitenrevolution, Frankfurt/M. 1975.

K. Büchner (Hrsg.), Die Freundschaft zwischen Hutten und Erasmus, Brief des Erasmus an Ulrich von Hutten über Thomas Morus, München 1948.

Kasimierz Dobrowolski, Peasant Traditional Culture, in: Peasants and Peasant Societies, ed. by Teodor Shanin, Harmondsworth (Middlesex), Baltimore, Ringwood (Victoria) 1971.

Wolfram von Eschenbach, Parzival, Studienausgabe, unveränderter Nachdruck der 6. Aufl. von Karl Lachmann, Berlin und Leipzig 1926, Berlin (West) 1965.

Friedrich Engels, Der deutsche Bauernkrieg, 9. Aufl., Berlin (DDR) 1970.

Ludwig Feuerbach, Werke in sechs Bänden, hrsg. von Erich Thies, Bd. 4, Frankfurt/M. 1975.

–, Das Wesen des Christentums, Stuttgart 1971.

Frîdankes Bescheidenheit, hrsg. von H. E. Bezzenberger, Neudruck Aalen 1962.

Maxim Gorki, On the Russian Peasantry, in: Peasants and Peasant Society, ed. by Teodor Shanin, Harmondsworth (Middlesex), Baltimore, Ringwood (Victoria) 1971.

Martin Grabmann, Das Naturrecht der Scholastik von Gratian bis Thomas von Aquin, in: ders., Mittelalterliches Geistesleben, Bd. I, München 1926.

Georg Wilhelm Friedrich Hegel, Grundlinien der Philosophie des Rechts, hrsg. von Eva Moldenhauer und Karl Markus Michel, Frankfurt/M. 1970.

Johann Gottfried Herder, Ideen zur Philosophie der Geschichte der Menschheit, hrsg. von Heinz Stolpe, Bd. 2, Berlin und Weimar 1965.

Hans Hergot, Von der neuen Wandlung, in: Werner Lenk, Dokumente (s. Lenk).

Leo Kofler, Zur Geschichte der bürgerlichen Gesellschaft, Versuch einer verstehenden Deutung der Neuzeit, 5. Aufl., Wien und Berlin 1974.

Werner Lenk (Hrsg.), Dokumente aus dem deutschen Bauernkrieg, Beschwerden, Programme, theoretische Schriften, Frankfurt/M. 1974.

Martin Luther, Politische Schriften, hrsg. von Theodor Mundt, Berlin 1844, Bd. 2.

Karl Marx, Grundrisse der Kritik der politischen Ökonomie (Rohentwurf) und Anhang, Berlin (DDR) 1953.
–, Friedrich Engels, Werke, (MEW), Erg. Bd., 1. Teil, Berlin (DDR), 1968 – außerdem wurde zitiert: MEW 1, 1972 und MEW 19, 1969.
–, Das Kapital, Bd. I, Berlin (DDR) 1971.
–, Zur Kritik der politischen Ökonomie, Berlin 1951.
Thomas Müntzer, Briefwechsel, auf Grund der Handschriften und ältesten Vorlagen, hrsg. von H. Böhmer und P. Kirn, Leipzig, Berlin 1931.
–, Die Fürstenpredigt und andere politische Schriften, hrsg. von S. Streller, Leipzig 1958.
Parzival s. Wolfram v. Eschenbach.
David Ricardo, Über die Grundsätze der politischen Ökonomie und der Besteuerung, übersetzt und mit einer Einleitung versehen von Gerhard Bondi, Berlin (DDR) 1959.
Alfred Schmidt, Der Begriff der Natur in der Lehre von Marx, überarbeitete und mit einem Postcriptum versehene Neuausgabe, Frankfurt/M. 1971.
R. H. Tawney, Religion and the Rise of Capitalism, Harmondsworth (Middlesex), Ringwood (Victoria) 1972.

Manfred Dutschke

Bauernkrieg und bürgerliche Opposition

Die Reformationsdialoge des Hans Sachs und der Bauernkrieg

> *„Die poesie des Hans Sachs waltet am reinsten und eigensten in den fabeln und schwänken, deren stoff und umfang seiner lebenserfahrung und ganzen sinnesart am meisten entsprach."*
> Jakob Grimm

1. Zum Begriff ‚bürgerliche Opposition'

Die Auseinandersetzungen während des großen deutschen Bauernkrieges waren nicht nur ein ideologisch-theologischer und militärischer Konflikt zwischen Bauern und Feudalgewalt, sondern sie markieren einen Umschichtungsprozeß, von dem die gesamte Gesellschaft des ausgehenden Mittelalters betroffen ist. In den kriegerischen Zusammenstößen zwischen den mehr oder weniger militärisch ausgebildeten und geführten Heeren der Bauern und dem Heer des Georg von Truchseß unterlagen die Bauern völlig. Durch die Söldnerheere, die hauptsächlich von Fuggerschen Krediten bezahlt wurden und während ihrer Kriegszüge plündernd aus dem Land lebten, wurden die reichsunmittelbaren Ritter ebenso ihrer Existenzgrundlage beraubt wie die Bauern. Durch die angespannte Finanzlage des deutschen Kaisers Maximilian und später Karls V. gelangten die neueren Zentren der sich immer weiter ausbreitenden Geldwirtschaft, die Städte, zu zunehmendem Einfluß auf die Reichspolitik. Damit konnten die Städte, ausgestattet mit dem Privileg der Reichsfreiheit, innerhalb ihrer Territorien in zunehmendem Maße eine wirtschaftliche Macht entwickeln, die zusammen mit ihrer Loyalität dem Kaiser gegenüber die Garantie für eine weitgehende politische Unabhängigkeit war.

Innerhalb der Städte gewann der geistes- und naturwissenschaftliche Humanismus größeren Einfluß auf die Bildungsinstitutionen und die gesamte wissenschaftliche Entwicklung. Mit der expandierenden Wissenschaft wuchsen die technische Verwertbarkeit des Wissens und der Produktionssektor beträchtlich an, so daß der Arbeitskräftebedarf ständig stieg und damit der weitgehend verarmten Landbevölkerung als Zufluchtsort für eine bessere Zukunft erschien. „Stadtluft macht

frei!" Nicht nur die wissenschaftliche und ökonomische Entwicklung geriet in Bewegung, sondern auch die theologische, angeregt durch die reformatorischen Gedanken Luthers. Die theologische Diskussion kam aber nicht nur innerhalb der Orden und in offiziellen Disputationen in immer heftigeren Gang, sondern sie wurde zum ersten Mal in gewissem Sinne öffentlich geführt durch die Verbreitung von Flugschriften, in denen in zumeist popularisierter Form die Positionen der zunächst akademisch begonnenen Debatte aufgegriffen und verbreitet wurden. Stellte die theologische Debatte zunächst nur die behebbaren und drückendsten Mißstände der von Finanznöten geplagten katholischen Kirche in den Mittelpunkt, wandelte sie die Zielrichtung ihrer Angriffe nach Luthers Thesenanschlag in Wittenberg, der Disputation zwischen Eck, Karlstadt und Luther und dem Augsburger Verhör Luthers durch den Kardinallegaten Cajetan auf eine fast völlige Ablehnung der katholischen Glaubenspraxis. Die Bauern bezogen ihre Forderungen nach Wiedereinführung des alten germanischen Rechts (vgl. z. B. die 12 Artikel der Bauernschaft, in: Kaczerowsky 1970, S. 9–14) mit in die Anlehnung des alten Glaubens ein und wählten Luther als die anerkannte theologische Instanz mit in ihre Schiedsgerichte, die die Berechtigung ihrer Forderungen überprüfen sollten, und deren Schiedsspruch sie sich zu unterwerfen gelobten (vgl. Wittenberger Nachdruck des Weingartner Vertrages von 1525, in: Kaczerowsky 1970, S. 55 ff.).
Unter den Bauern, den wandernden Gesellen, Bergknappen und Webern fanden die theologischen und politischen Kritiker Luthers, der sich den Bauern immer offener entgegenstellte, die meisten Anhänger. Die einheitliche Front der Anhänger der Lutherischen Lehre spaltete sich. Zu den festesten Mitgliedern der ‚lutherischen Fraktion‘ zählten neben den Fürsten von Sachsen und Hessen die reichsfreien Städte. Hatte der sächsiche Kurfürst den politisch-taktischen Wert seines ‚Theologieprofessors‘ erkannt und unter der Assistenz von politisch klug handelnden Beratern sich zum fürstlichen Schirmherren der evangelischen Sache gemacht, so hofften die Räte der Städte, die prosperierende Entwicklung ihrer Territorien nicht dadurch zu gefährden, daß sie dem Druck der Bevölkerung nach Aufhebung der drückendsten Lasten katholischer Bevormundung nachgaben und sich der ‚lutherischen Fraktion‘ zumindestens nicht verschlossen, wenngleich viele Angehörige der Räte dem alten Glauben treu blieben. Die Verbreitung der Reformation in Deutschland gewann nicht zuletzt deswegen einen beträchtlichen Freiraum, weil die Kurie versuchte, die anstehende Wahl Karls V. zum deutschen Kaiser mit allen Mitteln zu verhindern und den sächsischen Kurfürsten Friedrich dazu bewegen wollte, dieses Amt zu übernehmen.

Die Wahl Karls V. zum deutschen Kaiser ließ den katholischen Versuch, Luther mundtot oder zumindest wirkungslos zu machen, wieder aufleben. Allerdings war bereits eine Eskalationsstufe erreicht worden, in der dieses kuriale Vorhaben zum Scheitern verurteilt war. Sachsen, Hessen und eine Reihe von Städten, allen voran Nürnberg, waren der ‚lutherischen Fraktion' beigetreten, weil sie u. a. mit der reformierten Kirche unter der theologischen Kontrolle Luthers und Melanchthons ein Instrument besaßen, das sie der Kontrolle der Kurie entzog, ohne dem zumeist im Ausland lebenden Kaiser die Loyalität zu verweigern.
Innerhalb der Städte hatten sich um reformierte Prediger Anhänger der neuen Religion gesammelt, die sich strikt gegen die Kritiker Luthers, wie Müntzer und später auch Karlstadt u. a. zur Wehr setzten. Denn im Unterschied zu Müntzer hatte Luther nie die Integrität der Obrigkeiten angegriffen. Eben jene hierarchische Struktur zeichnet das soziale Gefüge der Städte aus. Nicht nur in der politischen Organisation der Städte bestanden strikte hierarchische Unterscheidungen, sondern auch in der Reglementierung des Zugangs zu den verschiedensten Stufen der wirtschaftlichen Ordnung. Die strikte Zuteilung von Funktionen der Zünfte verhinderten weitgehend eine soziale Mobilität. Nur wenige waren in der Lage, die Stufen der Zünfte zu überwinden, in deren innerem Gefüge auf strenge Gleichheit der einzelnen Meister geachtet wurde. Nur langsam veränderte sich durch Veränderungen des Produktionsprozesses die Struktur der Zünfte. Um 1522 etwa begann ein Prozeß der Zunftteilungen, bedingt durch die Entstehung von Vorformen der manufakturellen Produktion. Im Beharren auf den strikten Grundsätzen der alten Zunftordnungen wie z. B. des Verbots des Handwerkwechsels und des Verbots, für andere Meisterwerkstätten in Lohnaufträgen zu arbeiten, wurden die Zünfte zu konservativ gestimmten Organisationen reicher Meister (vgl. Kofler 1974, S. 124). Starken Einfluß übten die Zunftmeister auf die ihnen untergebenen Gesellen und Lehrlinge aus, wie sie ihrerseits einer strikten Kontrolle des Rates unterworfen waren; so konnten die Zünfte zwar den Zugang zu den Meisterstellen in jeweils bestimmten Handwerkszweigen reglementieren, andererseits konnte der Rat der Stadt nach eigenem Ermessen sogenannte zunftunabhängige Freimeister zulassen.
Die in den Zunftaufständen erkämpften Mitspracherechte waren zu dekorativen Honoratiorenaktivitäten degeneriert, denn versuchten reiche Handwerksmeister ihrerseits, sich die Aufnahme in den Kreis der ratsfähigen Familien zu eröffnen, konnten sie kaum noch die Interessen der niederen Zunftangehörigen vertreten. Zu diesem funk-

tionalen Geflecht sozialer Kontrolle und Einengung trat früher die Bevormundung durch die katholische Kirche. Gerade die reformatorischen Ideen Luthers trafen hier auf eine durch kollektive Interessen bestimmte Rezeptionshaltung. War die Loslösung von der alten katholischen Kontrolle für die Herrschaftsoligarchien der Städte ein willkommener Schritt vorwärts zur Vermehrung des eigenen Reichtums, so bedeutete die Loslösung von der katholischen Bevormundung für die sozial niedriger stehenden ein deutlicher Zuwachs an persönlicher Freiheit. Damit war eine Instanz der Einengung überwunden, wenngleich die Institutionen gesellschaftlichen Zwanges wie Zunftordnungen und innerstädtische Vorschriften über den Zunftwechsel, Familiengründung, Abgaben etc. bestehen blieben.

Bestehen blieben auch die Disziplinierungsinstanzen in den Händen der Stadtobrigkeiten, wie Gerichtsbarkeit, Münze, Regalien für Ressourcen und natürliche Antriebskräfte wie Wasserkraft und Wind. Die kulturellen Institutionen bleiben ebenfalls unangetastet. Neben der neuen Kirchenordnung, Schulordnung, Ausbildungsordnung der Zünfte blieben auch die Singschulen bestehen, wenngleich die Nürnberger unter der Führung von Hans Sachs zu einer evangelischen ‚Ideologiestärke' umgestaltet worden war.

Diente früher der Meistersang zur außerkirchlichen Verbreitung des katholischen Ideengutes und zur Verbreitung popularisierter Dogmatik in Form von Marienliedern und christlich ‚eingefärbten' Darstellungen von Alltäglichkeiten, so erfuhr er unter dem Einfluß von Hans Sachs seine letzte Veränderung. Nach dem Tode des Dichters nimmt der Schulbetrieb, organisiert in alten zünftigen Formen, immer rascher ab, um etwa mit dem Ende der zünftlerischen Produktion bis auf wenige Ausnahmen zu verschwinden. So beklagt der Verfasser des Auflösungsberichtes der Straßburger Singschule, daß „unser Strassburger dichter", die „100 jahre lang in der stille zur ermunterung der gottesforcht und beförderung der kirchenmusic das ihrige beigetragen haben, . . . schon damals einen verfall ihres instituts zu verspüren glaubten . . . " (in: Nagel 1965, S. 165; der Auflösungsbericht stammt aus dem Jahre 1780).

Aus der Darstellung ergibt sich ein Umriß jener Schichten der Gesellschaft des 16. Jahrhunderts, die wir mit dem Begriff *bürgerliche Opposition* kennzeichnen möchten. Gemeint ist eine Mittelschicht zwischen den Obrigkeiten (Fürsten, Adlige sowie nicht und noch-nicht-adliges Patriziat) und den unteren Stufen der sozialen Schichtungen der Gesellschaft (hauptsächlich Bauern und innerhalb der Städte Angehörige der Gruppen nichtfreier Bürger).

Die Gruppe der bürgerlichen Opposition zeichnet sich in ihrem politischen Verhalten durch besonders vorsichtiges Lavieren und Taktieren aus. Sie ist einerseits stark interessiert an einer Reform der theologischen Bevormundung durch die katholische Kirche, die mit ihrem Ablaßwesen und ihrer kirchlichen Gerichtsbarkeit direkt auf die weltlichen Besitztümer ihrer Gläubigen abzielte. Andererseits waren die Angehörigen dieser Schicht unter keinen Umständen daran interessiert, die weltlichen Regelungen in Frage zu stellen oder in Frage stellen zu lassen, denn gerade jene gesellschaftlichen Strukturen hatten ihre gesellschaftliche Position ermöglicht und waren zu Garanten ihrer Erhaltung geworden. Ihr Interesse galt einer Glaubenserneuerung und dem Ausbau der Kontrolle des Patriziats, gebunden an den reformierten Glauben. Dies ist Voraussetzung ihrer Loyalität dem Kaiser gegenüber, durch die sie sich von den Forderungen und der Loyalitätsbereitschaft der Bauern einerseits und dem reichsunmittelbaren Adel andererseits gegenüber der politischen Reichsführung unterschieden.

2. Hans Sachs, ein Vertreter der ‚bürgerlichen Opposition'?

Sachs, 1494 in Nürnberg geboren, ist außer während seiner Wanderschaft als Geselle nie aus seiner Vaterstadt herausgekommen; später unternahm er noch einige unbedeutende Reisen zu Messen nach Frankfurt und Landshut. Schon während seiner Lehrzeit als Schuhmacher wurde er von Lienhardt Nunnenbeck als Singschüler in die Kunst des Meistersanges eingewiesen. Schon während seiner Wanderzeit 1511–1516 verfaßte er eine Reihe eigener Töne, in München sein erstes Meisterlied und durfte in Frankfurt das erste Mal selbständig Singschule abhalten (Könnecker 1971, S. 1). Singschule abhalten bedeutete, daß in nicht öffentlicher Versammlung der Meistersänger verschiedene selbst verfaßte Lieder in z. T. vorgeschriebenen Weisen unter Aufsicht eines Merkers (Protokollant und Preisrichter) vorgetragen wurden. Der Merker hatte die Aufgabe, die Einhaltung der sogenannten Tabulaturen – Anweisung über Töne und Reimschemata – zu überwachen; verstieß der Vortragende dagegen, wurden ihm Silben angerechnet und ins Merkheft eingetragen. Zu jeder Schule wurden Preise, wie Schulkleinod und Kranz verteilt (vgl. Das Gemerkbüchlein des Hans Sachs 1555–1661, Halle a. S. 1898). Die Lieder waren Eigentum der jeweiligen Singschulen und durften auch von den Autoren nicht publiziert werden. Aus diesem Grund arbeiteten viele Meistersänger ihre Lieder in Spruchgedichte um, die nicht dem

dem Eigentumsgebot der Schulen unterlagen und damit auch nicht dem Veröffentlichungsverbot.
1516 fertigte Hans Sachs sein Meisterstück in Nürnberg an, heiratete 1519 und bekam aus diesem Anlaß von seinen Eltern ein Haus geschenkt. Sachs zählte zu den wohlhabenden Mitgliedern des städtischen Handwerks; er erwarb nicht nur noch ein zweites Haus, es sind auch verschiedene Geldgeschäfte belegt. Sein materieller Wohlstand ermöglichte es ihm wohl auch, sich eine für die Zeit umfangreiche Bibliothek anzulegen. Auffällig ist, daß Sachs stets der ersten Voraussetzung des Meistersangs verpflichtet blieb, nämlich dem unermüdlichen Sammeln von Wissen und der Vorstellung, daß alles darstellbar sei.
Zwischen 1520 und 1523 schweigt Hans Sachs; es ist die Zeit, in der er sich intensiv mit den Schriften Luthers auseinandersetzt; 1523 veröffentlicht er kurz nach einem Meisterlied ‚*Nachtigall*' sein schnell in ganz Deutschland verbreitetes Spruchgedicht ‚*Die wittembergisch nachtigall, Die man ietzt höret überall*'; kurz darauf veröffentlicht er seine vier Reformationsdialoge, in denen er deutliche Akzente frühbürgerlicher Lutherrezeption setzt. Nach 1524 widmet er sich dem Meistersang, schreibt, dem Aufruf Luthers folgend, eine Anzahl evangelischer Kirchenlieder, die Eingang in das offizielle Gesangbuch finden, und beginnt für die Meistersängerbühne Fastnachtsspiele zu verfassen.
Auffällig ist, daß der Vielschreiber Sachs, mit der Ausnahme einer Antipapstschrift aus dem Jahre 1527, die neben dem Papst auch den Kaiser angreift, nie mit der strengen Zensur seiner Heimatstadt in Konflikt geraten ist. Weniger verwunderlich wird diese Tatsache unter dem Aspekt, daß Lazarus Spengler zu dieser Zeit Ratsschreiber und zugleich Zensor der Stadt ist. Spengler ist selbst ein erklärter Anhänger Luthers. Daraus läßt sich deutlich erkennen, daß Sachs mit seinen Publikationen nie aus der politischen Linie des Rates der Stadt ausgeschert ist. Diese Tatsache, sowie die soziologische Einordnung des Dichters, sprechen dafür, Hans Sachs als einen Dichter der bürgerlichen Opposition zu betrachten.
Diese Auffassung steht der Meinung von Klaus Wedler (in: Kunst im Bauernkrieg, o. J.) entgegen, der Sachs zunächst dem Kreis der plebejischen Opposition zugeordnet sehen will, da Sachs die entscheidenden Anfangsphasen der frühbürgerlichen Revolution als wandernder Geselle erlebt habe und somit fast automatisch in deren Nähe gekommen sei (Wedler, S. 305 und 307). Allein die Tatsache, daß Sachs in Frankfurt selbständig Singschule abhalten durfte, also eine

exponierte Tätigkeit in einer konservativ gestimmten Institution ausüben konnte, läßt dieses Argument nicht sehr stichhaltig erscheinen. Außerdem haben wir von Sachs aus dieser Zeit außer dem Hinweis, daß er einige eigene Töne erfunden hat, keinerlei Texte, die diese Ansicht stützen können. Es ist eher anzunehmen, daß Sachs dem Bewußtsein der sich exklusiv fühlenden Meistersänger nahegestanden hat.

3. Luther

„Ich meine so: Es sei besser, daß alle Bauern geschlagen werden, als die Fürsten und die Obrigkeiten, weil die Bauern ohne Gewalt oder Beruf Gottes Schwert nehmen. Auf diese Bosheit kann nichts anderes folgen, als lauter satanische Verwüstung des Reiches Gottes; und die Fürsten der Welt, wenn sie gleich zuviel (des Schlimmen) tun, doch das Schwert aus Gottes Befehl führen. Da können beide Reiche bestehen, darum ist man den Bauern keine Geduld und Erbarmung schuldig, sondern Gottes und der Menschen Zorn gehört ihnen, die sich nicht warnen lassen, noch die angetragenen Friedenspunkte annehmen, sondern aus lauterem Grimm des Satans fortfahren, alles zu beunruhigen, dergleichen diese Thüringer und Franken sind; denn solchen Recht geben, mit solchen Mitleiden zu haben und ihnen Gutes zu gönnen, ist so viel als Gott verleugnen, lästern und vom Himmel herunterstoßen zu wollen.“ (Luther an Nickolaus v. Amsdorff, in: Wehr 1973, S. 194) Um die scharfe Form der Ablehnung der Idee und Person Müntzers durch Luther zu verstehen, ist es notwendig, die innere Struktur der Theologie Luthers näher zu betrachten. Denn nicht auf die Bibelauslegung Müntzers, sondern auf die Luthers hatte sich die Ratspolitik der Nürnberger Herren bezogen und mit ihnen der Autor Sachs.

Das alte Testament ist für Luther das Dokument des zürnenden Gottes, der nach dem Sündenfall versucht, durch seine Gesetzesgebung das auserwählte Volk aus der Gottesferne der Sünde herauszuführen. Die Anleitung dazu, das mosaische Gesetz des Dekaloges erweist sich als unerfüllbar; der Zorn Gottes wurde durch die auf den Dekalog bezogenen Werke nicht versöhnt, da der Dekalog durch menschliche Werke aus eigener menschlicher Kraft nicht zu erfüllen ist. Der zürnende Gott offenbart sich im neuen Testament, er erfüllt in dichotomischer Gestalt, als Sohn Gottes und zugleich Mensch, sein eigenes Gesetz. Gott und Mensch zugleich kann allein die immer schon ge-

wesene menschliche Unvollkommenheit mit göttlicher Vollkommenheit verbinden, nämlich in der Erfüllung des Gesetzes Gottes, welches absolute Treue und unbefragtes Vertrauen auf die Richtigkeit der Beschlüsse Gottes fordert.
Der Mensch aus der Sicht der Theologie Luthers kann aufgrund seiner Unvollkommenheit nie zu der geforderten Treue und dem geforderten Vertrauen gelangen, weil er durch die Sünde, die den Menschen von Gott entfernt hat, gefangen ist. Er ist in die Erbsünde gefallen, deren Grundlage mit dem in der Bibel dokumentierten Sündenfall gelegt worden ist; es gehört somit zur Natur des Menschen, sich von Gott entfernen zu wollen. Da aber die Entfernung von Gott die Sünde schlechthin bedeutet, folgt, daß der Mensch trotz aller Bemühungen aus eigener Kraft die Gnade Gottes nicht erreichen und schon gar nicht erzwingen kann.
An dieser Stelle verdeutlicht sich die Ablehnung der Werkheiligkeit der katholischen Kirche; der menschliche Anteil und die menschliche Verwaltbarkeit des kirchlichen Gnadenschatzes verliert seine Gültigkeit, damit wird gleichzeitig die Grundlage der katholischen Ablaßpraxis aus der Bibel als menschlicher Zusatz zur Schrift und somit als sündhaft erklärt.
Die einzige Möglichkeit, die aus dem Dilemma herausführt, ist das Gnadenangebot Gottes, das durch das Beispiel Jesu gesetzt worden ist. In der Hülle eines Menschen hat er die gesamte Sündenlast aufgenommen, sie zu Kreuze getragen, sie durch den absoluten Gehorsam Gott gegenüber gebüßt und ist durch die Himmelfahrt sichtbar erlöst worden. Damit verbarg sich Gott in einem für den Menschen unvorstellbaren und unerreichbaren Raum, sichtbares Zeichen für die Anwesenheit Gottes in der Welt wurde alleine das Kreuz. (Denn nur in der glaubenden Nachfolge Christi offenbart sich der Wille Gottes, dessen alleiniges Zeichen das Kreuz ist. Am *deus abscondidus*, am verborgenen Gott verdeutlicht sich der Begriff Kreuzestheologie für die Theologie Luthers.) Der Weg zu Gott führt nur über einen Vermittler, nämlich den Erlöser. Andere Fürbitter, die Heiligen der alten Kirche verlieren ihre Kraft, sie werden als vorbildliche Menschen anerkannt, nichts weiter (vgl. Elert 1965, Bd. I, S. 65).
Der einmalige Akt des Kreuzestodes ist dokumentiert durch die Schrift; sie ist somit das einzige Dokument, um an Zeugnisse des Glaubens zu gelangen. Der heilige Geist übernimmt die Offenbarung dessen, was in der Schrift berichtet wird, er wird zum wahrheitskonstitutiven Moment in der Gotteserkenntnis. Der Glaube an die Erlösbarkeit und an die Erlösertat, die Unterordnung unter die Erkenntnis der eigenen immerwährenden Sündhaftigkeit wird durch

den heiligen Geist bewirkt. Er ist dafür verantwortlich, daß der Mensch trotz der Erkenntnis der eigenen Schlechtigkeit nicht der Verzweiflung verfällt, sondern sich glaubend an die Gebote des Erlösers hält. „Der Mensch ist zwar innerlich, in Beziehung auf die Seele, durch den Glauben genugsam gerechtfertigt und hat schon alles, was er haben soll (abgesehen davon, daß dieser Glaube und dieses Genughaben immer mehr zunehmen muß bis in jenes Leben). Dabei bleibt er aber doch noch in diesem leiblichen Leben auf Erden und muß seinen eigenen Leib regieren und mit den Leuten umgehen. Da heben nun die Werke an. Hier darf er nicht müßig gehen; da muß fürwahr der Leib durch Fasten, Wachen, Arbeiten und durch alle maßhaltende Zucht dazu angetrieben und geübt werden, dem innerlichen Menschen und dem Glauben gehorsam und gleichförmig zu werden, anstatt ihn zu hindern und ihm zu widerstreben, wie es seine Art ist, wenn er nicht gezwungen wird. Der innerliche Mensch ist ja mit Gott einig, fröhlich und voll Lust um Christi willen, der ihm so viel getan hat; und seine ganze Lust besteht darin, daß er seinerseits Gott auch umsonst dienen möchte in freiwilliger Liebe. Aber nun findet er in seinem Fleisch einen widerspenstigen Willen; der will der Welt dienen und das suchen, wonach es ihm gelüstet." (Luther, Von der Freiheit eines Christenmenschen, in: Calwer Lutherausgabe 2, 1964, S. 175.)

Die Erlösung des Menschen ist nur mit dem Herzen (Seele) zu erreichen, der äußere Mensch ist nur die lebensnotwendige Hülle, die Gott dem Menschen zur Bewährung auferlegt hat. Daher bestimmt sich die Ansicht Luthers, daß der Mensch nur Verwalter der Güter dieser Erde sei, denn nur der äußere Mensch verfügt über sie, der innere Mensch soll und darf sein Herz nicht an die Güter hängen, denn die Güter werden zu Götzen, dies widerspricht dem Gebot, nur einem Gott zu dienen. Der innere Mensch kann die Erlösung nur durch den Glauben erlangen; der äußere Mensch bleibt immer, trotz aller Anstrengung seinem irdischen Schicksal verfangen. Von hier aus wird der Widerspruch postuliert und gelöst, der zwischen menschlichem Wollen und Handeln liegt. Das Handeln unterliegt ausschließlich dem Individuum, es ist von Natur aus auf die Entfernung von Gott aus und muß zum Glauben und zur Erfüllung der Glaubensregeln beständig gezwungen werden. Aus der unabdingbaren Setzung der Niederträchtigkeit der Individuen leitet Luther die Notwendigkeit des Schwertamtes ab (vgl. Luther, Von weltlicher Obrigkeit. Wie weit man ihr Gehorsam schuldig sei (1523) und Ob Kriegsleute auch in seligem Stand sein können (1526), in: Calwer Lutherausgabe 4, 1964). Die Obrigkeiten erfüllen einen gottgewollten Auftrag, indem sie

darüber wachen, daß das menschliche Dasein kollektiv so organisiert wird, daß ein beständiger Gottesdienst gewährleistet ist. Allein die Unterordnung unter die statisch gefaßte Gemeinschaft birgt das, damit allerdings umfassende, Prädestinationsangebot mit der Qualität der Gewißheit. Das Individuum oder Gruppen haben von sich aus nicht das Recht, eine individuell verstanden menschenwürdige Zukunft zu gestalten; allein das Recht auf Leiden, als gottgewollte Prüfung wird eingeräumt. (So etwa das Verbot gegen weltliche Obrigkeiten aufzubegehren, sei deren Herrschaft noch so ungerecht.) Verlassen Einzelne oder Gruppen den gesetzten Rahmen der Gemeinde oder deren Kontrollinstanzen, so kann nur das peinliche Richteramt sie vor der immerwährenden Verdammnis retten. (So werden die das Reich bedrohenden Türken auch als ‚Kinder Gottes' verstanden, die durch ihren Tod von den irdischen Verfehlungen befreit werden; so wird der Kriegsdienst als Gottesdienst verstanden.)
Die Formulierung aus Luthers Schrift gegen die aufrührerischen Bauern von 1525 belegt diesen Sachverhalt: „So bringt Aufruhr mit sich ein Land voll Mordes, Blutvergießens und macht Witwen und Waisen und zerstört alles, wie das allergrößte Unglück. Drum soll hier zuschmeißen, würgen und stechen, heimlich oder öffentlich, wer da kann, und gedenken, daß nichts Giftigeres, Schädlicheres, Teuflischeres sein kann, als ein aufrührerischer Mensch. Gleich als wenn man einen tollen Hund totschlagen muß; schlägst du nicht, so schlägt er dich, und ein ganzes Land mit dir." (Wehr 1973, S. 207)
Die Gemeinschaft muß daher Regeln unterworfen werden, die dem Individuum den Zwang auferlegen, seine Neigungen, sich dem Gottesdienst in einem geregelten Leben zu entziehen, einzudämmen. Diese Disziplinierung geschieht durch Arbeit, Predigt, das Schwertamt, individuelle Nächstenliebe und Gebet. Der äußere Mensch muß sich den Satzungen der als gottgewollt begriffenen Verhältnisse der Welt unterwerfen. Dadurch wird ihm die Befreiung des Herzens (Seele) möglich, genau, wie der Nazarener die absolute Unterordnung unter die Welt gefordert und durchgehalten hatte. Der Mensch darf daher die äußeren Verhältnisse nicht verändern, denn er greift damit bewußt in die göttliche Ordnung ein, entfernt sich von Gott und verfällt dem sündhaften Zustand, der innerhalb des hermetischen Systems der Lutherischen Theologie nicht zu revidieren ist. Daher rührt die Starrheit des sozialen Gefüges der lutherischen Gemeinde. Jeder ist im Glauben verpflichtet, aus Nächstenliebe mit seinen ihm von Gott gegebenen Fähigkeiten dem Nächsten zu dienen, zu dienen aus Nächstenliebe, die in ihrer eigentlichen Form Gottesliebe ist (vgl. Von der Freiheit eines Christenmenschen: „Ein Chri-

stenmensch ist ein dienstbarer Knecht aller Dinge und jedermann untertan." Die Freiheit meint die geistige, die Unfreiheit meint die materielle Existenz des Menschen.) Der verborgene Gott bedarf menschlicher Liebe nicht und ist von ihr nicht zu erreichen, deswegen muß der Dienst am Nächsten erwiesen werden. Im Unterschied zum alten Glauben kann er aber durch den Dienst am Nächsten keine Lossprechung von Sünden erreichen. Daher ist die Objektstellung des zu Liebenden tendenziell aufgehoben, der Mensch durch die Nächstenliebe verpflichtet, den Mitmenschen nicht zu beeinträchtigen durch Handlungen oder Unterlassungen.
Das darin enthaltene Gebot zur Selbsterhaltung durch eigene Arbeit sichert die Existenz aller unabhängig voneinander. Ergebnisse der Arbeit, Reichtum, Besitz etc. sanktionieren dieses Postulat nicht; allerdings ist die alleinige Ausrichtung auf materiellen Gewinn untersagt, da das Gut nicht an die Stelle der Gottesverehrung treten darf. (Anders in der calvinistischen Prädestinationsungewißheit, in der der materielle Erfolg nur der Ausweis der Möglichkeit der Erwählung und deren notwendige Voraussetzung ist.)

Die Trennung des Menschen, in individuelle Verantwortlichkeit vor Gott und kollektive Verantwortlichkeit im Namen Gottes als büßende Anerkennung der eigenen Unvollkommenheit, liefert als Beschreibungsmodell die Konstitutionsmomente eines standesbürgerlichen Ethos, welches Verzichtsleistung, Disziplinierung der Produzenten, notwendig für den eigenen Aufstieg innerhalb des sich im Umbruch befindlichen Feudalsystems benötigt. Der Allgemeinheitsanspruch, der in der Lehre begründet ist, korrespondiert mit dem Anspruch des ständischen Bürgertums, seine Arbeits- und Lebensformen allgemein durchzusetzen.
Die theologisch begründete Starrheit des lutherischen Sozialgefüges verlagert das Aktionsfeld in feste, durch vielfältige Verbote begrenzte Bereiche der frühbürgerlichen Lebenssicherung. Die hierarchische Statik begünstigte die Veränderung ökonomischer Strukturen durch das Postulat der Gottgewolltheit von Arbeit und Unterordnung unter bestehende, sich verändernde Herrschaft. Die theologische Einengung des Menschen diente gerade dem Stadtbürgertum und damit der ‚bürgerlichen Opposition' in dem Zerfallsprozeß der alten Feudalordnung zur Formulierung eines Verzichts- und Konditionierungsethos. Nicht mehr die kontemplative Weltabgeschiedenheit, sondern die gemaßregelte Auseinandersetzung mit der Welt gewinnt die Qualität der Gottgefälligkeit und wird damit zur schlagkräftigen Ideologie der besitzenden, bis dahin politisch weitgehend unmündigen Klasse des

ständischen Bürgertums. Anders ausgedrückt, die Verwandlung des ständischen Bürgertums in ein Stadtbürgertum wird mit diesem Prozeß vorangetrieben, jenes Stadtbürgertum, das mit zunehmender ökonomischer Macht aus technischen und wirtschaftlichen Effizienzgründen Koalitionen mit den Repräsentanten der alten Feudalmacht einging, um an Herrschaftsprivilegien zu partizipieren. In der zur Ideologie gewendeten Theologie fand es ein Instrument zur Veränderung alter Herrschaftsformen und der Durchsetzung neuer.

4. Die Wittembergisch Nachtigall und die Reformationsdialoge

Das Spruchgedicht ‚*Die wittembergisch nachtigall, Die man ietzt höret überall*' (Sachs, Werke, Bd. VI, S. 369) beschreibt in kaum noch verschlüsselter Form die von Luther aufgedeckten Verfehlungen der alten Kirche; die in der Sprache der Tierfabeln und Tierallegorien vorgetragene Satire nennt die Funktionsträger der alten, korrupten Papstkirche mit den zu dieser Zeit üblichen Spottnamen: Der die Schafsherde der Gläubigen auf eine falsche Weide führende Löwe ist eine, der anzugreifenden Funktion adäquate, Verballhornung des Papstes Leo X. Um ihn herum heißt es: „Nun hat der löw viel wilder thür,/ die wider die nachtigall blecken,/ Waldesel, schwein, böck, katz und schnecken/ (WN S. 369). Die Spottnamen der letzten Reihe bezeichnen die prominentesten Gegner Luthers; Alsfeld, Eck, Emser, Murner und Cochläus. (Balser 1973, S. 58) Die benutzten Begriffe des Bestiariums stammen zum Teil aus der rênart-Romantradition; neu an dem Spruchgedicht ist, daß die Spott- und Schimpfnamen eindeutig zugeordnet sind. Hatten frühere Satirendichter meist aus Angst vor Verfolgung ihre Tierfabeln so doppeldeutig-eindeutig wie nur möglich gestaltet, hier ist diese Vorsicht aufgegeben.

Als Retter aus der Misere, die verführte Herde aus der Finsternis zu befreien, ist die Nachtigall Luther berufen, die der Herde in der Finsternis von der Sonne kündet und den Weg dorthin weist. Später heißt es von der Verkündigung Luthers: „So thet Luther stets schrifft einfüren,/ Das es ein bawer mercken mecht,/ Das Luthers lehr sey gut und recht." (WN, S. 381) ‚Das Luthers lehr sey gut und recht' durchzieht die ganze Darstellung der *Wittembergisch Nachtigall*. Sie geht im einzelnen ein auf: die gesamte Kultpraxis, den kirchlichen Machtanspruch, den kirchlichen Fiskalismus, auf andere Formen materieller Ausbeutung, das kirchliche Verkündigungsmonopol und auf den sittlich-moralischenVerfall der Geistlichkeit. (Vgl.

Balser 1973, S. 42.) Das Spruchgedicht stellt kein Informationsmaterial bereit, sondern es handelt sich um eine artifizielle Darstellung der Reformationsgeschichte bis 1523 und der allenthalben bekannten Positionen Luthers, deren Entwicklungsstufen ohne theologischen Balast zusammengedrängt vorgetragen werden. Die Einhaltung der Reimschemata und der formale Aufbau verraten den geübten Meistersänger. Bei dem erwähnten Text handelt es sich um eine erste Stellungnahme von Sachs zur Reformation. Kennzeichnend für Sachs ist es, daß sich in der Glaubensinterpretation und Erlösungsvision keine direkten politischen Anspielungen auf die konkrete Situation der Auseinandersetzung um die Reformation befinden. Vermutlich sind zwei Tatsachen dafür verantwortlich; einmal verbietet die strenge Zucht des Meistersanges eine ‚niedere' Stoffauswahl, die Allegorien bleiben eng an Meistersangschemata orientiert, zum anderen existiert keine ausdrückliche Regelung des 1521 erlassenen Zensurgebotes, demzufolge „(. . .) alle Bücher, Druckschriften, Zettel, Plakate und Abschriften, Holzschnitte und Bilder unter strenge Zensur zu stellen wären" und weiter „keiner mehr dicht, schreibe, drucke, male, verkaufe, kaufe noch heimlich oder öffentlich behalte solche Erzeugnisse, oder was immer erdacht werden mag." (R. Friedental, Das Buch ist die Botschaft) Die *Wittembergisch Nachtigall* fand in ganz Deutschland rasch Verbreitung und wurde für die Person Luthers zu einem feststehenden Begriff. (Eine genaue Würdigung erfährt der Topos durch Blaschka, 1961, S. 897 ff.)
Die Parteinahme für Luther blieb 1523 vermutlich auch deswegen in Nürnberg unbeanstandet, weil die Zensurierungsgewalt in den Händen von Lazarus Spengler lag, einem Anhänger Luthers. Hervorzuheben bleibt, daß das literarische Wirkungsfeld in einer gewissen Spannung sich befindet: einerseits war es durch die Zensur beschnitten, die aber häufig ignoriert wurde, andererseits wurden literarische Erzeugnisse bewußt agitatorisch eingesetzt. Es befand sich in Spannung, da die Vermittlungs- und Hinhaltepolitik des Rates zwei gegensätzliche Strömungen zu verbinden suchte: einmal die für die Stadt lebensnotwendige politische Loyalität gegenüber dem Kaiser und zum anderen die Flexibilität in Fragen der Umorganisation der Machtbefugnisse der Kirche über fiskalische Verhältnisse der Bürger und der liturgischen Formen des Gottesdienstes. Damit war es möglich, die sich entwickelnde Dynamik der Glaubensauseinandersetzung im Sinne des Rates zu steuern.
Am 8. April 1524 verfügte der in Nürnberg tagende Reichstag: „(. . .) daß es Aufgabe jeder Obrigkeit sei, daß Schmachschriften und -gemälde hinfürder gändzlich abgethan werden und nicht weiter ausgebrei-

tet.“ (Müller 1959, S. 75) Die autonomen Städte konnten es sich erlauben, einen solchen vagen Beschluß hinzunehmen, räumte er ihnen doch durch seine ungenauen Definitionen die Möglichkeit ein, nach eigenem Gutdünken zu entscheiden, was eine Schmachschrift sei, und was nicht. Vor dem Reichstag 1524 in Nürnberg erschien der erste Dialog von Hans Sachs, ‚*Disputation zwischen einem chorherren und schuchmacher, darinn das wort gottes unnd ein recht Christlich wesen verfochten wirt*‘ (Sachs, Werke, Bd. XXII, S. 6 ff.). Als Eingangsmotiv wird die bereits beschriebene Nachtigall verwendet; der Chorherr sagt von der seinen, daß sie schweige, während der Schuster von einer zu erzählen weiß, die hell und deutlich singt. Die Diskussion beginnt mit der Frage nach der Obrigkeit, ob nämlich der Papst die Herrschaft über den Kaiser habe oder umgekehrt, was der Schuster damit beantwortet, daß Christus, wie die Schrift sagt, sein Reich nicht von dieser Welt habe, womit derjenige, der sich Nachfolger Christi auf Erden nenne, keine weltliche Gewalt ausüben dürfe. Das aber tue der Papst. Dieser Streit wird fortgesetzt mit der Frage nach der Berechtigung der Laienlektüre der Bibel. Der Schuster verweist auf die Interpretationshilfe des heiligen Geistes, aus dem allein heraus die Schrift zu verstehen sei. Behandelt werden noch die Fragen nach dem allgemeinen Priestertum und der Stellung der guten Werke, der Erbsünde und äußerer Gewaltmittel gegen Protestanten. Der Chorherr unterliegt dem Schuster mit allen Gegenargumenten, der Schuster kann alle seine Äußerungen aus der Schrift belegen, der Chorherr hingegen verspricht seinem Gesprächspartner, dieses Buch einmal zu lesen. Daß das Exemplar des Chorherren erst abgestaubt werden muß, unterstreicht satirisch deutlich die Schriftunkenntnis des Kanonikers.

Spezifische Merkmale der Sachsschen Dialoge sind in beiden Schriften bereits zu erkennen: die gemäßigte Polemik gegen Vertreter der alten Kirche, das aus der Schrift belegte Argument, die Verteidigung der lutherischen Bibelauslegung; sie zeigen einen Autor, der in seinen Schriften eine reflektierte Stellungnahme zu dem jeweiligen Stand der Auseinandersetzung um die Lösung der zusammenbrechenden Feudalordnung und der synchron laufenden Reformation des Glaubenssystems abgibt.

Kurz nach dem Chorherrendialog erschien im März 1524 der zweite Dialog von Sachs, ‚*Eyn gesprech von den scheinwercken der gaystlichen und iren gelübdten, damit sy zu verlesterung des bluts Christi vermaynen selig zu werden*‘ (Sachs, Werke, Bd. XXII, S. 34 ff.). Hauptvorlage zu diesem Dialog ist Luthers Schrift ‚Von der Freiheit eines Christenmenschen‘ (Wernicke 1913, S. 96). Das Gespräch hat strittige Fragen über die Verbindlichkeit des Klostergelübdes, die Armut der Mönche, deren Keuschheit und Gehorsam sowie das Verhältnis zwischen Glauben und Werken und zum Schluß die Fragen nach der Berechtigung des Austritts aus dem Kloster zum Gegenstand. Es treffen zwei Lutheraner, Hans und Peter, auf einen um Almosen bittenden Mönch. Auch hier unterliegt der Geistliche den Argumenten der beiden Vertreter der neuen Religion; die beiden Angreifer sind deutlich voneinander unterschieden: Hans, ein orthodoxer Luthervertreter, behält in allen Argumenten die Oberhand, während Peter, der die christliche Freiheit allzu frei auslegt, in die Nähe von Täuferpositionen gerückt wird und dem Mönch unterliegt.

Hier wird die funktionale Ebene der Dialoge deutlich hervorgehoben. Es geht Sachs offensichtlich darum, die Verbreitung der lutherischen Lehre zu unterstützen. Funktional wird die Flugschrift, indem sie modellhaft den Sieg der lutherischen Wahrheit über die katholischen Widersacher zeigt und dabei einer möglichen radikaleren Kritik die Daseinsberechtigung abspricht. Allerdings ist in diesem Dialog die Verurteilung der radikaleren Position der Reformation noch versöhnlich gehalten.

Im Herbst 1524 kommt Müntzer nach Nürnberg. Er läßt die ,*Hochverursacht Schutzred*' bei Hieronymus Hölzel und die ,*Ausgedrückte Entblößung des falschen Glaubens*' bei Hergot drucken. Die beiden antilutherischen Schriften werden vom Rat konfisziert. Von Nürnberg aus wirkte Müntzer vermutlich als Organisator der Bauernerhebung in Schwaben und im Schwarzwald (Engels 1971, MEW, Bd. 7, S. 357); die plebejische Fraktion beginnt sich nun bemerkbar zu machen. In dem zu Nürnberg gehörenden Forchheim beginnen die Bauern sich aufrührerisch zu organisieren, antilutherische Schriften tauchen in der Stadt auf; in der bislang erfolgreich weitgehend ruhig gehaltenen Stadt beginnt ein politischer Gärungsprozeß. Die Obrigkeit reagiert rasch und entschlossen; Müntzer wird ausgewiesen, der ausdrücklich erklärt hatte, er wolle wiederholten Aufforderungen zum Trotz nicht in der Stadt predigen, um keinen Aufruhr zu provozieren, wiewohl er in der Lage dazu sei. Mit Müntzer werden einige Gesellen aus dem Kreis der gottlosen Maler sowie Hans Denck, Lehrer an der St. Sebald-Schule, ausgewiesen. In der Umgebung Nürnbergs greifen die Ordnungsmächte des Rates zu – die Bürgermiliz wurde auf 1200 Mann verstärkt – und durch harte Strafen und Ausweisungen gelingt es, die antilutherische Oppositon zum Schweigen zu bringen.

In der politisch zugespitzten Lage veröffentlicht Sachs seinen Dialog *Ein dialogus des inhalt ein argument der Römischen wider das christ-*

lich heüflein, den geytz, auch ander offenlich laster usw. betreffend (Sachs, Werke, Bd. XXII, S. 51 ff.), in dem er einen reichen Bürger der Kritik eines Katholischen aussetzt. Anders als in den bisherigen Dialogen treten in diesem Gespräch nicht die bekannten Figuren, sondern zwei nicht näher beschriebene Personen, Reichenburger und Romanus, auf. Romanus vertritt die vehemente Kritik an den Lutherischen, die sich in merkwürdiger Nähe zu den von Täufern vertretenen Argumenten bewegt. Hauptauseinandersetzungspunkt ist der Geiz, der sich unter den evangelischen reichen Bürgern, Reichenburgern, findet. Romanus vertritt die Interessen von Arbeitern und Armen (Vers 11–25, S. 55) gegen die Verleger und Kaufleute. Im zweiten Teil des Disputes zwischen den beiden exponierten Vertretern kann der reiche Bürger die weltliche Ordnung der Stadt mit den Argumenten aus Luthers Schriften über die Freiheit und über den Kaufhandel verteidigen. Hauptargument in der Reichenburgerrechtfertigung ist, daß der Mensch nur Schaffner (Luthers Ausdruck für Verwalter) des Irdischen sei. Ende Oktober erscheint der vierte Dialog unter dem Titel *Eyn gesprech eynes evangelischen Christen mit einem Lutherischen, darin der ergerlich wandel etlicher, die sich lutherisch nennen, angezaigt und brüderlich gestrafft wirt.* (Sachs, Werke, Bd. XXII, S. 69 ff.) Das Gespräch folgt den gleichen Intentionen wie der Romanus-Reichenburger-Dialog, dem lutherischen Postulat nämlich, daß der innere Mensch der Ort der Erlösung sei.

Charakteristisch für die Haltung der bürgerlichen Opposition ist dabei, daß die im Umfeld gärenden Probleme, die Radikalisierung der Bauern und die Organisation der Reaktion unerwähnt bleiben. Die Zentrierung auf bekannte Figuren, deren reformatorisches Agieren aus bereits veröffentlichten Dialogen bekannt ist (Meister Hans war der Schuhlieferant aus dem ersten Dialog), versucht die Verwerflichkeit der radikalen Veränderung immer und immer wieder zu wiederholen. Der affirmative Charakter der Dialoge, auch die Reduktion der implizit vertretenen Täuferpositionen, verurteilen den radikalreformatorischen Flügel des antifeudalen Kampfes mit dem Argument der sündhaften, eigenmächtigen Entfernung von Gott. An nicht sehr exponierte Vertreter der Täuferposition (Peter) werden ‚Koalitionsangebote' gemacht, wohl aus der Furcht heraus, der gewonnene bürgerliche Rahmen der Stadt könne zerstört werden. Die Auseinandersetzungen des Dialoges drehen sich um Handlungen des Peter, bei dem sich Meister Hans Luthers Schrift *Von der Freiheit eines Christenmenschen* abholt. In diesem Titel steckt die Programmatik des Gesprächs. Peter hatte gegen alte Verbote der katholischen Kirche verstoßen, weswegen der altgläubige Meister Ulrich sein Haus mied. Meister Hans verurteilt die Handlungsweise Peters und ist im Gespräch darauf bedacht, die Freiheit des Gewissens als evangelische Freiheit zu unterstreichen. Aus Nächstenliebe dürfe man nicht durch äußere Freiheiten andere Menschen beeinträchtigen; Luthers Nächstenliebebegriff dient zur Abwehr der äußeren Ungebundenheit. Die Schwachen dürfen nicht durch Dinge, die sie nicht verstehen, verwirrt werden, weil sie den rechten Glauben noch nicht haben, sondern sie müssen erst in den rechten Glauben aufgenommen werden. Daß unter rechtem Glauben die Bibellehre Luthers zu verstehen ist, bedarf keiner weiteren Erläuterung. Die angestrebte Disziplinierung gelingt in dem Gespräch: Peter verspricht, sich zukünftig so zu verhalten, daß selbst ein Altgläubiger keinen Anstoß daran nehmen kann. Nach der Zurechtweisung Peters trägt der inzwischen hinzugekommene altgläubige Meister Ulrich einen Beschwerdekatalog gegen die Reformierten vor. Meister Hans antwortet daraufhin dem der Schwärmerei verdächtigen Peter – die Antworten sind Grundlage einer vehementen Täuferkritik. Der affirmative Charakter der ‚Radikalenkritik' wird noch unterstrichen von der gelungenen Überzeugung des altgläubigen Meisters Ulrich auf der Grundlage der Betonung des Wertes des inneren Menschen. Taktisch wählte Sachs seine Argumentation der einzelnen Figuren so aus, daß es dem Lutheraner Meister Hans vorbehalten bleibt, seine Argumente stringent aus der Schrift belegen zu können, während die Ausführungen des täuferverdächtigten Peter entweder das Prädikat ‚Menschenwerk' oder mit dem Hinweis, sie seien der Eile wegen ungenau geraten, als unzutreffend beiseite geschoben werden. Der Epilog des Gesprächs faßt die ‚Radikalenkritik' noch einmal zusammen, wendet sie programmatisch als Forderungen zu einem Katalog zukünftiger Verhaltensweisen: „Lieben brüder, ist nun under euch irgent ain ermanung in/ Christo, ist irgent ain trost der lieb, ist irgent ain gemainschafft des gaists, ist irgent ain hertzlich lieb und barmhertzigkait so/ erfüllet mein frewd, daß ir aines muts und sins seyt, gleiche liebe/ habt; nichts thut durch zanck oder eitel eer, sonder durch demut./ Achtet euch under ainander selbs, ainer des andern obrister, und ain yetzlicher sehe nit auff das sein, sonder auff das des andern ist." (Schlußspruch des 4. Dialogs; Sachs, Werke, Bd. XXII, S. 84) Deutlich tritt die gegenseitige Kontrolle hervor, die verhindern soll, daß in schwärmerischer Absicht eine Veränderung der äußeren Lebensbedingungen die Grundlage des Bürgerlichen untergräbt.

Nach dem Nürnberger Religionsgespräch 1525 und der totalen Vernichtung der Bauernheere durch die Truppen des schwäbischen Bun-

des entfällt in Nürnberg die Zensur für prolutherische Schriften. Der radikale Flügel der Reformation ist unterdrückt, die lutherisch orientierte Reformation in der Stadt kann weder durch Altgläubige, dazu ist die Existenz und die Loyalität der Stadt zu gewichtig, noch durch die radikale Fraktion beeinträchtigt werden. Für Sachs, den Propagandisten und Interpreten der Ratspolitik, beginnt die Singschule an Attraktion zu gewinnen; er schreibt und veröffentlicht keine Dialoge mehr, sondern beginnt lutherische Kirchenlieder zu verfassen.
1546 verfaßte Sachs ein Gespräch mit dem Titel *Wünderliche Dialogus und newe zeittung*, in dem die Flucht Christi aus Deutschland geschildert wird; der Sohn Gottes verläßt Deutschland, weil die Reaktion 1544 schon unter Karl V. die Evangelischen geschlagen hatte und der Fortbestand der Reformation auf dem Spiel stand, wie auch die Konkordatsverhandlungen in Regensburg Zugeständnisse an die katholische Seite brachten (Kawerau 1889, S. 92). 1552 erschien das *Claggesprech der stat Nürnberg*. Es richtet sich in scharfer Polemik gegen den Markgrafen Albrecht Alcibiades von Brandenburg-Kulmbach, der in dem gleichen Jahr die Stadt überfallen und ihr bleibenden Schaden zugefügt hatte. Ebenso versuchen die beiden späteren Dialoge *Pasquillus von dem schloß zw Blassenburg* und das polemische *Gesprech von der himelfart margraff Albrechz* die Beeinträchtigung der Bürger durch die Reaktion der alten Gewalten, von der sich die Stadt endlich befreit glaubte, zu verurteilen und als göttliche Prüfung hinzunehmen. Die letzten Dialoge waren dem politisch vorsichtig lavierenden Rat zu brisant. Sie wurden unmittelbar nach dem Tod des Dichters 1576 aus dessen Nachlaß entfernt. Nur Abschriften sind überliefert (Könnecker 1971, S. 9 f.).

5. Zusammenfassung

Friedrich Engels: „Die Bürger in ihrer gesamten zahmen Reformation . . . " – Hans Sachs ihr Literat.

Literatur

(Aufgenommen wurden nur Titel, auf die im Text Bezug genommen wird.)

B. Balser, Bürgerliche Reformationspropaganda, die Flugschriften des Hans Sachs in den Jahren 1523–1525, Stuttgart 1973.

A. Blaschka, „Wittenbergisch Nachtigall", Sternstunden eines Topos, in: Wissenschaftliche Zeitschrift der Martin-Luther-Universität Halle/Wittenberg 1961.
Calwer Lutherausgabe, hrsg. von Wolfgang Metzger, Hamburg 1964.
W. Elert, Die Morphologie des Luthertums, 2 Bde., München 1965.
F. Engels, Der deutsche Bauernkrieg, in: Marx/Engels Werke, Bd. 7, Berlin 1971.
R. Friedental, Das Buch ist die Botschaft, Ms. masch., o. O., o. J.
K. Kaczerowsky (Hrsg.), Flugschriften des Bauernkrieges, Reinbek 1970.
W. Kawerau, Hans Sachs und die Reformation, Halle 1889.
B. Könnecker, Hans Sachs, Stuttgart 1971.
L. Kofler, Zur Geschichte der bürgerlichen Gesellschaft, Darmstadt und Neuwied ^{5}1974.
A. Müller, Zensurpolitik der Reichsstadt Nürnberg, in: Mitteilungen des Vereins für die Geschichte der Stadt Nürnberg, 49, 1959.
B. Nagel, Meistersang, Stuttgart 1965.
H. Sachs, Werke, hrsg. von A. v. Keller und E. Goetze, Tübingen 1867–1908; Neudruck Hildesheim 1964.
K. Wedler, Klassenkampf und Bündnisproblematik in den Flugschriften, Fastnachtsspielen und Zeitgedichten des Hans Sachs, in: Kunst und Bauernkrieg, Berlin o. J.
G. Wehr (Hrsg.), Thomas Müntzer – Schriften und Briefe, Frankfurt/M. 1973.
S. Wernicke, Prosadialoge des Hans Sachs, Berlin 1913.

Studien zur Rezeption

Dieter Kartschoke

Ludus Martius

Das Spiel vom Bauernkrieg des Hermann Schottennius Hessus von 1526

Zur Fastnacht des Jahres 1526 läßt der Kölner Schulmeister Hermann Schottenius Hessus von seinen Schülern ein selbstverfaßtes Spiel aufführen und unter dem vollen Titel *Ludus Martius sive Bellicus continens simulachrum, originem, fabulam et finem dissidii, habiti inter Rusticos et Principes Germaniae Orientalis. Anno 1525* (1) in Druck gehen. Ein Jahr darauf erscheint ein zweites Stück *Ludus Imperatorius sive Caesareus*, dem das Spiel vom Bauernkrieg in zweiter Auflage beigegeben ist. Wir sind über den Verfasser, der sich vielleicht nach seiner Herkunft aus dem oberhessischen Schotten *Schottennius Hessus* genannt hat, nur sehr unzureichend unterrichtet (2). Man vermutet seine Tätigkeit in einer Trivialschule (*Massebieau* 1878, S. 116; vgl. Anm. 2). Auf eine Nachricht des 18. Jhs. geht die Auffassung zurück, er könne Lehrer an der 1440 gestifteten Laurentianer Burse gewesen sein (*Niessen* 1917, S. 17; vgl. Anm. 2). Später ist er Mitglied der Juristenfakultät (*Hashagen* 1922, S. 42; vgl. Anm. 2). Außer den beiden lateinischen Spielen hat Schotten nach dem Muster der *Colloquia familiaria* des Erasmus Schülergespräche verfaßt, die in der Geschichte der Pädagogik eine gewisse Anerkennung genießen (cf. *Massebieau* 1878 und besonders *Bömer* 1899; vgl. Anm. 2), und weitere philosophisch-moralische Traktate, die in der neueren Forschung keine Aufmerksamkeit gefunden haben und bis heute auch nicht durch Neudrucke zugänglich gemacht worden sind. Der *Ludus Martius* gilt in der Sekundärliteratur, wo überhaupt er erwähnt wird, als „vielleicht das sonderbarste Drama" (*Michael* 1971, S. 266; vgl. Anm. 2). Denn sein Autor „wagte da bei seiner Schüleraufführung nichts geringeres, als mitten in die Nöte des eben erst ausgekämpften Bauernkrieges zu führen" (*Kindermann* 1959, S. 333; vgl. Anm. 2). Die Besonderheiten des Stückes in formaler – „das erste Humanistenstück, wo Massenregie angestrebt wird" (*Stammler* 1950, S. 180; vgl. Anm. 2) – und inhaltlicher Hinsicht – „die Transponierung der Wirklichkeitsereignisse in einen typisch zeitlosen Vorgang" (*Roloff* 1965, S. 653; vgl. Anm. 2) – werden zwar vermerkt, eine eingehendere Behandlung aber hat der Text bis heute nicht erfahren. Dies zu Unrecht, Denn es handelt sich um den einzigen uns überlieferten zeitgenössischen Text, der mit literarischer Ambition die Zeitereignisse zu bewältigen versucht und damit unter anderen Bedingungen von Reflexion und Wahrheitsanspruch steht als die direkten Stellungnahmen in Programm, Propagandalied, Flugblattagitation und chronikalischem Bericht.

In der ersten Auflage des *Ludus Martius* geht dem Text ein Widmungsbrief voran. Im übrigen sind beide Auflagen weitgehend identisch. Auf das Verzeichnis der handelnden Personen folgt ein Prolog, 28 nicht durchnummerierte Szenen, ein Epilog und eine kurze Leserapostrophe. Eine Akteinteilung nach antikem Muster, wie sie im Humanistendrama wieder üblich wird, kennt Schotten noch nicht. Jede Szene wird eingeleitet durch ein *argumentum*, eine kurze Angabe der folgenden Handlung, oder die Aufzählung der handelnden Personen.

Inhalt: Der allegorische Rahmen (Szene 1–6): Bellona, die Göttin der Zwietracht und des Krieges, stellt sich vor und führt mit der hinzutretenden Pax, dem personifizierten Frieden, ein Streitgespräch, in dessen Folge sich beide an die Menschen wenden und die Vorteile ihrer jeweiligen Anwesenheit anpreisen. Das gemeine Volk entscheidet sich für die Führung durch Bellona und berät mit ihr die gewaltsame Befreiung aus Armut und Unfreiheit.

Der Bauernkrieg (Szene 7–27): Über Boten verhandelt das bäuerliche Volk mit seinen feudalen Herren über die mögliche Erleichterung der Lasten und Pflichten, ohne daß eine Einigung herbeigeführt werden kann. Daraufhin verschwören sich die Bauern und sagen den Fürsten den Krieg an. Ein letzter Versöhnungsversuch schlägt fehl. Beide Parteien rüsten sich zur Schlacht. Die Bauern schänden Kirchen und Klöster und stürmen Schlösser und Burgen. Sie schicken einen Grafen durch die Spieße. Nun erst greifen die verbündeten Truppen des niederen und hohen Adels an und schlagen die Bauern vernichtend. Die Bauern beklagen ihre Niederlage, während die Herren ein strengeres Regiment aufrichten. Daraufhin bitten die Bauern um Gnade, die ihnen nach kurzer Beratung von ihren Herren gewährt wird. Die Parteien versöhnen sich und ein ‚neuer Bund' wird zwischen ihnen aufgerichtet.

Der allegorische Rahmen (Szene 27): Die Bauern nehmen Pax, den Frieden, wieder bei sich auf und verstoßen Bellona, die Zwietracht.

Die allegorische Konzeption ordnet den *Ludus Martius* der Tradition der Moralitäten zu. Unmittelbarer Zweck des Spiels ist die rhetorische Vervollkommnung der Schüler in der lateinischen Sprache. Hier liegt der äußere Grund für die Stilisierung des zeitgeschichtlichen Stoffes. Der *Ludus Martius* enthält die geschichtlichen Ereignisse im Bild, „per simulacrum"; nicht die geschichtliche Wirklichkeit, sondern ihr gedeutetes Konzentrat; „verisimilia", das Wahrscheinliche im Sinne seiner Stellvertretung für historische Wahrheit (3). Wie er, Schotten, die Dinge darstelle, so seien sie wirklich großenteils geschehen (S. 6). Da er sich aber weniger als Dichter denn als Geschichtsschreiber fühle, habe er sich wie die antiken Historiker der Prosa bedient. Die Zwischenstellung zwischen Chronistik und Fiktion spiegelt sich am unmittelbarsten in der antikisierenden Einkleidung und den so verschlüsselten realhistorischen Konstellationen. Die Namen entstammen der antiken Literatur und zeitgenössischer lateinischer Dichtung. Die Fürsten treten auf als Hector, Achilles, Aiax und Pollux, die Bauern unter den Bezeichnungen ihrer typischen Funktionen als Praefectus, Agricola und Vinitor oder sie tragen wie ihre Frauen Namen aus der antiken Bukolik: Neaera (Tibull, Vergil), aus der antiken Satire: Codrus und Procula (Martial), aus der antiken Komödie: Simo (Plautus, Terenz) und Staphyla (Plautus) und aus dem Humanistendrama: Henno und Elsa (Reuchlin). Mit solcher Stilisierung ist für den humanistisch erzogenen Hörer auch schon die jeweilige soziale Ebene indiziert; denn die Vertreter der bäuerlichen Seite tragen durchweg Namen von Sklaven, armen Leuten oder Bauern, während die Feudalherren in den aristokratischen Rollen der für ihre Namen vorbildlichen Literatur agieren. Die vermittelnde Botenrolle zwischen Bauern und Fürsten übernimmt auf bäuerlicher Seite ein als Fecialis apostrophierter Akteur, also ein evangelischer Prädikant, wie man diese Symbolrolle des Priesters der Bellona ins Zeitgeschichtliche übersetzen darf.

Historisch konkretisierbare Einzelabläufe aus dem wirklichen Geschehen sind nur an zwei Stellen angedeutet: an Anspielung auf die Ritterschaftsbewegung von 1523 versichern sich die Fürsten vor der Schlacht des Beistandes der Ritter mit den Worten: „Wir haben gehört, daß in manchen Gegenden die Ritter von ihren Fürsten abgefallen sind. Wir fürchten, daß auch uns das passieren könnte“ (S. 14 f.). In der 19. Szene wird ein Graf durch die Spieße geschickt. Hier hat ganz offensichtlich die sog. Bluttat von Weinsberg das Modell abgegeben, das einzige spektakuläre Beispiel bäuerlicher Gegengewalt, das den antifeudalen Kampf unmittelbar sinnfällig gemacht und bei den Zeitgenossen ein entsprechend nachhallendes Echo gefunden hat.

In der Wirklichkeit wie im Spiel – auf die Nachweise vielfältiger Übereinstimmungen zwischen den einschlägigen literarischen Zeugnissen mit dem *Ludus Martius* muß ich hier verzichten – gilt der Vorfall als Wendepunkt zuungunsten der Bauern. Ihre Vernichtung erscheint als direkte Konsequenz der Bluttat. Verdeckt unter solcher Stilisierung von Sprache und Personal, verdeckt unter der Fülle von

Zitaten und Redensarten, von der Antike entlehnten Namen, verdeckt schließlich unter der – in Formulierungen und Gedanken des Erasmus ausgebreiteten – humanistischen Friedensidee spricht sich die überraschende Bauernfreundlichkeit des Verfassers aus. Sie äußert sich etwa in den langen, ausführlichen Klagen über die erbärmliche Lage der Bauern, wie sie die verführerische Göttin der Zwietracht dem gemeinen Volk vorspricht (4. Szene) und so den längst fälligen Aufstand provoziert. Die wirklichkeitsferne Übersteigerung solcher Klagen zugunsten des rhetorischen Pathos wird in den späteren Szenen der Verhandlung und des Kampfes gegen die Institutionen feudaler Ausbeutung, reiche Klöster, Kirchen und Fürsten konkretisiert, denen die Bauern das Ihre wieder abverlangen wollen. Die Unproduktivität feudaler Existenz steht gegen die Mühsal der Urproduktion als deren Ermöglichung: was dem Feudalherren als Rechtsanspruch ihm geschuldeter Subvention gilt, erscheint den Bauern als bitterster Raub (19. Szene). Die feudale Konsumption nimmt für den zinspflichtigen Bauern die Formen bloßer Verschwendung an. Das Ungleichgewicht von Arbeit und Spiel oder Verschwendung, von labor und inane impendium, von laborare und ludere wird legitimiert mit der alten feudalen Ständelehre. Nach Niederschlagung des Aufstandes und Hinmetzelung der Bauern beraten die Herren über das weitere Vorgehen:
„*Hannibal:* Es ist auch gut, wenn noch einige Bauern am Leben bleiben, damit die Äcker nicht unbebaut verkommen und wir alle Hungers sterben.
Odysseus: Das ist ein weiser Spruch. Denn wir alle leben von der Arbeit der Bauern und von den Früchten des Feldes.
Aeneas: Weder die Geistlichen wollen das Ackerland bebauen noch wir, die wir nur reiten und müßig sein, nicht aber dem krummen Pflug folgen können.
Odysseus: Schenken wir ihnen also das Leben ..." (S. 21)
Die alte, gottgewollte Ordnung der oratores, bellatores und aratores dient hier ganz offen als ideologisches Substrat elementarer materieller Interessen, als Legitimation der feudalen Herrschaft und ihrer Privilegien.
Die Anklagen gegen die Feudalherren steigern sich in den Szenen des offenen Kampfes zu wilden Beschimpfungen, in denen die Gewaltherrschaft beim Namen genannt wird: Tyrannei. Ihre Erscheinungsformen sind Herrschen, Rauben und Unterdrücken (S. 12 imperare, spoliare et tyrannidem exercere), der Herr ist ein Blutsauger (S. 17 expoliator, S. 18 sanguinis helluo), Schinder und Räuber (S. 17 tortor et despoliator), Ausplünderer der Armen (S. 17 pauperum exenterator).

Ziel der Erhebung ist die Rückgewinnung von ‚Freiheit', ‚Reichtum' und ‚Macht', wie sie Bellona als ‚höchste menschliche Güter' dem Volk verspricht (S. 9 Optima quaeque mortalibus apta vos polliceor, nempe libertatem, divicias et principatus). Freiheit meint hier sowohl die Befreiung von Abgaben wie die persönlich-rechtliche Unabhängigkeit. Damit aber ist notwendig der revolutionäre Umsturz des feudalen Systems impliziert. Und so heißt es konsequent in einer Rede des bäuerlichen Abgesandten an die Grundherren: „Sie (sc. die Bauern) haben beschlossen, nicht zu ruhen und nicht die Waffen abzulegen, ehe sie nicht euch und alle anderen Fürsten aus euern Herrschaftssitzen und Ländereien vertrieben haben (. . .) Tapfer wollen sie mit Feuer und Schwert kämpfen, um wenigstens die Freiheit zu erringen. Sie wollen euern Untergang" (S. 12). Dann werden sie selbst Herren sein, wie der symbolische Gewaltakt der 18. Szene vorwegnimmt, in der die Bauern einen Fürsten zwingen, ihnen aufzuwarten: „Schon sind wir Bauern Herren geworden" (S. 16).
Im Zuge der durchgehend ökonomischen Interpretation des sozialen Konflikts verwendet Hermann Schotten die traditionellen Legitimationsformeln in kritischer Absicht als Taktik und Überredung der Ausgebeuteten durch ihre Ausbeuter. Als die Fürsten erkennen müssen, daß sie das Volk nicht wie bisher ernähren und erhalten will, rät jener Fürst, der den Namen des listigen Odysseus trägt, seinen Standesgenossen, sie mögen die Bauern vorsichtig behandeln und ihnen schmeicheln, dann nämlich werden sie ohne Widerspruch" das alte Joch weitertragen" (S. 11). Dieser Strategie eingefügt ist der Hinweis auf Mt. 22,21 „So gebet dem Kaiser, was des Kaisers ist . . .", auf die Schätzung aller Welt durch Augustus und das daraus ableitbare allgemeine Herrenrecht (S. 12). Auch sonst stehen die wenigen Schriftberufungen in der zwielichtigen Perspektive der Bühnenhandlung, wenn etwa Bellona, die heidnische Göttin der Zwietracht und des Krieges, als Entscheidungshilfe für das geknechtete Volk 1. Thess. 5,21 (S. 9: „Prüfet alles und das Gute behaltet") zitiert und ihre Hilfe mit den Worten aus Mt. 11,28 ankündigt: „Kommt zu mir, ihr Allerunglückseligsten, herbei, kommt und flüchtet euch alle unter meinen Schutz, die ihr mühselig und beladen seid durch eure tyrannische Obrigkeit, ich werde euch erquicken, euch erlösen, alle befreien . . ." (S. 10). Die gewollt blasphemische, das lutherische Schriftprinzip denunzierende Funktion solcher Zitation erhellt nicht nur aus ihrer Zuordnung zu einer fragwürdigen Instanz, sondern deutlicher noch aus der Verkehrung des Sinns der Schrift, wo es weiter heißt: „Nehmt auf euch mein Joch . . ."
Der *Ludus Martius* endet „dem historischen Verlauf zuwider", wie

man wiederholt festgestellt hat, mit der „Aussöhnung der Parteien" (*Creizenach* 1918, S. 34; vgl. Anm. 2), nicht jedoch – was ebenso oft übersehen wurde – ohne den vorhergehenden Hinweis auf das strengere Regiment (S. 20 acrius imperium) der Feudalherren über die Bauern nach deren Niederlage. Man kann diesen Abschluß der 24. Szene auch verstehen als den Abschluß der „historia in imaginem". Was folgt, ist die christlich-humanistische Utopie: die durch Einsicht vollziehbare Versöhnung der gesellschaftlichen Widersprüche – die in der Fiktion sich auflösen im gemeinsamen *Gloria in excelsis*, in das Fürsten, Ritter und Bauern einstimmen (27. Szene). Die schließliche Verstoßung der Bellona und die Wiederaufnahme der Pax (28. Szene) fungieren als allegorische Besiegelung solcher proponierten Harmonie, wie sie das Moralitätenmuster vorgibt. Was solche Harmonie verspricht, verkündet der wiedergewonnene Friede mit lakonischer Zuversicht: „Was ihr verliert mit Abgaben und Steuern, die ihr den Fürsten zu geben habt, wird euch mit Zins wieder zugutekommen. Denn durch Eintracht gedeiht auch ein kleiner Staat . . ." (S. 22). Der doppelte Abschluß des dramatischen Diskurses spiegelt die zwiespältige Haltung seines Verfassers.
Unverstellt hat Hermann Schotten seine Einsicht in die zeitgenössischen Ereignisse im Widmungsbrief, Prolog und Epilog formuliert. Hier kommt insbesondere die humanistische Friedensidee zur Sprache: „Der Friede nämlich nährt das Land und schenkt uns alles, dessen wir bedürfen. Friede aber wird dann mit Sicherheit bleiben, wenn das Wort des Erasmus überall gehört und befolgt wird: Wenn die Fürsten weise sind, nicht für sich sondern für die Ihren, einzig zum Nutzen ihrer Untertanen handeln, wenn sie zum Gemeinwesen stehen wie der Vater zu seiner Familie, sich dann groß dünken, wenn sie den besten Untertanen gebieten, dann glücklich, wenn sie die ihren glücklich machen, dann erhaben, wenn sie über möglichst Freie herrschen, dann reich, wenn sie ein reiches Volk haben. Die Herren über Stadt und Land sollen am Nutzen ihrer Untertanen messen. Die Untertanen sollen auf ihre Herren hören und ihnen gehorchen. Allen Herrschern und Beherrschten sei Eigennutz fremd" (S. 22). Dem korrespondiert das Verständnis für die Beweggründe der sich erhebenden Bauern, das im Widmungsbrief an Georg Lauer ausgesprochen wird, wo „Armut und Unfreiheit" als die „beiden Übel" genannt werden, die dem Menschen und seinem guten Willen am meisten schaden (S. 5 Paupertas scilicet et servitus, duae pestes acerrimae humanae saluti, virtutis expultrices). Armut ist die äußere Bedingung aller Laster, Unfreiheit eine sich im Selbstgefühl niederschlagende Entmutigung. Beide zusammen aber seien deshalb so schlimm, „weil

sie den Menschen seiner menschlichen Würde berauben" (S. 5 Nihil haec duo peius in se habent quam quod ridiculos homines faciunt ...). Dies eben habe der Bauernkrieg gelehrt, als das Volk im östlichen Deutschland erkannte, in welch harter Knechtschaft und welcher Not es bislang gelebt habe, und aufstand, um das Joch abzuschütteln, die Abgaben zu verweigern und die Freiheit zu erlangen (S. 5 f.).
Hermann Schotten beruft sich auf Erasmus. Edward *Schröder*, der wissenschaftliche Herausgeber des *Ludus Martius*, weist Zitate aus dem Abschnitt „Dulce bellum inexpertis" der *Adagia* nach, schweigt aber zu dem oben angeführten „Rat des Erasmus", der sich fast wörtlich in der berühmtesten aller Friedensschriften des Erasmus und des Humanismus überhaupt findet, in der *Querela pacis undique gentium ejectae profligataeque* („Klage des Friedens, der von allen Völkern verstoßen und vernichtet wurde") (4). Diese Schrift entstand im Zusammenhang mit den Vorbereitungen des für 1517 in Cambrai geplanten Friedenskongresses, erschien zuerst 1516 (?), wurde in den folgenden Jahren wiederholt (so auch in Köln!) nachgedruckt und 1521 zum ersten Mal ins Deutsche übertragen. Übersetzungen in andere Nationalsprachen folgten. Die weite Verbreitung und nachwirkende Popularität erklärt sich aus dem allgemeinen, über den Anlaß hinausreichenden, Inhalt und aus der literarischen Stilisierung: der Friede tritt auf und spricht in eigener Sache – Pax loquitur. Die Personifikation des Friedens und seine Selbstverteidigung in Form einer Gegenüberstellung der Vorteile des Friedens und der Nachteile des Krieges haben ganz offensichtlich das Muster abgegeben für die szenische Allegorie des Hermann Schotten. Auch die Verkörperung des Krieges in der römischen Göttin Bellona mag von Erasmus angeregt sein, der sowohl in den *Adagia* wie in der *Querela pacis* diese mythologische Instanz zitiert. Wie sehr den Zeitgenossen diese Beiläufigkeit sich einprägte, kann aus den Marginalien der Basler Übersetzung von 1521 abgelesen werden. Eine der insgesamt nur drei Randglossen lautet: „Bellona ein goettin des kriegs" (*Haas/Herzog* 1969, S. XVII; vgl. Anm. 4).
Wichtiger als die formale Anregung, die Hermann Schotten dem Erasmus verdankt, ist seine Anlehnung an dessen Pazifismus und ökonomische Bestimmung von Krieg und Frieden, die durch die üblichen moralischen und urchristlichen Bewertungen immer wieder durchschlägt. Kriegführen kostet mehr als Frieden machen. „Kaum ein Friede ist jemals so ungerecht, daß er nicht auch dem gerechtesten Krieg vorzuziehen wäre. Bedenke zuerst die Einzelheiten, die ein Krieg fordert oder mit sich bringt, und du wirst einsehen, was du für einen Gewinn davon hast" (*Christian* 1968, S. 417; vgl. Anm. 4).

Der scheinbare Gewinn ist – recht bilanziert – Verlust: „Manchmal muß der Friede teuer erkauft werden. Wenn du dir vor Augen führst, was der Krieg an Mitteln verschlingen würde, wie viele Bürger du vor dem Tod bewahren wirst, wird dir der Kaufpreis gering erscheinen, auch wenn du ihn teuer erkaufst, weil ja für den Krieg außer dem Blut deiner Bürger noch viel mehr aufgewendet werden müßte. Berechne, wieviel Unheil du vermeidest, wie viele Güter du schützest, und die Ausgabe wird dich nicht reuen" (Christian 1968, S. 425).
Hermann Schotten argumentiert verbaliter mit Erasmus: „Selbst der ungerechteste Friede ist besser als Krieg" (S. 13 Pax multo praestat bello, etiamsi iniquissima fuerit . . .). Aber diese Einsicht wird dem Fürsten Odysseus in den Mund gelegt und richtet sich gegen die aufständischen Bauern. Entsprechend wird das ökonomische Argument des Erasmus, das sich gegen die Ausbeutung richtet, von Hermann Schotten in eine Legitimation der Ausbeutung umfunktioniert. In der 9. Szene unterhandelt der Gesandte der Fürsten mit den Bauern und provoziert mit dem traditionellen Hinweis auf die unterschiedlichen Aufgaben von Wehr- und Nährstand – für die Abgaben des einen schütze der andere Frieden und Sicherheit – den Einwand: „Der Friede ist teuer, wenn er mit Geld erkauft werden muß" (S. 12). Die Antwort darauf kommt für den Erasmusleser nicht überraschend: „Und doch ist ein teuer erkaufter Friede mehr wert als Zwietracht, die man umsonst erlangt". Die Bauern sind verständlicherweise skeptisch gegenüber solcher Herrenweisheit: „Incerti sumus illius" (Dessen sind wir unsicher.) Was bei Erasmus Fürstenlehre ist, gibt Hermann Schotten als Untertanenweisheit aus. Erst im Epilog wird das Herrschaftsideal des aufgeklärten Absolutismus in dem Sinn zitiert, den es auch bei Erasmus hat, und wirkt dann allerdings nur noch aufgesetzt, da es mit der dramatischen Darstellung nicht eigentlich mehr etwas zu tun hat. Die uneingeschränkte Verurteilung von Armut und Unfreiheit als den eigentlichen Wurzeln allen Übels und die propagierte Friedenspflicht als Gebot wohlverstandenen Eigeninteresses formulieren ein Dilemma, das unauflösbar bleibt, solange nicht das feudale Produktionsverhältnis selbst in Frage gestellt wird. Der pädagogisch gestimmte humanistische Optimismus, die aufgeklärte Hoffnung auf den guten Fürsten und das rationale Ideal allgemeinen Interessenausgleichs erklären sich freilich aus der nichtfeudalen Perspektive des grundherrlich nicht gebundenen Stadtbürgers.
Erasmus selbst hatte in der *Institutio principis christiani* („Erziehung des christlichen Fürsten") mit Berufung auf die Bibel, auf die Erlösung und Befreiung aller Menschen durch Christi Opfertat, auch die

feudale Leibeigenschaft als sowohl unchristlich wie widernatürlich verworfen (ein Argument, das auch in den Bauernartikeln immer wiederkehrt). Hermann Schotten bedient sich post festum 1526 dieser naturrechtlichen Argumentation und ihrer schriftmäßigen Begründung nicht mehr. Seine Ambition geht dahin, die kriegerische Selbsthilfe der Bauern aus ihren Ursachen heraus verständlich zu machen und als widerrechtliches Verhalten der Armut, Einfalt und daher Verführbarkeit anzulasten. Die Verführer werden von ihm allegorisch fixiert in Bellona, der Göttin der Zwietracht und des Krieges. Bellona formuliert zunächst die Beschwernisse der Ausbeutung und bringt dann die Ausgebeuteten dazu, selbst ihre Beschwerden zur Sprache zu bringen. Sie ist die literarische Ursache des Aufstandes der Bauern, ihrer Niederlage und verschärften Bedrückung. Die ihr zugeordneten Schriftberufungen stellen das lutherische Schriftprinzip in Frage. Die in Köln nicht überraschende antilutherische Einstellung wird freilich immer nur indirekt zum Ausdruck gebracht etwa durch den Hinweis auf die Auflösung des Mönchsgelübdes (S. 20) oder durch die zynische Zurechtweisung des sterbenden Weinbauern – „Wir Allerunglückseligen sterben als Märtyrer" (S. 19) – durch den Fürsten Achilles: „Märtyrer im Fleisch vielleicht, aber doch wohl nicht im Geist" (S. 19 Martyres corpore, nescio, an anima). Freilich bleibt diese szenische Allusion der Zwei-Reiche-Lehre Luthers vieldeutig. Dennoch kann an der Einstellung des Hermann Schotten doch wohl kein Zweifel sein.

Wie aber kommt der altkirchlich gesinnte, humanistisch gebildete und literarisch ambitionierte Kölner Schulmeister dazu, die aufständischen Bauern und das beteiligte gemeine Volk (rustici vel plebei) nach ihrer Niederlage zu exkulpieren? Erasmus, auf den er sich gläubig beruft, hat Luther für den Ausbruch des Bauernkrieges verantwortlich gemacht (wie er selbst wiederum von altkirchlicher Seite der Mitschuld an Luthers Reformation und ihren Folgen geziehen wurde). Erst 1524, kurz vor dem Ausbruch der revolutionären Erhebungen, hatte er sich mit seiner Diatribe *De libero arbitrio* („Über den freien Willen") von Luther und der lutherischen Reformation offen losgesagt. Luther antwortete auf die Absage mit seiner Abhandlung *De servo arbitrio* (1525), auf die Erasmus wiederum im Jahr 1526 – nach dem Ende des Bauernkrieges – in Basel eine Duplik veröffentlichte unter dem Titel *Hyperaspistes diatribae adversum servum arbitrium Martini Lutheri* („Unterredung ‚Hyperaspistes' gegen den ‚Unfreien Willen' Martin Luthers") (5). Zwar billigt er hier dem Reformator zu, er habe sich von den Aufständischen distanziert, vergißt aber nicht, den schon von anderen ausgesprochenen

Verdacht hinzuzufügen: „Wenn deren (sc. der Bauern) Anstrengung Erfolg gehabt hätte, hätte es vielleicht Leute gegeben, die billigten, was sie jetzt, nach dem schlechten Ausgang der Sache verwerfen" (*Lesowsky* 1969, S. 241; vgl. Anm. 5). All dies ändere jedoch nichts an der ursprünglichen Schuld Luthers: „Du jedenfalls hast dich in dem überaus grausamen Büchlein gegen die Bauern vom Verdacht reingewaschen, du erreichst aber doch nicht, daß die Menschen zweifeln, daß durch seine Büchlein, vor allem die auf Deutsch geschriebenen, gegen die Geweihten und Geschworenen, gegen die Mönche, gegen die Bischöfe, für die evangelische Freiheit und gegen die menschliche Tyrannis Anlaß für die Umtriebe gegeben wurde."

Auch den entschiedenen Anhängern Luthers fiel es bekanntlich schwer, sich mit seiner harten Sprache abzufinden. Die blutige Niederschlagung der Bauernheere hatte die allgemeine Stimmung umschlagen lassen, und es konnten nun ganz unverhofft Stimmen gehört werden, die um Nachsicht mit den Bauern warben. Auf altkirchlicher Seite – wo sich neben dem feudal orientierten Konservatismus die gemäßigte Fraktion eines Reformkatholizismus etablierte – gibt es scharfe Reaktionen gegen Luthers Auftreten im Bauernkrieg, die unvermutet in eine partiell probäuerliche Haltung münden. Bauernschaft und städtische Mittel- und Unterschichten, aus denen sich in der Hauptsache die Anhänger Luthers rekrutierten, galten nun ganz überwiegend als von der neuen Lehre Verführte. Das Strafgericht möge die Verführer treffen, die Verführten dagegen seien mit Milde zu behandeln und – dies als gelegentliches Zugeständnis – aus den drückendsten Verhältnissen zu befreien, die anfällig gemacht hätten für aufrührerische Einflüsterungen.

Ein Beispiel für diese Wende bieten die Lutherkommentare des Johannes Cochläus, dessen humanistische Ambitionen nur zum Teil solche Einsicht erklären. Cochläus tritt als Verteidiger der alten Kirche auf. Noch 1525 läßt er eine Antwort auf Luthers Schrift *Wider die Reubischen und Mordischen rotten der Bawren* erscheinen (6), die außer Luthers Text und seinen eigenen polemischen Glossen auch einen Abriß der süddeutschen Ereignisse (7) enthält. Die Entgegnung auf Luther, die hier allein interessiert, fällt aus dem Rahmen antibäuerlicher Polemik dadurch, daß in ihr „Bawrn vnd slecht (*einfaches*) volck" (*Kaczerowsky* 1970, S. 173; vgl. Anm. 6) als Opfer reformatorisch-revolutionärer Agitation erscheinen, als „arm vnselig vnd iemerlich (*jämmerlich*) erslagen Bawrs volck" (S. 171; cf. S. 174 und S. 181), als „arme einfeltige vnd yemerlich verfurte (*jämmerlich verführte*) Bawrenn" (S. 196). Stichwort ist „verführt": „dā ehe du geschreben (*geschrieben*) hast, seind die Bawrn still gehorsam vnd gotsfortig (*gottesfürchtig*) gewest" (S. 173)" . . . o Luther, du bist in der warheit vil mehr schuldig an alle dem iamer vnd tzerstorung (*Zerstörung*), dan die armē einfeltigen Bawren, die durch dich verfuret (. . .)" (S. 179). Luther und die evangelischen Prädikanten seien die schuldigen „verfurer des volcks" (S. 175), durch die das ganze Elend über das Land gekommen sei (S. 186 u. ö.). Wiederholt zeiht Cochläus Luther des Opportunismus mit der – dann auch von Erasmus aufgenommenen – Verdächtigung, erst bei sich abzeichnender Niederlage habe er sich von den Bauern, seinen treuesten Anhängern, abgewandt. Hätten die Bauern gesiegt, „du wurdest so gut bewrisch (*bauern-freundlich*) schreyben, als du vor ymher (*immer*) gethan hast" (S. 195). Oder pointiert: „yetz bystu Beurisch, yetz furstisch, darnach der gluckswindt her geet" (S. 193). („Bald stehst du auf Seiten der Bauern, bald auf Seiten der Fürsten, je nachdem, woher der Wind weht".) Dies alles ist freilich nicht für die Bauern und gegen die Obrigkeiten gesprochen. Die Schuld der Feudalen und Stadtherren bestehe allenfalls darin, daß Luther und seine Anhänger so lange ihre ketzerische und aufrührerische Lehre haben verbreiten können (S. 186 f.) und nicht rechtzeitig statt den Tausenden Unschuldiger dem Schwert verfallen sind (S. 190, S. 194 und S. 197). Cochläus hütet sich peinlich vor einer möglichen Identifikation seiner eigenen Haltung mit der bäuerlichen Sache: „Ich wil hie mit die Bawrn nit entsculdigē" (S. 186). Aufruhr und Empörung seien in keinem Fall zu billigen, zumal den Bauern freigestanden sei, „das wol yr eyns teyll (*einige von ihnen*) moichten (*hätten können*) anzeygen etliche beswerunge, dar von sie billich solten entladen werden, wo sie die selbigen herrē mit zucht vnd billiger weiß angezaigt" (S. 185). Die Versöhnlichkeit der Fürsten habe sich denn ja auch insofern erwiesen, daß sie nicht dem Rufe Luthers gefolgt seien, sondern haben Milde walten lassen (S. 191 und S. 197) und sehr wohl zu unterscheiden wußten zwischen den „eynfeltigen vnd rechtschuldigen" (S. 197). Der objektive Zynismus dieses subjektiv vielleicht guten Glaubens liegt für den Historiker auf der Hand. Daß Cochläus zumindest seine Verführerthese jedoch mit innerer Überzeugung vertreten hat, beweist die Konsequenz, mit der er noch Jahre später für die bedrückte Lage der Bauern Stellung nahm: 1534 bestreitet er „den Fürsten das Recht zu der blutigen Niederhaltung des Volks, die sie im Bauernkrieg geübt haben: denn das Volk sei durch ihre Nachsicht gegen Luther soweit verführt worden" (*Spahn* 1898, S. 115, Anm. 1; vgl. Anm. 6).

Cochläus hat seine Lutherpolemik in der Volkssprache hinausgehen lassen „in guter hoffnung, das auch der gemeine man zu letzt mercken vnd versteen soll, wye Luther das gut volck lang vor her mit worten, zu auffrur, Stifft vn kl͡oster sturmen, geraytzt habe" (*Kaczerowsky* 1970, S. 171; vgl. Anm. 6). Und er hat die erwähnte Übersicht über die Ereignisse des Bauernkriegs in Süddeutschland angefügt, „Auff das aber das gemeyn volck erkenne, wie gut vnnd heilsam sey frid (*Friede*) zuhaltenn, vnnd wie schedlich vnd verderblich sey, rumor vñ vnfrid (*Aufruhr und Unfriede*) tzu suchen (S. 172). Spätestens hier denkt man an Hermann Schotten, der eben diesen Gedanken zum Keim seiner pädagogisch-theatralischen Unternehmung hat werden lassen. Die Übereinstimmungen liegen auf der Hand. Konfrontation von Krieg und Frieden durch das Abwägen von Schaden und Nutzen, Mitleid mit den Bauern, die Verführerthese und geforderte Bestrafung der Rädelsführer, Ablehnung des Aufruhrs überhaupt, antilutherischer Affekt (cf. die heiratenden Mönche, über die auch Cochläus viel Einschlägiges zu sagen weiß, zumal ad hominem Luthers) und die appellative Versöhnungsillusion, mit der in beiden Texten die blutige Niederwerfung des Bauernaufstandes beschönigt wird. Der Denunziation Luthers als des Urhebers von „zweytracht vnd tzertrennung" (S. 192), „der dye Teutschen solt frey vnd recht Christen machen" (S. 180) und doch nur „disse auffrur ins landt gebracht, dar durch die fursten mitsampt yren vnterthanē in vnermeßlichen schaden gefurt seind", entspricht die Entlarvung der Bellona als Anstifterin zu Krieg und Zwietracht und damit direkt Ursache des mit der Niederlage über die Bauern gekommenen Unheils. Beide Texte divergieren in der Stellungnahme für die Bauern und ihr Recht: wo Hermann Schotten sich über das Unglück von Armut und Unfreiheit verbreitet, schweigt Cochläus oder begnügt sich mit dem Satz, daß „mann recht vnnd byllikeit den armen Lewtenn nicht abschlughe, wye mhir dann nicht zwyffeldt, es sey vonn Fursten geschehenn" (S. 197).

Es ist sehr wahrscheinlich, daß Schotten die Schrift des Cochläus gekannt und aus ihr die altkirchliche Legitimation der Tendenz seines eigenen Spiels bezogen hat. „Mit dieser Kampfschrift, die es zu zahlreichen, aber vielfach stark abweichenden Ausgaben brachte, errang Cochläus einen seiner stärksten buchhändlerischen Erfolge" (*Herte* 1935, S. 176; vgl. Anm. 6). Binnen kurzer Zeit erscheinen in Köln neben der hochdeutschen Fassung eine in stadtkölnischem Dialekt und eine lateinische Übersetzung. Cochläus selbst hielt sich zur Zeit der Abfassung in Köln auf. Er hatte Frankfurt am Main, wo er seit 1520 als Dekan von Liebfrauen gewirkt hatte, im April 1525 verlassen, nachdem die allgemeinen Unruhen auf die Stadt übergegriffen hatten und die Masse der lutherisch Gesinnten unter dem aus Köln stammenden Gerhard Westerburg sich gegen die Vertreter und Verfechter der alten Kirche wandten. Über Mainz, aus dem ihn die gleichen Vorgänge vertrieben, reiste er nach Köln und fand für fast ein Jahr Aufnahme bei dem ihm befreundeten Kanonikus von St. Aposteln, Georg Lauer (*Spahn* 1898, S. 120; vgl. Anm. 6). Dieser Georg Lauer ist auch Adressat der Widmung des *Ludus Martius* durch Hermann Schotten. Von Georg Lauer wissen wir wenig (8). Schotten präsentiert sich ihm als sein bedürftiger Günstling, rühmt seine Großzügigkeit und will die Widmung seines Werkes als Gegenleistung für materielle Zuwendungen verstanden wissen. Mögen hier auch topische Wendungen der Widmungsrhetorik anklingen. Schottens Stellung macht mehr als wahrscheinlich, daß er in nicht eben glänzenden Verhältnissen gelebt hat und von daher zu einer gewissen Sympathie mit den aufständischen Bauern konditioniert war nach dem bekannten Wort des bayrischen Kanzlers Leonhard Eck über die (allerdings süddeutsche) Stadtbürgerschaft: „Die Luterischen, so arm sein, geben den Paurn recht. Die nit luterisch und die luterisch, aber reich sein, geben den Paurn unrecht" (9). Schottens große Armutsklage im Sinne einer direkt ökonomischen Begründung für die sozialen Mißstände und den Versuch, sie gewaltsam zu beseitigen, ist zu auffallend, als daß man auf eine auch derart private Erklärung seiner Argumentation verzichten könnte. Dieser möglichen individuellen Motivation ist freilich ein überindividuelles, öffentliches Interesse an die Seite zu stellen mit der Frage, warum das Thema Bauernkrieg auch und gerade in Köln solch unmittelbare Aktualität gewinnen konnte und auf so unorthodoxe Weise behandelt werden durfte. Im Umland – zu dem überdies keine ins Gewicht fallenden grundherrlichen Beziehungen bestanden – waren kaum Aufstände zu registrieren. Wohl aber hatten sich die städtischen Unruhen des Jahres 1525 rheinabwärts bis Köln hin ausgebreitet (10). Und wir wissen, daß der revoltierende Teil der Bürgerschaft Kölns Kontakt mit den Bauern im Rheingau aufgenommen hatte – in welchem Ausmaß und mit welchem Ziel das geschah, liegt freilich wieder im Dunkeln. Gewiß haben wir hier eine der äußeren Ursachen für die uns in diesem Zusammenhang beschäftigenden literarischen Niederschläge zu suchen: daß Cochläus die zweite Ausgabe seiner zitierten Lutherreplik „Den Ersamen, fursichtigen vnd weißen herrñ. Burgemeystern vnd Radt der heyligen Stat Cőln" (*Kaczerowsky* 1970, S. 171, vgl. Anm. 6) widmen konnte und daß Hermann Schotten wagen durfte, seinen *Ludus Martius* öffentlich aufzuführen und in Jahresfrist zweimal drucken zu lassen.

In den Tagen, da in Frankfurt am Main der Aufstand losbrach und

Cochläus die Flucht ergriff, begannen auch die Auseinandersetzungen in Köln. Hier „richtete sich (...) die Erhebung der Bürgerschaft vorwiegend gegen die ungenügend kontrollierte Finanzwirtschaft des Rats, gegen die indirekten Steuern und gegen die eximierte Stellung der Geistlichkeit; auch die klerikale Konkurrenz in gewissen Erwerbszweigen sollte aufhören" (*Bezold* 1886, vgl. Anm. 11). Der Rat identifizierte sich zunächst mit den Forderungen, verhandelte über einen längeren Zeitraum mit der Geistlichkeit und bewegte sie schließlich, für die Dauer von sechs Jahren die Akzise auf Bier, Brot und Wein wie alle Bürger zu entrichten. Mit dieser Vereinbarung vom 30. Mai hoffte man, größere Konflikte vermeiden zu können. „Inzwischen aber war die Bewegung bereits den Händen des Rats entglitten. Der Faßbinder Wilhelm Krieger hatte sich bei den Rheingauern Rats erholt und begann, nach seiner Rückkehr unter den Zünften zu wühlen. In 154 Artikeln stellte sein Kreis die Beschwerden der Gemeinde zusammen, ließ sie von allen Zünften billigen und übergab sie dem Rat. Kaum eine andere Beschwerdeschrift zählt so viele Artikel, umspannt so völlig den ganzen Umkreis des städtischen Lebens vom Größten bis zum Kleinsten" (*Franz* 1975, S. 237; vgl. Anm. 10). Am 26. Juni akzeptierte der Rat grundsätzlich die Forderungen der 154 Artikel, aber die Unruhen dauerten an. Schließlich wurde jedoch die Verschwörung des zur Tat entschlossenen Zunftbürgertums entdeckt, die Anführer wurden gefangengesetzt, verhört und großenteils hingerichtet.

Eine eingehendere Analyse des Kölner Aufstandes von 1525, seiner sozialen, ökonomischen und politischen Gründe und Ziele fehlt. Wenn man die 154 Artikel durchgeht, fällt zunächst ihre mangelnde Disposition auf. Kein auch nur zaghaft angedeutetes Programm ist in ihre Formulierung eingegangen, vielmehr wurde allem Anschein nach „Forderung an Forderung gereiht, wie sie gerade laut geworden sind" (*Franz* 1975, S. 236; vgl. Anm. 10). Alle Artikel zielen letztlich auf die ökonomische Absicherung des mittleren Zunftbürgertums „in Folge des abnehmenden Handels und Verkehrs" (*Eckertz* 1859, S. 155; vgl. Anm. 10). Die Geistlichen sollen, wo sie im Schutz der Stadt leben, die gleichen bürgerlichen Lasten und Pflichten auf sich nehmen wie alle anderen auf die Stadtrechte vereidigten Einwohner (Nr. 33). Sie sollen den Bürgern andererseits keine Konkurrenz machen in den bürgerlichen Gewerben (Nr. 47). Sie sollen den „armen man", die „armen liude" (*Leute*), den „gemeynen man", die „burger" nicht für jede kirchliche Amtshandlung mit Zahlungen und Opfergaben belasten. Es geht im weiteren um einheitliche Maße, Gewichte, Münzen; um gleiche, gerechte und nicht übermäßige Besteuerung; um die Sicherung des Lebensunterhalts im Sinne der Versorgung mit den lebenswichtigen Gütern wie mit Arbeits- und Erwerbsmöglichkeiten. Es geht noch einmal um die Ausschaltung aller – geistlichen wie weltlichen – Konkurrenz, „damit die Bürger bei Nahrung bleiben" (Nr. 70). Der „gemeine Nutzen", Stadtsäckel und wirtschaftliche Position der Stadt werden in eben dem Individualinteresse angesprochen wie andererseits die allzu drückend empfundenen Abgaben und indirekten Steuern. Die Gleichheitsforderung im steuerlichen Bereich (Nr. 100) wie vor Gericht (Nr. 67) ist nicht neu sondern Motor der innerstädtischen Reformbewegung seit längerem. Die „Unzufriedenheit der Gesamtbürgerschaft mit der Politik des engeren Kreises der Ratsfähigen", einer nachweislich „eigensüchtigen Familienpolitik" auf Kosten der Gemeinde (*Kallen* 1948, vgl. Anm. 12), hatte zu den Aufständen von 1482 und 1513 geführt. Die Artikel von 1525 berufen sich wiederholt auf den 1513 erkämpften Transfixbrief und fordern die Wiederherstellung der in ihm niedergelegten Rechte. Die allgemeineren reformatorischen und politischen Forderungen stehen hinter diesen überwiegend unmittelbaren materiellen Interessen weit zurück. Das gilt für die Frage nach der Verkündigung des Evangeliums (Nr. 76 und Nr. 150), für die Monopolfrage (Nr. 1 und Nr. 6) ebenso wie für die Reorganisation des Rats (Nr. 66), die Kontrolle des städtischen Regiments durch die Zünfte (Nr. 19) und die Sicherung seiner Unabhängigkeit von feudalen Einflüssen (Nr. 12). Der Eindruck solch ungleicher Gewichtung ist quantitativ begründet, bezogen auf die Masse der 154 Artikel, und qualitativ hinsichtlich ihres partikularen Inhalts. Es gilt hier im besonderen Maße, was der Vergleich der städtischen Reformbestrebungen um 1525 im allgemeinen lehrt: „Meist enthielten sie nur lokale Forderungen, die durch Zugeständnisse leicht zu erfüllen waren. Diese lokalorientierte Haltung kennzeichnet gerade die Bewegung in den kleinen Städten während des Bauernkrieges. Nirgends sind größere Ziele gestellt oder wirklich bedeutende Gedanken formuliert worden. Dennoch haben viele Vertreter des niederen Bürgertums und der plebejischen Opposition mit Kampfgeist und Mut ihre Forderungen vertreten. Aber ihre Enge und Begrenztheit war zugleich ein entscheidender Grund für das Versagen des städtischen Bürgertums" (*Steinmetz* 1974, vgl. Anm. 13).

Von angeblich radikalen Bestrebungen wissen wir bezeichnenderweise nur über die erhaltenen Gerichtsprotokolle einiges wenige. Dort ist wiederholt das Geständnis festgehalten, man habe vorgehabt, „mit den Reichen (Bürgern und Geistlichkeit) zu teilen und ihnen nur zu lassen, was für die Armen von keinem Nutzen sei". (*Höhlbaum* 1892,

S. 53, vgl. Anm. 10 „mit den richen zo deilen, und wes den armen niet gedient hette, seulde man den richen gelaissen haven“ oder S. 59 „mit den richen burgeren, ouch derglichen mit der geistlichkeit zu deilen, und wes den armen niet deinen wurde, den richen zo laissen“ oder S. 60 „ouch an geistlichen und werentlichen die richesten zu versuechen und mit inen zo deilen und inen zo laissen, wes den armen niet gedient hette“). Das sind ganz offensichtlich erpreßte Stereotypen. Daß aber mit der Mehrzahl der Kölner Artikel nicht einseitig zünftlerische Interessen verfolgt sondern unmittelbar wirksame und merkliche Beschwernisse der städtischen Mittel- und Unterschichten insgesamt angesprochen werden sollten, geht nicht nur aus ihrem Inhalt hervor sondern auch aus der Resonanz, die sie (wieder nach Aussagen der Verurteilten) gefunden haben: Und van (von) vurs (prochen) (vorgenannten) puncten sint vil woirde (*Worte*) gewesen under dem gemeinen voulk (S. 55).

Der *Ludus Martius* hat mit all diesen Vorgängen, Forderungen und Formulierungen im Wortsinne nichts zu tun. Aber die Erfahrung des Kölner Aufstandes von 1525, die Kenntnis seiner überlokalen Auslösung, seiner sozial-ökonomischen Gründe und Begründungen, die einer religiösen Bemäntelung entraten konnten – all das mag Hermann Schotten vor Augen gehabt haben, als er das Stück schrieb und von seinen Schülern zur Fastnacht des folgenden Jahres aufführen ließ. Über den gleichen Zeitraum, die städtischen Ereignisse und Stimmungen, berichtet auch Hermann von Weinsberg in seinen nach der Jahrhundertmitte niedergeschriebenen Denkwürdigkeiten, dem nicht ganz zutreffend so genannten *Buch Weinsberg*. Der Abschnitt „Von der bauren uffror und sclacht“ stützt sich auf Sleidanus und Nauclerus, bringt aber auch eine Fülle persönlicher Erinnerungen, die den eigentlichen Wert dieses Berichts ausmachen: „Mich gedenkt dieser Bauernschlacht sehr wohl, denn auch das Gesinde war allenthalben widerspenstig und scheute sich nicht, öffentlich zu sagen: ‚Heut bist du Herr, morgen werd ich es sein, heute ist's noch dir, morgen mir', und sie wollten nicht arbeiten“ (*Hässlin* 1964, S. 46, vgl. Anm. 10). Ausdrücklich und wiederholt stellt der Kölner Chronist die Verbindung her zwischen den stadtbürgerlichen Unruhen mit der bäuerlichen Erhebung und widerspricht damit der verbreiteten modernen Einschätzung der Kölner Vorgänge als „den Jahrhunderte hindurch andauernden Kämpfen in Köln zwischen den Handelsherren und den Zünften“ zugehörig, „nicht aber (. . .) der bäuerlichen Erhebung“ (*Waas* 1964, vgl. Anm. 14). Hermann v. Weinsberg war zu der Zeit sieben Jahre alt. Als eine seiner Kindheitserinnerungen erzählt er: „Ich bin einmal in diesem Jahr mit dem Vater in Dormagen gewesen, und wie wir zu Zons in das Neußer Schiff stiegen um nach Köln zu fahren, kam die Nachricht, in Köln sei die ganze Geistlichkeit erschlagen worden; etliche hielten's für eine Lüge, etliche erschraken. Wie wir nun ganz nahe an die Stadt herangekommen waren, gingen zwei Pfaffen am Rhein entlang; da sagte mein Vater: ‚Sie sind noch nicht alle totgeschlagen worden, seht, da laufen noch zwei und dort drüben noch mehr.' So groß war der Alarm in diesem Jahr. Man sang auch in dieser Zeit ein Lied, das lautete also:

Es sollt ein Bauer eine Wirtschaft haben,
Der eine der sollt's dem andern sagen,
Einen Schweinspieß haben,
Eine Armbrust tragen,
Ja, ja, ja, ja . . .

und dergleichen. Ich hab's oft singen hören und auch selbst gesungen" (*Hässlin* 1964, S. 46 f.). Solche naive Anteilnahme an den revolutionären Ereignissen verrät sich auch in dem Abschnitt „Scholer striten samen und ich auch" (*Höhlbaum* 1886, S. 46, vgl. Anmerkung 10), in dem der allgemeine Aufruhr seinen Widerhall im Verhalten der städtischen Jugend findet: „In diesem aufrührerischen Jahr haben auch die Kinder und Schüler allenthalben miteinander Krieg geführt, sich geschlagen und gekämpft wie die jungen Hahnen; die von St. Jakob mit denen von St. Johann, die von St. Marien mit denen von St. Martin, und wiewohl ich sehr blöde war und mich nicht gerne zur Wehr setzte, so hab ich doch, als mich einmal ein Junge am Haar zog und mich unterkriegen wollte, meinen Vorteil wahrgenommen und gleich zweie von ihnen in die Bach gestoßen, die vor meines Vaters Wohnung fließt, daß sie schier ersoffen wären. Vielleicht hat auch in diesem Jahr der Planet *Mars* so meisterlich regiert, daß er mich wider meine Natur kühn gemacht hat" (*Hässlin* 1964, S. 48, vgl. Anm. 10).

Hier ist ein Rahmen städtischer Erfahrungs- und Erlebnismöglichkeiten abgesteckt, in den wir auch den *Ludus Martius* des Hermann Schotten einordnen dürfen. Wichtiger ist für uns heute die Gesinnung, mit der Schotten freilich nicht ganz allein steht. Die Idyllen des Joachim Camerarius und des Helius Eobanus Hessus „Klage über die Unruhen dieser Zeiten" (*De tumultibus horum temporum Querela*, Nürnberg 1528) wie vor ihnen schon Euricius Cordus mit seinen Hirtengedichten oder später Bebel und Frischlin wären hier zu nennen. Die Reihe ist jedoch bescheiden angesichts der großen Zahl schreibender Humanisten, deren Ablehnung der bäuerlichen Empörung und ihre Verurteilung sonst einhellig ist. Schottens Haltung ist also nicht allein aus seiner allgemeinen humanistischen Einstellung heraus zu erklären.

Daß man überhaupt wagen konnte, einen „Ton des Mitleids mit den Verführten und Verfolgten, nun so furchtbar Bedrängten" anzustimmen, mag an der Sonderstellung des humanistischen Bildungsbereiches liegen. „Hier war eine weit offenere Aussprache sonst unterdrückter Stimmungen möglich und erlaubt, da das fremdsprachliche Gewand einen gewissen Abstand vom Zeitkampf sicherte, sie somit nicht gefährdend und neu aufreizend in die breiteren Volksschichten eindrang" (*Martini* 1944, S. 337; vgl. Anm. 2). Hermann Schotten trat mit seinem *Ludus Martius* freilich insofern an eine größere städtische Öffentlichkeit, als er ihn von seinen Schülern aufführen ließ. Gleichzeitig liefen die Prozesse gegen die Wortführer des städtischen Aufstandes. Die erstaunliche Weigerung des Humanisten und Lehrers Hermann Schotten, die Empörer seines Spiels in Bausch und Bogen zu verdammen, seine Einsicht in die ökonomischen Gründe des Konflikts, seine Klage über Armut und Unfreiheit als den Wurzeln allen Übels, sind ein innerstädtisches Plädoyer von bemerkenswerter Liberalität. Das antifeudale Potential solchen Verständnisses wird freilich durch den allegorischen Deutungsrahmen weitgehend neutralisiert und das komplementäre Interesse an einer starken Zentralgewalt klingt im *Ludus Martius* nur leicht an. Die wirtschaftliche und politische Einheit Deutschlands, die zu der Zeit erreichbar gewesen wäre nur unter kaiserlicher Führung, lag im notwendigen Interesse des frühen deutschen Bürgertums, vor dem es bekanntermaßen versagte und aus Gründen des allgemeinen Entwicklungsstandes vielleicht auch versagen mußte. In welchem Maße dieses Interesse dem bürgerlichen Bewußtsein jedoch durchaus gegenwärtig war, zeigt wiederum Hermann Schotten. Sein zweites Stück von 1527, der *Ludus Imperatorius sive Caesareus*, ist im Sinne der verklärenden Argumentation seiner theatralischen Allegorien die konsequente Fortsetzung und Ergänzung des *Ludus Martius*, mit dem zusammen er auch zum ersten und einzigen Mal publiziert wurde: Im Prolog verkündet der kaiserliche Adler den Sieg über kommendes Unheil, das dann in Gestalt des Höllenfürsten Pluto und seines teuflischen Gefolges von u. a. Trunk- und Streitsucht, Fleischeslust, Eigennutz, Wucher, Betrug und Gewaltherrschaft auf die Bühne geführt wird. Daß die im Adler symbolisierte weltliche Zentralgewalt Abhilfe verspricht für scheinbar individuell zu verantwortendes menschliches Fehlverhalten, mag auf den ersten Blick komisch wirken und hat dem Stück denn auch nur ganz vereinzelte, kopfschüttelnd gesprochene Sätze uninteressierter Kenntnisnahme durch die Literaturwissenschaftler eingetragen. Diese Mißachtung wäre berechtigt, handelte es sich lediglich um die allegorische Auferstehung eines beliebigen Sünden- und Lasterkatalogs aus der Tradition der mittelalterlichen Didaxe. In Wirklichkeit aber geht es Schotten um die Denunziation aller Partialgewalten im feudalen, klerikalen und stadtbürgerlichen Bereich, denen er die Hoffnung auf Karl V. entgegensetzt. Hier feiert die alte reformatorische Kaiserhoffnung des 15. Jahrhunderts, die so oft enttäuscht worden und in revolutionärer Selbsthilfe geendet war, eine Auferstehung post festum, die den Blick zurück umschlagen läßt in eine dem Humanismus als Idee wohlvertraute politische Utopie. Ihr noch einmal zu beredtem Ausdruck verholfen zu haben zu einem Zeitpunkt, da die lutherische Reformation sich in die Hände der Landesherrschaften begab und damit den Partikularismus festigte und ideologisch verschärfte, ist patriotisch im Sinne der Einsicht in das historisch Notwendige und kein kleines Verdienst dieses kleinen Schulmeisters Hermann Schotten.

Anmerkungen

1 Ausgabe von Edward *Schröder* im Marburger Universitätsprogramm von 1902; nach dieser Ausgabe wird zitiert.

2 L. *Massebieau,* Les colloques scolaires du XVIe siecle et leurs auteurs (1480–1570), 1878, S. 113–130. – Im zweiten Band von Goedekes Grundriß (2. Aufl. 1886) fehlt Hermann Schotten noch. Diese Lücke füllte zuerst: Hugo *Holstein,* Zur Litteratur des lateinischen Schauspiels des 16. Jahrhunderts. Zeitschrift für deutsche Philologie 20, 1888, S. 107; Paul *Bahlmann,* Das lateinische Drama von Wimphelings Stylpho bis zur Mitte des 16. Jahrhunderts. 1480–1550, Diss. München 1893, S. 46; A. *Bömer,* Die lateinischen Schülergespräche der Humanisten. Auszüge mit Einleitungen, Anmerkungen und Namen- und Sachregister. Quellen für die Schul- und Universitätsgeschichte des 15. und 16. Jahrhunderts, Zweiter Teil: Von Barlandus bis Corderius 1524–1564, Berlin 1899 (= Texte und Forschungen zur Geschichte der Erziehung und des Unterrichts in den Ländern deutscher Zunge I, 2), S. 128–145; Wilhelm *Greizenach,* Geschichte des neueren Dramas. Zweiter Band. Renaissance und Reformation. Erster Teil, 1901. Zweite, vermehrte und verbesserte Auflage 1918, S. 33 f.; Carl *Niessen,* Dramatische Darstellungen in Köln von 1526–1700 (= Veröffentlichungen des kölnischen Geschichtsvereins 3), S. 17–22; Justus *Hashagen,* Hauptrichtungen des rheinischen Humanismus. Annalen des historischen Vereins für den Niederrhein 106, 1922, S. 1–56. Hier S. 37 und S. 42; Wolfgang *Stammler,* Von der Mystik zum Barock 1400–1600, 1927. Zweite, durchgesehene und erweiterte Auflage 1950, S. 180; Fritz *Martini,* Das Bauerntum im deutschen Schrifttum von den Anfängen bis zum 16. Jahrhundert, 1944 (= Deutsche Vierteljahresschrift für Literaturwissenschaft und Geistesgeschichte – Buchreihe 27), S. 338 f.; Leicester *Bradner,* The Latin Drama of the Renaissance (1340–1640), StudRen 4, 1954, S. 37; Heinz *Kindermann,* Theatergeschichte Europas, II. Band: Das Theater der Renaissance, 1959, S. 257 und S. 333 f.; Hans-Gert *Roloff,*

Neulateinisches Drama, in: Reallexikon der deutschen Literaturgeschichte II, 1965, S. 653; Wolfgang *Michael*, Das deutsche Drama des Mittelalters, 1971 (= Grundriß der germanischen Philologie 20), S. 266; Hans *Rupprich*, Die deutsche Literatur vom späten Mittelalter bis zum Barock, Zweiter Teil: Das Zeitalter der Reformation 1520–1570, 1973 (= Geschichte der deutschen Literatur von den Anfängen bis zur Gegenwart. Von Helmut de Boor und Richard Newald, Vierter Band, Zweiter Teil), S. 126 und 323 f.

3 Zu der in solcher Unterscheidung enthaltenen Aristotelesrezeption vgl. Heinz *Entner*, Zum Dichtungsbegriff des deutschen Humanismus. Theoretische Aussagen der neulateinischen Poetik zwischen Konrad Celtis und Martin Opitz. In: Grundpositionen der deutschen Literatur im 16. Jahrhundert. Von Ingeborg Spriewald, Hildegard Schnabel, Werner Lenk, Heinz Entner, 1972, S. 338 ff.

4 Im folgenden zitiert nach: Erasmus von Rotterdam, Dialogus, Iulius exclusus e coelis: Julius vor der verschlossenen Himmelstür, Ein Dialog – Institutio principis christiani: Die Erziehung des christlichen Fürsten – Querela pacis: Die Klage des Friedens. Übersetzt, eingeleitet und mit Anmerkungen versehen von Gertraud *Christian*, 1968 (= Erasmus von Rotterdam, Ausgewählte Schriften. Lateinisch und Deutsch. Herausgegeben von Werner Welzig, Band V), S. 360 ff. – Die Drucke des 16. Jahrhunderts sind verzeichnet in: Erasmus von Rotterdam, Querela pacis undique gentium ejectae profligataeque Basel, Joh. Froben, 1517), mit einem Nachwort von Oberregierungsbibliotheksrat Dr. Ferdinand *Geldner*, o. J. (1961) (= Quellen zur Geschichte des Humanismus und der Reformation in Faksimile-Ausgaben. Hrsg. von Bernhard Wendt, Bd. 1), und in: Erasmus von Rotterdam, Ein klag des Frydens. Leo Juds Übersetzung der Querela Pacis von 1521 zusammen mit dem lateinischen Original herausgegeben von Alois M. *Haas* und Urs *Herzog*, 1968 (= Nobile Turegum. Zürcher Drucke des 16. bis 19. Jahrhunderts herausgegeben von Martin Birchner). – Aus der Sekundärliteratur ist in diesem Zusammenhang nur zu nennen: Günther *Rudolph*, Das sozialökonomische Denken des Erasmus von Rotterdam, Deutsche Zeitschrift für Philosophie 17, 1969, S. 1076–1092.

5 Hier zitiert nach: Erasmus von Rotterdam, De libero arbitrio ΔIATPIBH sive collatio: Gespräch oder Unterredung über den freien Willen – Hyperaspistes diatribae adversus servum arbitrium Martini Lutheri. Liber primus: Erstes Buch der Unterredung ‚Hyperaspistes' gegen den ‚Unfreien Willen' Martin Luthers. Übersetzt, eingeleitet und mit Anmerkungen versehen von Winfried *Lesowsky*, 1969 (= Erasmus von Rotterdam, Ausgewählte Schriften. Ausgabe in acht Bänden. Lateinisch und deutsch. Herausgegeben von Werner Welzig, Band IV).

6 Zitiert nach: Flugschriften des Bauernkrieges. Herausgegeben von Klaus *Kaczerowsky*, 1970 (= Rowohlts Klassiker der Literatur und Wissenschaft. Deutsche Literatur, Band 33), S. 171–197. – Dazu vergleiche: Martin *Spahn*, Johannes Cochläus. Ein Lebensbild aus der Zeit der Kirchenspaltung, 1898, Neudruck 1964; Adolf *Herte*, Die Lutherkommentare des Johannes Cochläus. Kritische Studie zur Geschichtsschreibung im Zeitalter der Glaubensspaltung, 1935 (= Reformationsgeschichtliche Studien und Texte 33).

7 Abgedruckt in: Quellen zur Geschichte des Bauernkrieges in Oberschwaben. Herausgegeben von Franz Ludwig *Baumann*, 1876 (= Bibliothek des Litterarischen Vereins Stuttgart 129), S. 781–797; Vollständiger Abdruck beider Teile jetzt in: Flugschriften der Bauernkriegszeit. Unter Leitung

von: Adolf Laube, Hans Werner Seiffert; bearbeitet von: Christel Laufer, Dietrich Lösche, Sigrid Looß, Annerose Schneider, Walter Zöllner, Berlin 1975, S. 376–412.

8 J. *Franck*, Georg Lauer (Laur), in: Allgemeine deutsche Biographie, Band 18, S. 37 f.

9 Hier zitiert nach: Quellen zur Geschichte des Bauernkrieges. Gesammelt und herausgegeben von Günther *Franz*, 1963 (= Freiherr vom Stein-Gedächtnisausgabe: Ausgewählte Quellen zur Geschichte der Neuzeit II), S. 152.

10 Quellen und Zeugnisse: G. *Eckertz*, Tagebuch des kölnischen Rathsherren und Gewaltrichters Jan van Brackerfelder, Annalen des historischen Vereins für den Niederrhein 7, 1859, S. 154–187. Die 154 Artikel abgedruckt auf S. 168–185; W. *Schmitz*, Der Bauernkrieg und die mit demselben zusammenhängenden stadtkölnischen Unruhen, Westdeutsche Zeitschrift für Geschichte und Kunst 4, 1885, S. 310–312; Das Buch Weinsberg. Kölner Denkwürdigkeiten aus dem 16. Jahrhundert bearbeitet von Konstantin *Höhlbaum*, 1886 (= Publikationen der Gesellschaft für Rheinische Geschichtskunde III, 1). Daraus Auszüge in: Marianne *Beyer-Fröhlich*, Deutsche Selbstzeugnisse, Bd. 4: Aus dem Zeitalter des Humanismus und der Reformation, 1931 (= Deutsche Literatur in Entwicklungsreihen); Übersetzung (gekürzt): Das Buch Weinsberg. Aus dem Leben eines Kölner Ratsherrn. Im Auftrag der Stadt Köln herausgegeben von Johann Jakob *Hässlin*, 2. Auflage 1964; Konstantin *Höhlbaum*, Aussagen und Urtheile über den Kölner Aufruhr 1525, Mitteilungen aus dem Stadtarchiv Köln 21, 1892, S. 45–64.
Darstellungen: L. *Ennen*, Geschichte der Stadt Köln, Band IV, 1875, S. 221–235; Günther Franz, Der deutsche Bauernkrieg. Zehnte verbesserte und durch einen Bildanhang erweiterte Auflage, 1975, S. 235–237.

11 Friedrich von *Bezold*, Geschichte der Reformation, 1886 (= Allgemeine Geschichte in Einzeldarstellungen III, 1), S. 489.

12 Gerhard *Kallen*, Die politische Entwicklung der Stadt, in: Köln. Herausgegeben von der Stadt Köln, 1948, S. 63.

13 Max *Steinmetz*, in: Illustrierte Geschichte der deutschen frühbürgerlichen Revolution, 1974, S. 278 f.

14 Adolf *Waas*, Die Bauern im Kampf um Gerechtigkeit 1300–1525, 1964, S. 198.

Nachtrag: Inzwischen erschien die grundlegende Darstellung von Helmut *Brackert*, Bauernkrieg und Literatur. 1975 (edition suhrkamp 782). Hier wird des *Ludus Martius* auf S. 185 f. gedacht.

Klaus Siblewski

Bürgerliche Rezeption von Bauernkrieg und Reformation im Vormärz

I.

Das Ziel dieser Arbeit ist der Versuch einer strukturbezogenen Funktionsanalyse der bürgerlich-liberalen Rezeption von Reformation und Bauernkrieg zwischen 1830 und 1840. Zur Präzisierung des Themas und zur ersten Eingrenzung des Problems mag uns Gutzkows Roman *Wally, die Zweiflerin* (Gutzkow 1965) dienen, ein für diese Zeit programmatischer Text. Im Zentrum dieses Romans stehen Wallys und Cäsars Suche nach einer individuellen Beziehung, die ausreichend tragfähig ist, alle unsichtbaren, die Menschen trennende Barrieren zu überwinden. Bei diesem Vorhaben wird der Religion, trotz ihres aktuell pervertierten Zustands, die gewünschte persönlichkeitsbildende Kraft zugesprochen. „Die unerhörte Überladenheit des Christentums aus traditionellen, historischen und biblischen Ursachen macht aber, daß es für den Schmerz der Seele ganz ohne Wirkung ist". (Gutzkow, S. 83 f.)

In diesem Zusammenhang erscheint Luther als derjenige, der sich wirkungsvoll gegen die einzig der politischen Herrschaft dienende Überfrachtung des Christentums mit traditionellen Dogmen einsetzt. Luther denunziert den „Aktienhandel" des „römischen Eigentums" und initiiert damit eine Befreiung vom „religiösen Mechanismus". (Gutzkow, S. 285 f.) Die erste Einschätzung Luthers macht einen Widerspruch sichtbar und eröffnet zugleich den Blick für die Methode, mit der sich Gutzkow dem historischen Komplex von Reformation und Bauernkrieg nähert. Denn er führt weiter aus: Das aktuell praktizierte Christentum ist wieder von Dogmen bis zur Unkenntlichkeit überlagert, es beschneidet jeden in seiner Möglichkeit, unmittelbare, spontane Emotionen zu realisieren, trotz der lutherischen Reformation. Wieder besteht die Funktion des Christentums darin, nichts anderes als eine politische Übereinkunft zur Disziplinierung der „Völker" zu sein. Deshalb fordert Gutzkow das Christentum auf, seine sozial privilegierten Stellungen zu räumen, damit es offen werde für singuläre Existenzerfahrungen eines selbstbewußteren Individuums.

Gutzkows innerstes Anliegen ist es, den Menschen bessere Lebensbedingungen zu schaffen; in diesem Wunsch fühlt er sich mit der Tradi-

tion der Aufklärung verbunden, deren herausragendes Mitglied, seiner Auffassung zufolge, Luther sei. Trotzdem vergaß Luther über dem Kampf mit den religiösen Mechanismen den „Menschenverstand". Deshalb schalt „Thomas Müntzer . . . mit Recht auf Luther, den Papst von Wittenberg. (. . .) Die Kirche blieb etwas Ganzes, der Glaube wurde nicht an die stille Kammer des Herzens, als einem Tempel verwiesen, sondern die Kirche repräsentierte wie ehemals". (Gutzkow, S. 290) Dies ist der historische Ausgangspunkt für die neuerliche Kritik an den christlichen Einrichtungen.
Gutzkows Rezeptionsinteresse begründet sich in seiner individuell lebenspraktisch motivierten Kritik an den zeitgenössischen Zuständen in der Weise, wie er die Fortsetzung der aufklärerischen Arbeit versteht. Dieses praktisch aufklärerische Rezeptionsinteresse wirft jedoch vielschichtige Probleme auf. Denn der in Luther und Müntzer manifest werdende Überwindungsversuch des feudalen Mittelalters muß für diejenigen eine Herausforderung darstellen, die das Mittelalter als einen intakten ständischen Organismus verehren. Der mit Gutzkow neu auftauchende Rezeptionstyp soll als liberaler bezeichnet werden; er findet seinen Rezeptionshintergrund im konservativen Rezeptionstyp der Romantik, auf den er sich, ihn beständig desavouierend, bezieht. Deshalb ist es notwendig, zuerst auf das romantische Mittelalterbild einzugehen.
Wie bisher verdeutlicht werden konnte, thematisiert Gutzkow eine individuell erfahrene, schlechte gesellschaftliche Wirklichkeit mit dem Ziel, sie von einer zukünftig besseren gesellschaftlichen Praxis ablösen zu lassen. Die Rezeption von Reformation und Bauernkrieg wird diesem Ziel unterstellt. Diese Indienstnahme der Rezeption für die liberalen Emanzipationsbemühungen soll aus der Perspektive ihres Funktionswandels diskutiert werden. Der Begriff des Funktionswandels verweist u. a. auf den Zusammenhang zwischen Rezeptionsinteresse und seinem favorisierten Rezeptionsgegenstand; dabei signalisiert der Begriff des Rezeptionsinteresses die Einheit zweier unterschiedlicher historischer Phasen, der historischen Ereignisse um Reformation und Bauernkrieg und der liberalen Bemühungen um eine Demokratisierung Deutschlands, ohne die historische Differenz, die beide historische Phasen scheidet, zu nivellieren. Die Analyse der interessengeleiteten Perspektive des Rezipienten wird Gründe an die Hand liefern für die Zwangsläufigkeit, mit der Luther und Müntzer in den Horizont des liberalen Rezeptionstyps fallen.
In dieser literarischen Periode treffen drei Rezeptionstypen aufeinander. Zunächst kontrastieren sich ein regressiv-konservativer Rezeptionstyp und ein progressiv-liberaler. Die Untersuchung beschränkt

sich in diesem Teil auf den während dieses Zeitabschnitts herrschenden liberalen Rezeptionstyp; dennoch schärft diese eingegrenzte Analyse den Blick für den häufig vernachlässigten, weil von dem geschichtlichen Prozeß unterdrückten, aber tendenziell sich ankündigenden dritten Rezeptionstyp, dem plebejischen. Der liberale Rezeptionstyp stellt zunächst an sich den Anspruch, wahrheitsgetreu ein Stück Geschichte seinem zeitgenössischen Publikum literarisch verarbeitet zu vermitteln. Zugleich stellt er der Literatur die Aufgabe, ihre Enthaltsamkeit vor der Wirklichkeit aufzugeben, sich bewußt in literatur-externe, politische Verwendungszusammenhänge einzupassen und aktiv deren liberale Transformation vorwärtszutreiben. Nun darf nicht angenommen werden, daß der Standpunkt der wahrheitsgetreuen literarischen Rekonstruktion eines Stücks Geschichte dem liberalen Willen nach effektivem politischem Handeln geopfert würde, noch darf der Ansicht zugestimmt werden, die liberale Rezeption von Geschichte verfahre willkürlich, verfälsche oder, im extremsten Fall, verweigere absichtlich die Darstellung von signifikanten historischen Ereignissen. Vielmehr muß die Überlegung berechtigt sein, daß wahrheitsgetreue Bearbeitung von Geschichte und praktisches, politisches Handeln durchaus verträglich sind. Gerade dieser Zeitabschnitt ist dadurch gekennzeichnet, daß sich die Normen liberalen Denkens für deutsche Verhältnisse am weitestgehenden entfalten, die, auf einen allgemeinsten Nenner gebracht, jede Meinung tolerieren, ihre Geltung aber durch einen öffentlich verbürgten Konsens bestimmten, der jederzeit jedermann zugänglich sein sollte. Damit sind die Bedingungen geschaffen, daß eine wahrheitsverpflichtete Auseinandersetzung mit Geschichte und politisch motiviertes Handeln einander nicht ausschließen.

Unser Interesse besteht darin, dem Punkt gesteigerte Aufmerksamkeit zu schenken, wo trotz der generellen Vereinbarkeit von wahrheitsgetreuer literarischer Darstellung und politischem Handeln, der liberale Rezeptionstyp ein entstelltes Bild von Reformation und Bauernkrieg entwirft, also seinem Postulat der Wahrhaftigkeit zugunsten kalkulierten politischen Machtzuwachses untreu wird. Damit gibt der liberale Rezeptionstyp seine ideologische Struktur preis: der politisch-strategisch angestrebte Machtzuwachs weicht uneingestanden von den selbst gesetzten Normen politischen Handelns ab, wie sie während der französischen Revolution formuliert wurden, und suggeriert dennoch ihre Übereinstimmung. Ich meine, die Entstellung der historischen Ereignisse um Reformation und Bauernkrieg und eine praktische Absicht gehen Hand in Hand. Deshalb werden bei der Analyse des liberalen Rezeptionstyps diese restriktiven Konturen stärker ausgezeichnet.

Diese zugunsten strategischer Ziele systematische Entstellung der historischen Tatbestände verweist zurück auf die geschichtliche Dynamik, innerhalb der sich der liberale Rezeptionstyp entfaltet. Zwischen der entstellten literarischen Darstellung von Reformation und Bauernkrieg und der politischen Wirklichkeit, auf die der liberale Rezipient in der Weise strategisch reagieren muß, daß er notwendig die von ihm selbst verfochtenen liberalen Grundsätze mißachtet, besteht ein Verhältnis der Abhängigkeit. Mindestens zwei Funktionszusammenhänge lassen sich bisher feststellen; einmal die Achse zwischen liberalem Rezipienten und Rezeptionsgegenstand – sie bestimmt sich aus dem Anspruch nach wahrheitsgetreuer literarischer Verarbeitung, zum anderen die Achse zwischen liberalem Rezipienten und politischer Wirklichkeit – auf diesem Gebiet leitet ihn sein Wunsch nach praktischem Engagement. Sieht sich der liberale Rezipient zu strategischen Eingriffen in seine gesellschaftliche Wirklichkeit genötigt, werden sich nur schwer Gründe finden lassen, weswegen die literarische Darstellung einer historischen Epoche unberührt bleiben soll von diesen zweckorientierten Zielsetzungen. D. h. der liberale Rezeptionstyp wird dann die historischen Abläufe entstellen müssen, wenn die Gefahr besteht, daß bei weiterer Verfechtung des Anspruchs der Wahrhaftigkeit eine Tradition zu Bewußtsein gebracht würde, die die Differenz zwischen Anspruch und Wirklichkeit des liberalen Rezeptionstyps veranschaulichen. Dort wo der liberale Rezeptionstyp sich mit einer Wirklichkeit konfrontiert sieht, die ihm auch manipulative Steuerung geschichtlicher Prozesse aufzwingt, kann seine Rezeptionsmotivation sich gegen ihn selbst kehren; der liberale Rezeptionstyp wird die literarische Darstellung diesen politischen Notwendigkeiten subsumieren. Dies bedeutet für das Verhältnis der hier in Erwägung gezogenen Funktionszusammenhänge, daß die Beziehung zwischen bewußt praktisch eingestelltem Rezipient und der sozialen Wirklichkeit, in der sie sich entfaltet, die Rahmenbedingungen setzen wird für den Funktionszusammenhang zwischen Rezipient und den historischen Ereignissen um Reformation und Bauernkrieg.

Aus den ersten Überlegungen läßt sich eine weitere These ableiten über den Charakter der literarischen Entstellungen: muß der liberale Rezipient, gerade in der besonderen deutschen Situation, bereits vor seiner tatsächlichen Machtergreifung auf die Sicherung seiner gesellschaftlichen Stellung bedacht sein, so wird er ein gesteigertes Interesse an der affirmativen literarischen Verarbeitung sozial-integrativer Normen aufbringen, wie sie z. B. die Glorifizierung gesellschaftlich konservierender politischer Handlungen (s. u. Mundts Verhältnis zu Luther) beinhaltet.

So gesehen stellt sich der liberale Rezeptionstyp von Reformation und Bauernkrieg als ein spezifisch strukturierter Funktionszusammenhang dar. Die liberale Auseinandersetzung mit dieser historischen Epoche beginnt, reflektieren wir sie systematisch, mit der Destruierung des romantischen Rezeptionsmonopols für das deutsche Mittelalter, damit wird der von den Liberalen vollzogenen Funktionswandel der Rezeption dieses historischen Zeitabschnittes eingeleitet.

II.

Vier Konstitutionsbedingungen für die romantische Rezeption des Mittelalters können beschrieben werden. Sie beziehen sich allesamt auf die spezifische soziale Position, in der sich das deutsche Bürgertum in den absolutistischen Teilstaaten befindet.

Novalis besingt schwärmerisch die Schönheit der christlichen Vergangenheit. In offensichtlicher Anspielung auf das Mittelalter schwelgt er: „Jedes Glied dieser Gesellschaft wurde allenthalben geehrt, und wenn die gemeinen Leute Trost und Hülfe, Schutz oder Rat bei ihm suchten (bei Gott,K. S.) so fand es auch bei den Mächtigen Schutz, Ansehen und Gehör, und alle pflegten diese Auserwählten, mit wunderbaren Kräften ausgestatteten Männer, wie die Kinder des Himmels, deren Gegenwart und Zuneigung mannigfachen Segen verbreitete." (Novalis 1969, S. 499) Diese Glorifizierung eines historisch obsoleten Zustandes erfüllt den Tatbestand regressiver Flucht. Eskapistisch wird der Auseinandersetzung mit den mangelhaften aktuellen politischen Bedingungen die Projektion einer harmonistischen, feudalen Gesellschaft vorgezogen. Ähnliches läßt sich auch in dem wesentlich später verfaßten „Taugenichts" Eichendorffs erkennen:

Schweigt der Menschen laute Lust:
Rauscht die Erde wie in Träumen
Wunderbar mit allen Bäumen,
Was dem Herzen kaum bewußt,
Alte Zeiten, linde Trauer,
Und es schweifen leise Schauer
Wetterleuchtend durch die Brust.

(Eichendorff 1967, S. 57)

Phänomenologisch lassen sich mehrere Elemente der Flucht unterscheiden: einmal wird die Existenz eines idealen Zustandes angenommen, des weiteren wird vermutet, daß die einzelnen Gesellschaftsmitglieder sich wechselseitig, symbiotisch, frei von Konkurrenz ergänzen; schließlich ist man davon überzeugt, das Wissen um die gegenseitige Abhängigkeit sichere den einmal eingenommenen sozialen Status. Diesem regressiven Bedürfnis der Romantik kommt die Ablehnung der gesellschaftlichen Legitimierung durch individuellen Leistungsnachweis entgegen, wahrhaft soziale Beziehungen sollten auf wechselseitig gezollter Dankbarkeit fußen, einem besonders sublimierten sozialen Gefühl. Komplementär zu diesen Elementen der Flucht, gerät die Romantik in zunehmend gebrochenen Kontakt zur eigenen Existenzwirklichkeit, bewirkt durch und gekoppelt an die aufgegebene Hoffnung, verändernd in den Prozeß der sozialen Wirklichkeit eingreifen zu können. Widerspruchslos verzichtet die Romantik auf ein politisch effektvolles, praktisches Engagement; die Einsicht in den Verlust der sozialen Handlungskompetenz verschüttet sie kompensatorisch mit der Idealisierung der Vergangenheit, des Mittelalters. Es wird zum bevorzugten Rezeptionsgegenstand. Das Syndrom der eskapistischen Überhöhung des Mittelalters ist mit allen Symptomen ausgestattet, die bei der Erfahrung realer gesellschaftlicher Ohnmacht ausgebildet werden, verursacht durch mangelnde Anerkennung der entsprechenden sozialen Position. Die erste, allgemeine Bedingung der romantischen Rezeption ist in der Reaktion des deutschen Bürgertums auf die absolutistische Beschränkung seines politischen Aktionshorizontes zu finden. Denn die Idealisierung des Mittelalters folgt deshalb aus der erzwungenen politischen Abstinenz des unter kleinstaatlich-absolutistischer Herrschaft lebenden Bürgers, weil die verordnete politische Handlungsabstinenz ihn veranlaßt, eine besondere Form der Affektsteuerung auszubilden. (Lepenies 1969, S. 79 ff.) Ein Moment der Erfahrung, daß soziale Prozesse unabhängig, ohne die Notwendigkeit und Möglichkeit von persönlichem Einsatz ablaufen, ist in der „Übersublimierung des Geistes" zu suchen (Lepenies, S. 79); identitätssichernd wird die relative Entfernung von den absolutistischen Machtzentren als Unabhängigkeit des Geistes schlechthin reproduziert.

Die zweite, allgemeine Bedingung des romantischen Mittelalterbildes läßt sich zunächst paradox so formulieren: Obwohl ein Ständestaat (der absolutistische) existiert, durchzieht das romantische Denken dennoch die Sehnsucht nach einer ständischen Organisationsform, wenn auch feudaler Prägung. Hegel beleuchtet in der Jenenser Philosophie eine andere Seite der sozialen Wirklichkeit, die dieses Paradoxon auflöst: „Die Arbeitszeit wird umso absolut toter, (. . .) die Geschicklichkeit des einzelnen umso unendlich beschränkter, und das Bewußtsein des Fabrikarbeiters wird zur letzten Stumpfheit herabgesetzt; und der Zusammenhang der einzelnen Art von Arbeit mit der ganz unendlichen Masse von Bedürfnissen wird ganz unübersehbar und eine blinde Abhängigkeit, so daß eine entfernte Operation oft die Arbeit einer ganzen Klasse, die ihre Bedürfnisse damit befriedigte, plötzlich hemmt, überflüssig und unbrauchbar macht." (Hegel 1970, Bd. 2, S. 247) Präzise entwirft Hegel das jedermann beeindruckende soziale Bild der deutschen Situation als Folge des industriellen Aufschwungs; er beschreibt die bürgerliche Organisation der Arbeit, deren arbeitsteilige Struktur zwar eine höhere technologische Effizienz erlaubt, die aber für viele nicht kalkulierbare Bedrohungen ihrer existentiellen Lebensbedingungen in sich birgt. Erschwert und verschärft wird diese Erfahrung unter der besonderen deutschen Situation. Reagierte die Romantik auf ihre politisch-praktisch defizitäre Stellung mit Flucht vor der kritischen Auseinandersetzung mit dem kleinstaatlichen Absolutismus, so bestimmt die Erfahrung der widersprüchlichen Organisation arbeitsteiliger Warenproduktion die Richtung der Flucht. Die regressiven Projektionen werden sich umso sicherer auf das Mittelalter fixieren, je mehr der ständische Absolutismus den Romantikern ein unmittelbares soziales Engagement zusätzlich wegen der auf seinem Territorium sich entfaltenden bürgerlichen Arbeitsorganisation verunmöglicht. Gerade die historische Unübersehbarkeit der Herrschaft dieser bürgerlichen Organisationsform verstellt der Romantik den Blick auf eine bessere Zukunft, die Vergangenheit bleibt als letzter Zufluchtsort offen.

Das doppelte Dilemma des romantischen Dichters verweist auf einen dritten Bedingungszusammenhang: Die Hoffnung, die von Gegenwart und Zukunft enttäuscht wird, setzt sich in eine Antriebskraft zur Entdeckung der Geschichte um. Erst wer einen Begriff davon besitzt, wie sich die Menschheit zu dem entwickelt, was heute anzuerkennen ist, vermag sich, die Entwicklungslinien zurückverfolgend, ein Bild von den vergangenen Zeitabschnitten zu machen. Diese notwendige Verknüpfung von Vergangenheit und Gegenwart beschreibt Savigny: „(. . .) jedes Zeitalter eines Volkes (muß gedacht werden) als eine Fortsetzung und Entwicklung aller vergangenen Zeiten (. . .). Ist aber dieses, so bringt nicht jedes Zeitalter für sich und unwillkürlich seine Welt hervor (. . .)." (Savigny 1959, S. 5) Diesem universalen Geschichtsbegriff widerspricht jedoch offensichtlich das romantische Mittelalterbild, das jeden historischen Fortschritt leugnet. An anderer Stelle schränkt Savigny seinen Geschichtsbegriff auf eine quasi empirisch-funktionale Methode ein, die ihn befähigt, vollständigeres Tatsachenmaterial über die Völker zu sammeln, denn „wie diese eigentümlichen Funktionen der Völker entstanden sind, diese

Frage ist auf geschichtlichem Wege nicht zu beantworten". (S. 5) Wenig später enthebt sich Savigny dem Widerspruch zwischen universalem Geschichtsbegriff und empirisch-funktionaler historischer Forschung: die historische Methode habe „jeden Stoff bis zu seiner Wurzel zu verfolgen und so ein organisches Prinzip zu entdecken, wodurch sich von selbst das, was noch Leben hat, von demjenigen absondern muß, was schon gestorben ist und nur noch der Geschichte angehört". (S. 7) Dieser romantische Geschichtsbegriff ebnet sich in der Weise den Zugang zum Mittelalter, als er die notwendige historische Reflexion ermöglicht, gleichzeitig aber Rechtfertigungsgründe anführt, daß dort, wo das organische Prinzip entdeckt ist, die historische Reflexion ihre Geltung eingebüßt hat. Die geschichtliche Auflösung der Entwicklung der Völker hat dann der kontemplativen Verehrung zu weichen, wenn, wie im Mittelalter, die historische Forschung bis zu ihrer organischen Mitte vorgestoßen ist.

Die Suche nach dem organischen Prinzip verweist auf einen vierten Bedingungszusammenhang, unter dem sich der romantische Rezeptionstyp des Mittelalters konstituiert. Religionsfeindlichkeit, Lutherianismus, Aufklärung sind die Kategorien, mit denen Novalis die Entfremdung innerhalb der bürgerlichen Gesellschaft umschreibt. Die Reformation trennt Glauben und Wissen, der Triumph der Gelehrsamkeit verschärft diese Trennung. Die moderne Denkungsart, wie sie sich in der Philosophie vornehmlich sedimentiert, wird abgelehnt, weil sie absichtlich die Welt von der Poesie und dem Heiligen zu reinigen versucht. Novalis vertraut der Natur, sie wird sich dieser Tendenz widersetzen. Ironisch formuliert er: „Schade daß die Natur so wunderbar und unbegreiflich, so poetisch (...) blieb, allen Bemühungen sie zu modernisieren zum Trotz." (Novalis, S. 509) Gegen das rationalistische Gewand, in dem sich die bürgerliche Entfremdung präsentiert, setzt Novalis die Natur als Unterpfand für ihre kurze Lebensdauer. Dem unter Orientierungslosigkeit lebenden bürgerlichen Individuum schlägt Novalis die Rückkehr zu einem naturwüchsig-befriedet vorgestellten, organisch-einheitlich gewachsenen, ständisch gegliederten Gemeinwesen vor. Die inhaltliche Vorstellung der Romantik vom Mittelalter entlehnt ihre organizistische Begrifflichkeit der Natur. Ihr ist aber der deutliche Verzicht auf liberale Freiheitsrechte immanent: „Mit Recht widersetzte sich das weise Oberhaupt der Kirche, frechen Ausbildungen menschlicher Anlagen auf Kosten des heiligen Sinns, und unzeitigen gefährlichen Entdeckungen im Gebiet des Wissens." (Novalis, S. 500) Zu Recht, meint Novalis, widersetzte sich der Papst der separierenden Wirkung des Rationalismus und verteidige die Verschmelzung von Person und Sache, wie sie der Feudalismus zu idealer Gestalt ausprägte.

Die allgemeinen Bedingungen des romantischen Rezeptionstyps bestanden in der absolutistisch verordneten Handlungsabstinenz und in der Erfahrung der entfremdeten Arbeitsstrukturen. Diese stellen das regulative Prinzip dar, wonach die Flucht in die Geschichte, die ihrerseits richtungsweisend ist und die Flucht in die Natur, sie bestimmt deren inhaltliche Ausgestaltung, funktionieren. Beide Fluchtpunkte können gelten als besondere, romantische Verarbeitungen der Erfahrung der sozialen Wirklichkeit.

Danach findet der romantische Rezeptionstyp in seiner Vorstellung vom Mittelalter dort den erträumten zeitunabhängigen Rezeptionsgegenstand; während dieser Periode sind Geist und Sinnlichkeit, Mensch und Natur usw. organisch-natürlich, in ständischer Form vereinigt. Das gleich einem biologischen Organismus funktionierende Volk lebte während des Mittelalters in ursprünglicher Natürlichkeit, der Geist entfaltete sich unschuldig harmonisch, vergleichbar einer Pflanze in der Natur . . ." Geschichte wird zum Zufluchtsort aller mit der Gegenwart zerfallenen, in ihrer geistigen und materiellen Wirklichkeit bedrohten Elemente". (Marx, MEW, Bd. 19, S. 15 f.)

III.

Die selbstverleugnende und, was das eigene politische Engagement anlangt, reduzierte Auseinandersetzung des romantischen Rezeptionstyps mit der Wirklichkeit impliziert dennoch einen hohen Grad an Gegenwartsbezogenheit. Die ablehnende Haltung gegenüber Frankreich, dem Symbol für die Entfaltung bürgerlicher Lebensverhältnisse, impliziert den Wunsch, vorzusorgen, daß eine solche Entwicklung in Deutschland vermieden werde und verdeutlicht nachhaltig die konservative Wirkung der regressiven Flucht in das feudale Mittelalter. An diese konservative Gegenwartsträchtigkeit des romantischen Mittelalterbildes knüpft der liberale Rezeptionstyp von Reformation und Bauernkrieg kritisch an.

Der Modus des kritischen Anknüpfens ist der der Konfrontation. Begründet wird die konservative Wirkung der romantischen Idealisierungen des Mittelalters abgelehnt. Dieser Idealisierung wird die Rezeption von Reformation und Bauernkrieg kontrapunktisch entgegengesetzt. „Die Werke in denen sich diese Gegenbilder konstituieren (. . .) stellen selbst ästhetische Gegenbilder zur Literatur der voraufgegangenen Epoche dar." (Rosenberg 1972, S. 152) Wienbarg belegt die kritische und konfrontierende Dimension, die, seiner Interpretation zufolge, der lutherischen Reformation immanent ist.

Die Zukunft soll auf dem Weg erreicht werden, „(. . .) auf dem Luther den ersten Riesenschritt machte (. . .). Ich meine auf dem Weg des Protestierens, des Protestierens gegen alle Unnatur und Willkür“. (Wienbarg 1964, S. 25) Unter dem massiven Eindruck der eine geschichtliche Tendenz verkörpernden Juli-Revolution in Frankreich sowie den eine breite Solidarisierung im freiheitlich gesonnenen Europa auslösenden Erhebungen in Polen, konstituiert sich ein oppositionelles Rezeptionsinteresse, das den Angriff wagt auf das herrschaftsmäßig abgesicherte romantische Rezeptionsmonopol für das Mittelalter. Die Erfahrung, daß in festgefügte soziale Ordnungen revoltierend eingegriffen werden kann, pflanzt sich in ein aggressiv-oppositionelles Rezeptionsinteresse fort. Wienbarg grenzt präzisierend sein auf Protest zielendes Interesse gegen das romantische Rezeptionsmonopol ab: er läßt das Mittelalter gelten als Beweis für die Fähigkeit der deutschen Nation, ein gut funktionierendes Gemeinwesen zu organisieren, jedoch vergißt er nicht hinzuzufügen, „daß, als es veraltet war, (. . .) Luthers Hand (. . .) begann (es) zu zerstören“, denn „deren geistiges Prinzip ist längst vergangen, deren leiblicher Schutt aber ist immer noch nicht ausgekehrt“. (Wienbarg, S. 18) Mittelalter und Romantik wirken sich beide lähmend auf die gegenwärtigen politischen Tendenzen aus. Der Protest wird fundiert durch den Versuch Mittelalter und Romantik in ihrer historischen Geltung zu relativieren: „(. . .) sind sie nicht allein dem Schoß einer gewissen Bildungsstufe (. . .) entsprungen“? (Wienbarg, S. 20 f.), so verweist Wienbarg, bewußt kritisch, das romantische Rezeptionsmonopol samt dem Gegenstand in seine Schranken. Vom Mittelalter selbst spricht Heine noch abfälliger als von einer „großen Ansammlung von Kehrricht“, und er sieht, vergleichbar Hegel, in der Reformation „jene Morgenröte am Ende des Mittelalters“ (zit. nach Wildhaber 1936, S. 20).
Kind wirft diesem liberalen Rezeptionsinteresse „Pietätlosigkeit“ vor, in der aggressiv vorgetragenen Beschränkung der historischen Gültigkeit des romantischen Rezeptionstyps sieht er „Historismus“ und „traditionsfeindliche Aufklärung“ dominieren. (Kind 1969, S. 87) Tatsächlich ist der Standpunkt der „Gegenwart“ Zentrum des liberalen Rezeptionstyps. Von hier aus gesehen erscheinen Mittelalter und Romantik, ohnehin in eins gedacht, als das, was sie sind: vergangen. Die polarisierende Zuordnung der Begriffe Vergangenheit und Gegenwart, verdeutlicht das ganze Ausmaß des Wechsels des Rezeptionsinteresses: die romantische Flucht in einen vergangenen, projektiven Weltzustand wird mit einem verstärkten Engangement für gegenwärtige Probleme konfrontiert und abgelehnt. Die Reaktion verstärkter „Geist-Sublimierung“ auf die verordnete politische Absti-

nenz gilt als gefährlich und muß ersetzt werden durch ein radikaleres tagespolitisches Engagement gegen die absolutistischen Abstinenzgebote. Deshalb kann die Rezeption des Mittelalters nicht länger unter dem Imperativ seiner Erneuerung stehen; alle möglichen Rezeptionsgegenstände werden daraufhin befragt, wie wirkungsvoll sie in der tagespolitischen Konfrontation einsetzbar sind.
Den Rezeptionsimperativ „Gegenwart" präzisiert Heine in der Weise, daß die Erkenntnis der Gegenwart den Völkern „Friede, Wohlstand und Freiheit näherbringt" (zit. nach Wülfing 1965, H. 23, S. 48 f.). Der Verpflichtung der Rezeption auf die Gegenwart entspricht eine Relativierung der Gültigkeit historisch gewachsener Privilegien. In dem Maße, wie sich die Romantik in das feudale Mittelalter versenkt, verwandelt sie sich zum Repräsentanten der Interessen feudal-absolutistischer Gruppen. Der Widerstand gegen den romantischen Rezeptionstyp enthält, dies impliziert der Gegenwartsbezug, eine Option für Freiheit und Gleichheit des Menschen; darin offenbart sich sein liberaler Charakter. Was Alt und Vergangen ist wird deshalb verneint, weil es Sklaverei und feudalistische Willkür symbolisiert. Die Rezeption von Reformation und Bauernkrieg versteht sich mithin als historisch-praktischer Beitrag zur Durchdringung der gegenwärtigen Probleme. Luther und Müntzer werden schon deswegen zu favorisierten Rezeptionsgestalten, weil sie den politischen Kampf mit dem Mittelalter eröffneten, der in der Meinung der Liberalen noch auszufechten ist und sie Kritik übten an herrschaftlich gesicherten und herrschaftssichernden Normengefügen. Darin ist ihre hohe Attraktivität verbürgt.
Das Geschichtsverständnis der Romantik ebnet dem liberalen Rezeptionstyp den Zugang zum Mittelalter; er übernimmt die Methode der geschichtlichen Forschung, dehnt sie radikal auf das Mittelalter selbst aus und gelangt konsequent zu einer Kritik an affirmativer Rezeption autoritär gesicherter Traditionsnormen. Das liberale Rezeptionsinteresse ist, indem es unter einen liberalen Imperativ gestellt wird, einer an gegenwärtigen Problemen orientierten historisch politischen Argumentation offen, es versucht nicht nur den tagespolitischen Erfordernissen zu genügen, sondern ist bestrebt, einen im Sinne von Freiheit und Gleichheit produktiven Beitrag zu liefern.
In der Kritik an der konservativen Gegenwartsbezogenheit des romantischen Rezeptionstyps kündigt sich das liberale Rezeptionsinteresse zunächst negativ an. Um sich aber positiv vom romantischen Mittelalterbild abgrenzen zu können, muß sich der liberale Rezeptionstyp um Korrekturen bemühen: einmal wird er tunlichst jedes Schwelgen im feudalen Mittelalter vermeiden und den von der Ro-

mantik ausgesparten historischen Epochen größeres Gehör schenken, weil er damit zu Recht eine höhere Identifikationsmöglichkeit erahnt. Zwar dehnt er den von der Romantik entwickelten Begriff der Geschichte verschärfend auch auf das Mittelalter aus, paradox erscheint es jedoch, daß das Zusammengehen von feudalem Mittelalter, romantischem Mittelalterbild und der konservativen Gegenwartsbezogenheit nicht weiter hinterfragt wird. Die Frage, ob die Rezeption des feudalen Mittelalters jede gesellschaftliche Praxis in der Weise zwingend präjudiziere, indem sie die konservativen Kräfte stärke, bleibt ausgespart. Mittelalter und Romantik sind nahezu synonym verwendbare Begriffe. Der Charakter der Korrekturen nimmt ein solches Maß an Radikalität an, daß selbst Überlegungen zu Gegenstandsbereichen, die bislang eindeutig von der Romantik okkupiert wurden, tabu sind.

Die Kriterien, nach denen die Kritik am romantischen Rezeptionstyp funktioniert, deuten die Tendenz an, in welcher Richtung sich der liberale Rezeptionstyp selbst in positiver Weise versteht und bestimmt. Die Kritik an der romantischen Glorifizierung des Mittelalters läßt sich nur dann formulieren, wenn der liberale Rezipient davon überzeugt ist, daß das Verschweigen von Reformation und Bauernkrieg, bzw. deren abwertenden Beurteilung durch die Romantik, das Mittelalterbild verkürzte, unzulässig deformierte. Liberales Bewußtsein fühlt sich deshalb berechtigt, eine kritische Haltung gegenüber dem romantischen Mittelalterbild einzunehmen, weil es glaubt, die richtigen, d. h. wahren Vorstellungen vom Mittelalter, insbesondere aber von der Zeit seiner radikalsten Errosion, von Reformation und Bauernkrieg, sich gebildet zu haben.

Da es dem liberalen Rezipienten nicht genügt, zutreffende literarische Gebilde von dieser historischen Phase zu erstellen und da, obwohl auch die ästhetischen Konzeptionen romantischer Autoren häufig Anlaß zur Kritik boten, gerade der konservative Gegenwartsbezug nicht länger gebilligt werden konnte, erregten Luther, Müntzer und die protestantische Tradition deswegen gesteigerte Aufmerksamkeit, weil sie einen praktischen Beitrag zur verändernden Entwicklung der deutschen Nation darstellen.

Aber auch in diesem Fall kann der liberale Rezeptionstyp die durch den romantischen Rezeptionstyp beförderte konservative Praxis erst dann verneinen, wenn ihm eine progressivere gesellschaftliche Organisation als verwirklichbar erscheint. Mithin übernimmt der liberale Rezeptionstyp zwei allgemeine Funktionen: einmal die, eine nach Maßgabe liberaler Vorstellung, wie sie in den allgemeinen Normen von Freiheit, Gleichheit und Brüderlichkeit festgelegt ist, bessere soziale Praxis zu befördern; zum andern, ein wahrheitsgetreues literarisches Bild zu erstellen.

(1) Was die praktische Absicht betrifft, mit der sich der liberale Rezeptionstyp der Reformation und dem Bauernkrieg widmet, so reflektiert diese Funktion auf das Verhältnis von liberalem Anspruch und der konkreten Praxis, die der jeweilige Rezipient nun tatsächlich gewillt ist zu vertreten. Für die spezifisch deutsche Situation in der Zeit von 1830 und 1840 ergeben sich daraus drei besondere Funktionsbestimmungen:

a) Die emanzipative Funktion des liberalen Rezeptionstyps

„Nationalgefühl muß dem Gefühl für's Schöne, politische Bildung der ästhetischen vorausgehen." (Wienbarg, S. 10) Der liberale Rezeptionstyp reflektiert auf den Bruch zwischen nationaler Politik und den Möglichkeiten, rezeptiv vermittelte, ästhetische Gebilde zu schaffen. Zum einen vermittelt die Rezeption von Reformation und Bauernkrieg einen geschärften Blick für die nationale Geschichte, ist somit integriert in den Prozeß der politischen Bildung eines Nationalgefühls; zum anderen gibt sie vielfältigen Anlaß zu kreativer Weiterverarbeitung. Dies begründet, weswegen Reformation und Bauernkrieg so häufig und so selbstverständlich in den Blick der Liberalen fällt. Der Widerspruch aber zwischen politischer Bildung und dem Schönen kennzeichnet den Anachronismus der deutschen Situation. „Sobald indes die moderne politisch-soziale Wirklichkeit selbst der Kritik unterworfen wird, sobald also die Kritik zu wahrhaft menschlichen Problemen sich erhebt, befindet sie sich außerhalb des deutschen status quo, oder sie würde ihren Gegenstand unter ihrem Gegenstand greifen." (MEW, Bd. 1, S. 382) In dieser sozialen Wirklichkeit muß das Vertrauen des liberalen Rezeptionstyps in einen wie auch immer gearteten naturwüchsig sich durchsetzenden politischen Willen schwinden und vielmehr die liberale Revolutionierung des gesellschaftlichen rückständigen Systems der Bedürfnisse selbst in die Hand genommen werden. Der liberale Rezeptionstyp möchte zur Lösung des Widerspruchs zwischen nationaler Wirklichkeit und der diese Wirklichkeit transzendierenden, häufig auch rezeptiv vermittelten Einsichten gegenwartsbezogen das ihm mögliche beisteuern. Dieser Aufgabe weicht er nicht in einer für die Wirklichkeit kompensatorischen Weise aus, sondern ihm ist der Zwang zur Veränderung der gesellschaftlichen Praxis inhärent. Daraus ergibt sich, daß die Rezeption von Reformation und Bauernkrieg integriert ist in den revolutionär sich verstehenden liberalen Aufklärungsprozeß, der der staatlich verordneten Randlage nicht nur des deutschen Bürgertums gilt. In dem Prozeß der Ausbildung eines liberalen revolutionären Selbstverständnisses übernimmt die Rezeption von Reformation und Bauernkrieg dessen historische Dimension.

b) Die manipulative und restriktive Funktion des liberalen Rezeptionstyps

Diese auf die defizitäre deutsche Wirklichkeit vermittelte emanzipatorische, praxisorientierte Rezeption ist mithin integriert in die zukunftsfreudige Verwirklichung der aus dem Naturrecht abgeleiteten Freiheits- und Gleichheitsideale. Treitschke formuliert, wenn auch zu einem späteren Zeitpunkt, so doch adäquat, eine Erfahrung in Bezug auf das Widerstandsrecht des Volkes, die im Hinblick auf die notwendige Praxis zur Verwirklichung der Freiheits- und Gleichheitsideale zunächst widersprüchlich wirkt: „Von einem positiven Widerstandsrecht kann also nicht die Rede sein (. . .). Der Obersatz ist allerdings richtig, daß es eine Willkürhandlung ist, wenn die Obrigkeit einen gesetzwidrigen Befehl erläßt, aber der Schluß, daß einem solchen Befehl jeder widerstehen dürfe, ist offenbar falsch. Denn wer soll entscheiden, ob ein Beschluß verfassungswidrig ist oder nicht?" (Treitschke zit. n. Kofler, 1974, S. 604) In diesem Zitat drückt sich die Skepsis gegen die Rechtmäßigkeit obrigkeitlicher Erlasse aus und die Furcht vor Willkürhandlungen des Volkes – gekoppelt mit der Einsicht in die Notwendigkeit, ihm disziplinatorisch ein positives Widerstandsrecht abzuerkennen. In der Furcht vor *willkürlichen* Übergriffen des Volkes auf die Obrigkeit steckt die Erkenntnis zweier inkommesurabler Freiheitsvorstellungen, der liberalen und der plebiszitären. Daraus folgen für den liberalen Rezeptionstyp spezielle Restriktionsgebote. Sie konkretisieren sich an den präventiven Maßnahmen, zu denen sich der deutsche Liberalismus gezwungen sieht bei dem Versuch, die formalen Menschenrechte durch agitatorische Revolutionierung des gesellschaftlichen Systems der Bedürfnisse durchzusetzen. Bewußt ist der Widerspruch zwischen der massenmobilisierenden Wirkung des universalen Freiheitsbegriffs, wie er sich in den liberalen Freiheitsidealen ankündigt und der Möglichkeit zu beschränkter Verwirklichung auf zweifache Weise: einmal in Anweisungen zu präventiv-disziplinatorischen Eingriffen in die Forderungen des Volkes, zum anderen schlägt die Desillusionierung über die Bedingungen, die die Wirklichkeit der Umsetzung der Freiheitsvorstellungen in den Weg legt, um in eine Tabuisierung solcher Freiheitsvorstellungen. Wurden vorher Bauernkrieg und Reformation als historische Dimension im Prozeß der Ausbildung eines im liberalen Sinne revolutionären Selbstverständnisses interpretiert, so setzt sich hier, je nachdem, in welcher Richtung der Widerspruch gelöst wird, eine manipulative und tabuisierende Beschränkung des liberalen Selbstverständnisses als Begrenzung der um historische Identitätsausbildung bemühten liberalen Rezeption durch. Wurde Luther z. B. eingeführt als exponierter Repräsentant der Rebellion gegen die überlebte feudale Herrschaft, so scheint mir gerade in der Penetranz der Rezeption Luthers und in der gewiß nicht zufällig reduzierten Aufmerksamkeit für Müntzer ein sublimiertes Interesse an Unterdrückung plebiszitärer Freiheitswünsche verborgen zu sein.

Insbesondere mit der Reformation kündigt sich ein Prinzip an, das je nach Stellung des Autors zur Wirklichkeit entweder als geistiges Freiheitsprinzip, progressive Idee und Befreiung der Vernunft, oder als Quelle der nationalen Geschichte interpretiert wird. Diesen unterschiedlichen Stellungnahmen ist eines gemeinsam: sie reagieren alle positiv auf den qualitativ neuen Tatbestand, der sich mit der Änderung der gesellschaftlichen Stellung der Kirche verbindet, indem der religiöse Glaube aus seiner sakralen, institutionalisierten Vermitteltheit herausgerissen wurde. Die Schaffung einer Sphäre von beschränkter Autonomie, vollzogen mit der in Ansätzen politischen Emanzipation von der Religion, kehrt leitmotivisch in allen Rezeptionsversionen wieder.

Konkret wird der Kern dieses politischen Transformationsprozesses beschrieben als „freie Bildung (. . .) geistiger Wirklichkeit" gegen die bisher hartnäckig überkommenen Konventionen. (Ruge/Echtermeyer 1839, S. 1954 f.) Vollends strittig ist die Bewertung des Resultats, zu dem die freie Bildung der geistigen Wirklichkeit führte. Für Gutzkow ist erwiesen, daß der Weg zum Himmel durch die Kirche ein zeitraubender sei, er plädiert für einen freien Zugang zur Religion und unterschiebt Luther dieselbe Intention. (Gutzkow, S. 41 f.) Mit diesem Urteil schließt er sich trivialisierend Hegels Einschätzung der Reformation an, „in (ihr) kam der Geist zum Bewußtsein der Versöhnung seiner selbst und zwar in der Gestalt, daß sie im Geiste vollbracht werden müßte". (Hegel, Bd. 19, S. 253) Laube variiert die freie Bildung der Wirklichkeit und die Priorität des Geistes auf nationale Weise. Deshalb interessieren ihn zunächst die nationalen Konsequenzen von Reformation und Bauernkrieg: Luther ist der Begründer der deutschen Nationalität als unabhängiger Gedanke; (Laube 1833, Bd. 1, S. 199 ff.) auch Mundt schwört Luther vollkommen auf die nationale Version ein; er feiert ihn als „die Quelle unserer nationalen Geschichte". (Mundt 1868, S. 1) Allerdings mischen sich in Laubes Analyse der Leistungen Luthers kritische Töne. Heine vermag das aus seiner Sicht undifferenzierte Urteil seiner Zeitgenossen, daß mit der Reformation der Geist sich freier entfalte, nicht vorbehaltlos zu teilen, auch wenn er mit ihr den Durchbruch der Vernunft zu verbinden scheint. Gewiß, eine qualitativ neue Philosophie und vor allem das Anwachsen erfolgreichen naturwissenschaftlichen Forschens vermag diesen Durchbruch zu signalisieren. Daß die Reformation aber keinesfalls Bedingungen schuf, die die Befreiung des Geistes in greifbare Nähe rückten, scheint für Heine, im Gegensatz zu seinen liberalen Zeitgenossen, ausgemachte Sache.

Dieser verwirrenden Vielfalt der im Grunde explorativ gemeinten Überlegungen zur Reformation (wie im folgenden zu zeigen sein wird, sind Reformation und Bauernkrieg *ein* Rezeptionsgegenstand, weswegen Bewertungen der Reformation zugleich Anspruch auf Geltung für die Bewertung des Bauernkriegs besitzen) könnte eine ähnliche Palette appelativer Zielsetzungen der Rezeption angefügt werden; für die Analyse der Funktion der Rezeption wäre damit kein Fortschritt verbunden. (Solche zwar informativen, aber zur Klärung der Problematik wenig beitragenden Zitatenkollagen sind bei Wildhaber und zuletzt bei Kind zu finden.)

Bisher behandelten wir die erste allgemeine Funktion des liberalen Rezeptionstyps nach der Seite ihrer drei Erscheinungsweisen als emanzipative, manipulative und restriktive Funktion. Diese Funktionsbestimmung ist das Resultat der Analyse des Verhältnisses von literatur-externer Zielsetzung des liberalen Rezeptionstyps und den liberalen Normen von politischem Handeln, wie sie in idealer Weise während der französischen Revolution ausgebildet wurden. Innerhalb dieses Rahmens enthält der liberale Rezeptionstyp eine Facette divergierender Rezeptionselemente; diese gründen sich auf einen anderen Funktionszusammenhang. Können wir von der ersten Funktion des liberalen Rezeptionstyps als von einer primär an literatur-externen Zielen sich bestimmenden Funktion sprechen, so sind die inhaltlich unterschiedlichen Rezeptionselemente das Ergebnis ebenso unterschiedlicher Vorstellungen von den historischen Abläufen von Reformation und Bauernkrieg und von dem literarischen Modus seiner Verarbeitung. Beide Bereiche beanspruchen sowohl ein korrektes Bild der historischen Vorgänge zu liefern und die dafür adäquaten literarischen Mittel verwendet zu haben; sie lassen sich also unter den Anspruch der wahrheitsgetreuen literarischen Gestaltung subsumieren.

(2) Diese unter dem Primat literarischer Angemessenheit und historischer Korrektheit stehende zweite allgemeine Funktion ist Resultat der Analyse der literatur-internen Zielsetzungen. Sie umfaßt den komplexen Bereich der literarischen Rekonstruktion eines histori-

schen Ereignisses. Auf dieser Ebene lassen sich drei Elemente innerhalb des liberalen Rezeptionstyps unterscheiden, ein nationales, ein aufklärerisches und ein sensualistisches Element. Mittelbar reproduziert sich das dreifache, primär außen geleitete Erscheinungsbild des liberalen Rezeptionstyps auf der Ebene der binnenfunktionalen Differenzierung der Analyse der literatur-internen Zielsetzungen. Diese binnenfunktionale Differenzierung der Rezeption in ein nationales, aufklärerisches und sensualistisches Element trägt dem dreifachen Umstand Rechnung, symptomatisch für das liberale Bewußtsein, seinem eigenen Selbstverständnis nach, zu sein, sowie die von der liberalen Rezeption ideologisch verdeckt betriebene Reflexion auf die Transformation der politischen Macht einzufangen und schließlich der eigenen Reflexion die Analyse der sich durchsetzenden geschichtlichen Prozessualität zu ermöglichen.

a) Das nationale Element im liberalen Rezeptionstyp

Für Mundt trägt die Rezeption von Reformation und Bauernkrieg deshalb zu seiner liberalen Identitätsfindung bei, weil „wir wieder auf demselben Umschwungsrad der Zeit stehen" (Mundt, S. 38), und ein Kampf zu führen ist, „wie die Epoche der Reformation ihn uns veranschaulicht". In dem unerbittlichen Kampf der „Idee des freien Organismus" (bürgerliche Welt) mit dem „zusammenhängenden Organismus" (Feudalismus) vermochte es Luther, Geist und Natur zu versöhnen, „woraus die wahre Freiheit der neueren Nationen erwachsen sollte ..." (S. 41 f.). Mundt führt, um die Leistungen Luthers besonders zu würdigen, ein apriorisches Spezifikum der nationalen Entwicklung Deutschlands ein; „daß sie auf ihren wesentlichen Entwicklungsstufen nur durch die Schriftsteller gerettet" worden ist. (S. 30) Luther steht mit seiner Bibelübersetzung an der gleichen exponierten Stelle, Mundt feiert ihn als den „Befreier des deutschen Geistes". Eindeutige Kriterien stellt er auf, woran die Befreiung des deutschen Geistes zu messen sei: „Es ist merkwürdig zu sehen, wie sehr sich Deutschland in nationalwirtschaftlicher Hinsicht erholt und kräftig emporblüht, sobald Rom seine räuberische Hand von diesem Land zurückzuziehen genötigt wird, und die Geldmittel in Deutschland selbst verbleiben und sich dort zu einer neuen Bildung der weltlichen Verhältnisse verwenden lassen, so daß der Protestantismus im eigentlichen Sinn auch als der neue Anfang für die weltliche Wohlfahrt der Völker zu betrachten ist, für ihr Glück am eigenen Herd und für ihren Aufschwung in dem weltverbindenden Element der Industrie und des Handels." (Mundt, 1844, S. 248) Die volkswirtschaftliche Prosperität ist die Nagelprobe für die nationale Befreiung des

deutschen Geistes. Eine solche expandierende weltliche Wohlfahrt ist an den disziplinierten und qualifizierten Einsatz menschlicher Arbeitskraft gebunden unter angebbaren organisatorischen Bedingungen. Konsequent rühmt Mundt Luthers Glorifizierung des Werktages, denn er habe „in der Arbeit zuerst ein wahrhaft protestantisches Element des Volkslebens entschieden genug angedeutet". (S. 187)
Mit dem wirtschaftlichen Fortschritt verbindet sich die liberale Hoffnung, das soziale Wohl deklassierter Gesellschaftsgruppen zu steigern („Glück am eigenen Herd"), denn gerade die institutionelle Absicherung der Arbeit als Quelle des Reichtums verspräche einen auf den individuellen Arbeitseinsatz sich gründenden sozialen Status. Mundt ist aber mit der deutschen Lage soweit vertraut, um in der Errichtung einer, allgemeine Prosperität und Wohlfahrt fördernden, Sanktionsgewalt gefährliche Unwägbarkeiten zu sehen. Sie entfalten sich im dynamischen Spannungsfeld zwischen absolutistischer Repression und den divergierenden sozialen Bedürfnissen, berechtigt und wirkungsvoll artikuliert von verschiedenen gesellschaftlichen Gruppen, die sich zum großen Teil nicht damit zufrieden geben werden, wenn die Ausdehnung der individuellen Handlungsautonomie begrenzt bleibt auf die ungestörte Entfaltung des liberalen Wirtschaftssubjekts. In Mundts Verhältnis zum Bauernkrieg, es „wurde die Ausdehnung der Idee der christlichen Freiheit auf das Nationalleben versucht" (S. 10), spiegelt sich die Angst vor der Durchschlagskraft der egalitären Forderungen. Luther nimmt bei dieser Auseinandersetzung eine beruhigende Zwischenstellung zwischen den kämpfenden Parteien ein, die Bauernaufstände zwangen ihn mit unmäßigen Ansprüchen, sich für kurze Zeit dem fürstlichen Schutz anzuempfehlen. Mundt verwendet viel Aufmerksamkeit auf Luthers mäßigenden Appell an die Adresse der Bauern. Dieser Appell gewährt Mundt die tiefste Einsicht in Luthers politisches Handeln: es ist die „stürmische Kraft eines Volksredners", die ihn, „Mann der freien Tat", am hervorragendsten auszeichnet. Luther wird, analog zu der Interpretation der Reformation als nationaler Freiheitsbewegung, zum nationalen Volksführer befördert, in ihm personalisiert sich das Streben nach nationaler Einheit. Mundt spekuliert darauf, daß das durch einen Volksführer gesteuerte Streben nach nationaler Einheit 1. die erforderliche Solidarisierungswelle ankurbelt, die 2. bei kalkulierbaren sozialen Risiken die nationale Einheitsbewegung maßvoll vorwärtstreibt.

b) Das aufklärerische Element des liberalen Rezeptionstyps

Zwei äußerliche Beobachtungen sind charakteristisch für dieses Re-

zeptionselement: es orientiert sich streng am realen Ablauf der historischen Ereignisse und zieht daraus aber die abstrakteren Schlüsse. Luthers Angriff auf die Kirche und die mit ihr koalierenden feudalen Kräfte wird mit Genugtuung vermerkt: „Dies Protestieren gegen die Historie (. . .) das ist die große Erbschaft, die Luther uns übermacht hat (. . .) (Wienbarg, S. 24) Dieser abstrakte Schluß resultiert aus den Bedenken, die Wienbarg, Gutzkow und Laube gegen das konzessionsbereite politische Handeln Luthers einwenden. Denn Wienbarg z. B. wirft der lutherischen Reformation vor, „sich in aller Hast (. . .) mit der Einseitigkeit des Verstandes, mit der Prosa des Lebens, vermählt zu haben". (Wienbarg, S. 25) Der Verstand vermochte zwar „die eingekerkerte Sinnlichkeit" zu begreifen, dennoch blieb die Reformation Stückwert. „Unmittelbar schuf sie Orthodoxie, Schwärmer, Religionsdispute, Hexenprozesse, den abscheulichen Dreißigjährigen Krieg, ein verödetes Leben, eine geistlose geistige Literatur." (Laube, S. 210) Laube präzisiert die manifest werdende Kritik an der Reformation: Luther entschleierte zwar die katholischen Dogmen, „knarrend öffneten sich die großen Türflügel", hinter denen sich Rom verschanzte, doch bevor die Aufklärungsarbeit ernsthaft einsetzte, „warf der zornige Bruder Martin die schweren Thüren zu. Dieser Schall dröhnt noch durch die Jahrhunderte". (Laube, S. 202) Luthers antikatholischer Aufklärungsarbeit kann Anerkennung nicht versagt werden, sie muß aber notwendig abstrakt bleiben, weil Luthers Folgehandlungen mit ihren praktischen Konsequenzen skeptisch beurteilt werden. Uneingeschränkt teilen Gutzkow, Laube und Wienbarg Luthers Kritik am Katholizismus, der Übertritt zur Adelspartei wird jedoch entschieden kritisiert. Denn mit dieser öffentlich vollzogenen Selbstverleugnung Luthers, im Interesse der feudalen Gewalten, begründet sich die Tradition protestantischer Reaktion.
In der Folge fahndet Laube nach Gründen für Luthers Abbruch der Aufklärungsarbeit und kommentiert entschuldigend: „Luther selbst ward vielfach dazu gedrängt, besonders durch die Bauernaufstände." (Laube, S. 222) Den hemmenden Einfluß der Bauernkriege auf die Entfaltung der lutherischen Aufklärungsarbeit erklärt sich Laube aus deren sozialer Skrupellosigkeit. „Als sie aber unter Thomas Münzer zum Ärgsten schritten, . . . da übermannte ihn (Luther, K. S.) sein heftiger Zorn, er sah alles gefährdet, und rief, man solle sie totschlagen wie die tollen Hunde." (Laube, S. 221) In dieser Zustandsbeschreibung liegt eine nur sehr vage Rehabilitierung der lutherischen Konzessionen an die Adelspartei. „Diese Bauernaufstände, welche die losgerissene Fessel so klirrend durch das Land schleppten, welche diese Fessellosigkeit der Welt so weise benutzten, daß allge-

meine Gleichheit, Gütergemeinschaft und die freieste Deutung der heiligen Schrift verkündigt wurde, daß er (Luther, K. S.) mit seinen Collegen zu Wittenberg ein geistloses, sanftlebiges Fleisch genannt wurde, diese Bauernaufstände jagten ihn Hals über Kopf in seine frühe Abschließung." (Laube, S. 222) Ausdrücklich wird den Bauern strategisch kluge Ausnutzung der nachreformatorischen Situation attestiert und, was viel schwerer wiegt: sie verstanden es, die Initiative für die Verwirklichung von Freiheit und Gleichheit zu übernehmen. In dieser Lage reagierte Luther mit individuellem Kontrollverlust, seine Reaktion wurde von den Herrschenden ausgenutzt, selbstgerecht gegen die Bauern vorgehen zu können. Bezeichnenderweise bricht Laube die Ausspinnung dieser Gedanken ab, er schreibt es dem verfrühten Eingriff Luthers zu, daß man nicht sehen könne, „was sich hätte bilden können", wäre den Bauernaufständen ein erfolgreicherer Abschluß beschieden gewesen. Daß trotz allem Luther höher bewertet wird, verstärkt nur den Eindruck der ambivalenten Einschätzung der Vorgänge um Reformation und Bauernkrieg.

Gutzkow treibt die Kritik an der Reformation, obwohl auch er Luther als einen entscheidenden Förderer der liberalen Emanzipation würdigt, um ein gutes Stück vorwärts. „An zwei Begriffen siechte gleich Anfangs die Reformation: an einem, den sie nicht abschaffte – an der Kirche, und an einem, den sie neu erfand – am Evangelium." (Gutzkow, S. 286) Gutzkow begnügt sich nicht mit der Angabe individueller Gründe für Luthers Anpassung an die fürstlichen Interessen, er reflektiert systematisch auf die der Reformation immanente Basis, die den Hintergrund für Luthers Reaktion bildete. Bestimmt Hegel Fortschritt als Fortschritt im Bewußtsein der Freiheit, so sieht Gutzkow in Analogie zu dieser Definition den Fortschritt, der von der Reformation bewirkt wurde, in der Aufklärung der, soziale Diskriminierung bewirkenden, Institution Kirche.

c) Das sensualistische Element des liberalen Rezeptionstyps

Heine verharrt nicht an dem Punkt, immer wieder von neuem die historische Begrenztheit der Reformation für den liberalen Emanzipationswunsch zu beteuern, er stellt sich die Aufgabe, mit der Konfrontation von Spiritualismus und Sensualismus endlich nach ihren ‚objektiven Gründen' zu suchen. Daß Heine sich damit weit über die Grenzen des liberalen Rezeptionstyps hinausbegibt, ist evident. Luthers Kampf gegen den Katholizismus interpretiert er als ein Rückzugsgefecht, das „der Spiritualismus begann, als er einsah, daß er nur den Titel der Herrschaft führte, und nur de jure herrschte, während der Sensualismus (. . .) die wirkliche Herrschaft führte, de

facto herrschte". (Heine 1972, Bd. 8, S. 135) Heine verläßt den synthetisierenden Standpunkt, Reformation und Bauernkrieg zu einer Rezeption von Reformation und reformationsbezogenen Bauernkriegen zu verkürzen. Die unterdrückten Bauern benutzen die von der Reformation bereitgestellten „geistigen Waffen", um *ihren* Kampf gegen Aristokratie, der mittlerweile 150 Jahre währt, auf höherem Niveau und effektiver fortzusetzen. Aus Heines Sicht bekämpfen sich zwei soziologisch zuordenbare soziale Normengefüge. Der Kampf der Bauern entsteht in der Folge „sensualistischer Emeuten", die restlichen Gesellschaftsmitglieder sind nur an privater, egoistischer Bereicherung interessiert. „Jeder hatte hier etwas zu gewinnen und dachte heimlich an irdische Vorteile." (Heine, Bd. 8, S. 149)
Heines Lutherbild verliert einen Großteil seiner affirmativen Züge. Er unterstellt ihm ein falsches Bewußtsein, sowohl in Bezug auf den Charakter der Reformation als auch betreffs der Einschätzung seines eigenen politischen Handelns. Deshalb wird die Verehrung Luthers weitaus abstrakter, einzig das wissenschaftliche Denken scheint von der Reformation profitieren zu können.

IV.

Die Reflexion auf die Wirklichkeit der Transformation der politischen Gewalt verlieh dem liberalen Rezeptionstyp seine immanente Dynamik, wie sie anhand der verschiedenen Elemente nachgezeichnet wurde. Luther wird rezipiert als bürgerlicher Volksführer, als letztlich doch für die Herrschenden sich engagierender Aufklärer, als Initiator herrschaftlich beschränkter und von seiner Warte aus zu beschränkender Freiheit. Umgekehrt proportional beinahe nimmt die Reflexion auf die Berechtigung der Bauernkriege zu, die unter dem Banner allgemeiner Gleichheit und Freiheit die feudalen Ketten sprengen wollten. Es bildet sich ein wachsendes kritisches Verhältnis zur Reformation aus zugunsten sich dämpfender Skepsis gegenüber den Bauernaufständen.
In bewußter Opposition zu der romantischen Idealisierung der institutionalisierten und sakralen Vermittlung nicht nur des religiösen Lebens und trotz der zaghaften Akzeptierung der Bauernkriege, bahnt sich, in der liberalen Suche nach einem revolutionären Selbstverständnis, ein Verdrängungsmechanismus an, der an dem unterschiedlich umfangreichen Maß zu gewährender individueller Freiheit ablesbar ist. Denn wurde dieser Rezeptionstyp nicht darauf verpflichtet, zu praktischen Maßnahmen kraft der Bloßlegung der frei-

heitlichen Tradition anzustacheln, damit die Schaffung freiheitlicherer und gleicherer Lebensbedingungen für alle Menschen in greifbare Nähe rückt?
Mit diesem nicht konsequent durchgehaltenen Rezeptionsinteresse verstrickt sich der liberale Rezeptionstyp in die realpolitisch ungünstigen Voraussetzungen, die die liberale Opposition in Deutschland insbesondere, wie generell jede liberale Opposition vorfindet. Um sich als revolutionäre Gewalt konstituieren zu können, steht sie unter dem Zwang, die privaten, singulären Interessen mit den öffentlichen allgemeinen wenigstens taktisch als harmonisch ausgleichbare darzustellen. Ihr muß es gelingen, ihre privaten Emanzipationsziele in allgemein verbindlicher Form glaubhaft zu vertreten. Daneben muß sie sich darauf vorbereiten, die Berechtigung eines Systems zu verteidigen, daß sich auf den Schutz privater Interessen beschränkt, obwohl ein von einem Großteil der Gesellschaftsmitglieder getragener Sieg in Aussicht steht. Dies legt die Vermutung nahe, daß das unterschiedlich gewichtete Verhältnis der Rezeption der Reformation zur Rezeption des Bauernkriegs das Verhältnis von privaten und öffentlichen Interessen innerhalb der bürgerlichen Gesellschaft, mithin die bürgerliche Dopplung von Bourgeois und Citoyen, von individuellem Interesse, das an Zwecken orientiert, und staatlichem Interesse, das Normen setzt, auf der Basis der Verkehrung der sinnlichen Arbeit durch das Geld (Doppelung in Gebrauchswert/Tauschwert) reproduziert. Verfolgten wir diese Linie weiter, ließe sich jedes Rezeptionselement reflektieren auf seine bourgeoisen, citoyenhaften, proletarischen Bestandteile. Das folgende kann auch in diesem Sinne gelesen werden.
Luther als bürgerlich-nationaler Volksführer hat bereits den Unterschied zwischen allgemeinen Zielen und partikularen, egoistischen Interessen internalisiert, in unmittelbar nicht einsehbarer, liberaler Form. Zunächst jedoch treten bei den bürgerlichen Volksführern „die Unterschiede zwischen den Zielen der Allgemeinheit und der wohlhabenden Gruppen zurück". (Horkheimer 1968, S. 128) Darin liegt ihre mobilisierende Wirkung. Vertragen sich aber damit Luthers Schriften im Verlauf der Bauernkriegserhebungen, in denen er zu rücksichtsloser Niederschlagung ermutigte?
Mundt pries die Reformation als eine geschichtliche Bewegung, in deren Verlauf die Bedingungen zur Freisetzung des liberalen Wirtschaftssubjekts, notwendige Voraussetzung für die Entwicklung einer profitintensiveren Industrie, geschaffen werden. Die Deklarierung der Arbeit zur Quelle individuellen Reichtums ist die Basis des nationalen Rezeptionselements. Die geschichtliche Bewegung rezi-

piert er als verschiedene Phasen der Entfaltung der gesellschaftlichen Arbeit als des universalen Befriedigungsträgers individueller Bedürfnisse und differenziert sie je nachdem, welchen Handlungsspielraum sie den Arbeitskräften gewähren. Der Reformation gibt Mundt deshalb den Vorzug, weil sie Freiräume schafft für die Ausbildung des Menschen nach seiner Natur, wie sie sich Mundt vorstellt. Das feudale Mittelalter widersetzt sich allen Versuchen, der Arbeitskraft solche Freiräume zu gewähren, deshalb scheidet es von vornherein aus. Die Bauernaufstände urteilt er radikal ab, sie mißbrauchen die zu schaffenden gesellschaftlichen Freiräume.
„Die Bürger haben sehr gute Gründe, der Arbeit übermenschliche Schöpfungskraft anzudichten; denn gerade aus der Naturbedingtheit der Arbeit folgt, daß der Mensch, der kein anderes Eigentum besitzt als seine Arbeitskraft, in allen Gesellschafts- und Kulturzuständen der Sklave der anderen Menschen sein muß, die sich zu Eigentümern der gegenständlichen Arbeit gemacht haben." (Marx, MEW, Bd. 19, S. 17) Die Glorifizierung der wertschaffenden Arbeit hat es nötig, die Eigentumsverhältnisse zu verschleiern, denn „Arbeitsmetaphysik und Aneignung fremder Arbeit sind komplementär". (Adorno 1970, S. 38) Manipulativ verdeckt wird dieser Umstand mit der Heiligung des Werktages, der Errichtung einer disziplinierenden Arbeitsethik. Dieser Notwendigkeit zur Disziplinierung entspricht Luthers Lehre von den zwei Reichen aus Mundts Sicht aufs vollkommenste, wenn er den sozial nicht realisierbaren Trieben einen anderen Raum als den gesellschaftlichen zuweist, den sozial, im Sinne praktisch-politischen Engagements unwirksamen Raum der Innerlichkeit. Luthers disziplinierender Aufruf an den „gemeinen Mann" zur inneren Umkehr, vermag die sozial gerichteten Triebe derjenigen, die bloß ihre Arbeitskraft besitzen, zu spiritualisieren; zudem charakterisiert er sie als bestialisch, worin Mundt die Berechtigung für die Bewahrung und Sicherung von Herrschaft über den Menschen, zu Recht, sieht.
Nun wären die politischen Konsequenzen, die mit der radikalen Freisetzung der Arbeit als Quelle des Reichtums verbunden sind, ganz gewiß nicht im Sinne Mundts. Die Thematisierung Luthers enthält einige Unwägbarkeiten, die mit der Mobilisierung sozialer Risiken – der Verwirklichung individuellen Glücks durch individuellen Arbeitseinsatz – befördert würden. Die Idolisierung Luthers zum nationalen Volksführer legitimiert die manipulative Steuerung des Volkes, dem das Recht abgesprochen wird, selbständig Aktionen vorzubereiten und nach Maßgabe eigener sozialer Interessen durchzuführen. Die Illuminierung Luthers und seiner disziplinierend eingesetzten Innerlichkeit findet in der Notwendigkeit ihren Grund, das Volk soweit

zu aktivieren, daß es sich zwar kraftvoll für seine Emanzipation vom Absolutismus einsetzt; zugleich werden planvoll charakteriologische Bedingungen für die Schaffung einer repressiven Arbeitsmoral vorbereitet, um einen Modus zur systemadäquaten Befriedigung der mobilisierten Kräfte zu finden. Bezogen auf die Notwendigkeit zur Mobilisierung der Volksmassen rezipiert Mundt in Luther den liberalen Gewährsmann, der dem Volk dosierte Anweisungen gibt, sich gegen die ungerechtfertigte feudale Obrigkeit durchzusetzen und der fähig ist, zugleich die charakteriologischen Bedingungen zur Befestigung einer post-feudalen Herrschaft zu sichern. Nicht umsonst betont Mundt das nationale Element des reformatorischen Emanzipationsprozesses. Nationale Opferbereitschaft ist die Ebene, auf der der Verzicht legitimiert wird; denn auf dieser Ebene scheint die Unterdrükkung von individuellen Emanzipationsbestrebungen gerechtfertigt. Die Legitimierung manipulatorischer Steuerung der Massen begründet Mundts mangelnde Aufmerksamkeit für die Vorgänge des Bauernkrieges. Die historische Bedeutung des Volkes ist darauf eingeengt, den Vorstellungen eines extraordinären Individuums, hier dem derzeit einsetzbaren Machtpotential, zu dienen, ihm als nationalem Führer die erforderliche gesellschaftliche Durchschlagskraft zu verleihen. Nach Mundts Konzept darf es zu eigenen, selbständig durchgeführten Aktionen nicht gelangen; es scheint dazu auch im entferntesten nicht fähig zu sein. Diese Disqualifizierung des Volkes impliziert die Verurteilung der Bauern, denn der objektiven Tendenz ihrer Aktionen zufolge – zu differenzieren wäre zwischen den Zielsetzungen der verschiedenen Bauernhaufen und deren subjektivem Selbstverständnis – sind sie nicht bereit, der angestrebten Harmonisierung der rivalisierenden Interessen zuzustimmen.

Das aufklärerische Moment markiert innerhalb des liberalen Rezeptionstyps eine kritische Stellungnahme zu den politischen Konsequenzen der Haltung Luthers. Zugunsten der Einsicht in die partikulare Berechtigung der bäurischen Aufstände wird die Idolisierung Luthers zurückgedrängt, seine agitatorischen Fähigkeiten werden ihrer bedenklichen Konsequenzen wegen mißtrauisch beurteilt. In Ablehnung eines Liberalismus manipulativer Prägung, bei dem das nationale Element dominiert, verbirgt sich eine im Sinne liberalistischen Gedankenguts konventionelle Stellungnahme für menschliche Emanzipation und deren Realisierung in demokratischen gesellschaftlichen Organisationsformen. Auffällig changiert die Sympathie in der Bewertung der historischen Berechtigung zwischen den disziplinierenden Maßnahmen Luthers und den Aufständen der Bauern. Luther wird vorgeworfen, angesichts der aufständischen Bauern vor-

schnell die anstehende Aufklärungsarbeit abgebrochen zu haben. Offen mißbilligt wird seine Koalition mit den Fürsten, denn Aufklärung und feudale Herrschaft schließen einander aus. Positiv rezipiert wird Luther als Initiator liberaler Autonomiebestrebungen. Daß er mit der „Kirche" und dem „Evangelium" Institutionen schuf, die die autonome Glückssuche des Individuums empfindlich beschnitten und damit eine seiner ursprünglichen Aufklärungsarbeit widersprechende Tradition begründete, wird rundweg abgelehnt. Die Kritik an Luther fixiert sich an seinem konzessionsbereiten Verhalten gegenüber den Fürsten, ablesbar an seiner inkonsequent betriebenen Aufklärung und der Tradition, die aus seinem, zu manipulativen Eingriffen in gesellschaftliche Prozesse bereiten Selbstverständnis rechtfertigende Gründe ziehen konnte. Denn selbst jene, die Luther positiv rezipierten und anknüpfen wollten an den Versuch, den Menschen ihre natürlichen Freiheitsrechte zu erkämpfen, waren mehr damit beschäftigt, sein den Fürsten gefälliges Geschäft denn konsequent die aufklärerische Arbeit fortzusetzen. Damit formuliert das aufklärerische Element des liberalen Rezeptionstyps Kritik an der historisch gewachsenen innerliberalen Reaktion und rückt deutlich von dem Rezeptionselement nationaler Prägung ab. Mit dieser Kritik lösen sie ihre eigene emanzipatorische Einsicht ein, in aufklärerischer Absicht das unter partikular-absolutistischer Herrschaft konditionierte System der Bedürfnisse zu revolutionieren.
Trotz dieser klaren Frontstellung, beherrscht, wie wir gesehen haben, Ambivalenz die Rezeption von Reformation und Bauernkrieg. Diese Ambivalenz ist wesentlicher Bestandteil der Kategorie der Aufklärung: „Aufklärung zersetzt das Unrecht der alten Ungleichheit, das unvermittelte Herrentum, verewigt es aber zugleich in der universalen Vermittlung, dem Beziehen jeglichen Seienden auf jegliches. (...): sie schneidet das Inkommensurable weg." (Adorno 1947, S. 23) Darin drücken sich die beiden Dimensionen aus, aufgrund derer die inkonsistente Rezeption beider historischer Ereignisse zustande kommt. Nach ihrer emanzipativen Seite zeigt das aufklärerische Element Widerstand gegen das „unvermittelte Herrentum" und seine liberalen Koalitionäre, seine restriktive Seite manifestiert sich in der Tabuisierung der selbständigen Thematisierung der Bauernkriege. Die Kritik an Luther hätte vermuten lassen, daß sich eine solidarisierende Identifizierung mit den aufständischen Bauern anbahnt. Die Ablehnung Luthers, die in letzter Konsequenz seine die Fürstenherrschaft befestigende disziplinatorische Innerlichkeit meint, wird aber nicht verlängert zu einem positiven Engagement für die Sache der Bauern. Die Funktion der Thematisierung der Bauern bleibt darauf beschränkt,

ihren Einfluß auf das politische Handeln Luthers versteckt abfällig zu registrieren. Die Bauernkriege werden nicht als eine denkbare Fortsetzung, allenfalls als ein mögliches Korrektiv der lutherischen Aufklärungsarbeit rezipiert, obwohl ihnen kluge Trägerschaften von Freiheit und Gleichheit zugestanden werden. Die mit der unzureichenden Thematisierung unbewußt vollzogene Tabuisierung des Bauernkriegs eröffnet den Blick auf den ideologisch blinden Fleck des aufklärerischen Elements. Er besteht darin, weder systematisch auf die soziale Gebundenheit der Freiheits- und Gleichheitsforderungen zu reflektieren, noch auf historische Bedingungen ihrer Realisierung eingehen zu können. Daß das Ausmaß der Restriktion der selbstständigen Rezeption des Bauernkriegs gesteuert ist durch die Notwendigkeit, besonders in der deutschen Lage präventive, liberale Herrschaft stabilisierende, Maßnahmen vorzubereiten, wird deutlich, wenn den Bauern Maßlosigkeit in Bezug auf ihre Forderungen vorgeworfen wird (vgl.: das nationale Rezeptionselement). Analog dazu reduziert sich die Kritik an Luther. Seine „Fürstenhochzeit" wird als individueller Kontrollverlust geschildert, der bei dem ‚Temperament', wie es Luther besaß, schon vorkommen kann.
Das aufklärerische Element des liberalen Rezeptionstyps trägt den Widerspruch in sich, implizite Kritik zu üben an dem manipulativen Charakter des nationalen Rezeptionselements und der protestantischen Tradition, aus der er sich historisch entwickelt. Gleichzeitig verarbeitet er restriktiv die Erfahrung, die mit der Rezeption von Reformation und Bauernkrieg verbunden und als neues Rezeptionselement seinen Horizont aufdehnte.
Das sensualistische Element in der Auffassung Heines hat keine strategische oder ideologisch motivierte Veranlassung, die Reflexion auf die aus Reformation und Bauernkrieg bisher als widersprüchlich empfundenen sozialen Erfahrungen zu verdrängen; beide historischen Einschnitte in die deutsche Geschichte werden bei Heine unter der Regentschaft zweier sich feindlich gesonnener, letztlich sich aber ergänzender Prinzipien rezipiert. Für Heine ist Luther weit entfernt von einem geschickten nationalen Führer. „(. . .) das Wissen, die Erkenntnis der Dinge durch die Wissenschaft, gibt uns endlich die Genüsse, um die uns der Glaube, das katholische Christentum so lange gebracht hat." (Heine, Bd. 8, S. 25) Luthers polemische Kritik beförderte den Fortschritt an Geistesfreiheit auf der Ebene der Verbreiterung wissenschaftlicher Kenntnis, ein notwendiger Schritt, wenn auch nicht der entscheidende, auf dem Weg zu einer die Interessen des Volkes verwirklichenden deutschen Nation.
„Es wird aber noch einige Zeit dauern, (. . .) ehe es (das deutsche

Volk, K. S.) eben durch den Geist der Usurpation des Geistes einsieht und die Rechte des Fleisches vindiziert. Das ist dann die Revolution, die große Tochter der Reformation." (Heine 1926, Bd. 3, S. 49) Bezeichnet Heine den Bauernkrieg als eine Folge von sensualistischen Emeuten, so bezeichnet er nachhaltig den Unterschied, der zwischen den Zielen Luthers sowie der Reformation und den Bauernaufständen liegt. Die Bauern beteiligten sich maßgeblich an der Transformation der feudalen Gesellschaft. Sie treiben, wenn auch mit lokal beschränkten Aktionen und Forderungen, die häufiger an ein Streben nach Rückgewinnung bäuerlicher Privilegien, die sie während des Hochmittelalters inne hatten, erinnern, die Errosion der Feudalen Gesellschaft vorwärts. Damit verstößt das sensualistische Element des liberalen Rezeptionstyps gegen die ideologischen Restriktionen des aufklärerischen Elements, indem es den Interessengegensatz zwischen Reformatoren und Bauern nicht zugunsten der Reformatoren einebnet, sondern sich der sozialen Widersprüchlichkeit bewußt wird. Wie, im ideologiekritischen Sinne, vorurteilsfrei Heine vom Bauernkrieg sprechen kann, beweist eindrucksvoll seine Erinnerung an das Scheitern dieser Aufstände: „Noch heutigentags, in Franken und Schwaben, schauen wir die Spuren dieser Gleichheitslehre ... Wohl dem, der, nüchternen Sinns, nichts anderes sieht; ist man aber ein Sonntagskind – (...), so sieht man auch die hohe Jagd, die der deutsche Adel, der roheste der Welt, gegen die Besiegten geübet, man sieht, wie tausendweis die Wehrlosen totgeschlagen, gefoltert, gespießt und gemartet wurden, und aus den wogenden Kornfeldern sieht man sie geheimnisvoll nicken, die blutigen Bauernköpfe, und darüberhin hört man pfeifen eine entsetzliche Lerche, rachegellend ..." (Heine zitiert nach A. Norden, 1974, S. 149) In dieser Verklammerung von realitätsgerechter Rekonstruktion von für das deutsche Schicksal wesentlichen historischen Epochen und eines utopischen Entwurfs einer befriedeteren deutschen Gesellschaft kündigt sich bei Heine der pebejische Rezeptionstyp von Reformation und Bauernkrieg an. Damit konkretisieren sich die zu Anfang gehegten Zweifel, ob sich Heines Rezeption von Reformation und Bauernkrieg noch mit den Kategorien, die für das Rekonstruieren der Funktion des liberalen Rezeptionstyps entwickelt wurden, beschreiben läßt, dahingehend, daß die plebejische, in ihrer Struktur aber humanistische Rezeption die Tendenz verkörpert, sich ein neues Terrain zu erobern, auf dem sich die Rezeption von Reformation und Bauernkrieg ganz anders ausnehmen wird.

Literatur

(Aufgenommen wurden nur Titel, auf die im Text Bezug genommen wurde.)

Th. W. Adorno, Dialektik der Aufklärung, Amsterdam 1947.

–, Negative Dialektik, Frankfurt/M. 1966.

–, Drei Studien zu Hegel, Frankfurt/M. [5]1970.

J. v. Eichendorff, Aus dem Leben eines Taugenichts, Stuttgart 1967.

K. Gutzkow, Wally, die Zweiflerin, Faksimiledruck nach der 1. Auflage von 1835, mit der Vorrede und dem Anhang zur 2. Auflage von 1852, Göttingen 1965.

G. W. F. Hegel, Werke in zwanzig Bänden, Frankfurt/M. 1970.

H. Heine, Säkularausgabe, herausgegeben von den nationalen Forschungs- und Gedenkstätten der klassischen Literatur in Weimar und dem Centre National de la Recherche Scientifique in Paris, Berlin/Paris 1972.

–, Ausgewählte Werke, 3 Bde., herausgegeben und eingeleitet von Dr. Oskar Daehnert, Leipzig 1926.

M. Horkheimer, Traditionelle und Kritische Theorie, Frankfurt/M. 1968.

H. Kind, Das Zeitalter der Reformation im historischen Roman der Jungdeutschen, Göttingen 1969.

Leo Kofler, Zur Geschichte der bürgerlichen Gesellschaft, Darmstadt, Neuwied [5]1974.

H. Laube, Deutsche Literaturgeschichte, 4 Bde., Leipzig 1833.

W. Lepenies, Melancholie und Gesellschaft, Frankfurt/M. 1969.

Novalis, Werke, herausgegeben und kommentiert von G. Schulz, München 1969.

Marx/Engels Werke, Berlin 1972; zitiert: MEW.

Th. Mundt (Hrsg.), Martin Luthers politische Schriften, Leipzig 1868.

–, Luther und die Idee der christlichen Freiheit, in: Freihafen, 1844, Bd. 1.

A. Norden, Herrscher ohne Krone, Frankfurt/M. 1974.

R. Rosenberg, Deutsche Literatur zwischen 1830–1871, in: Weimarer Beiträge 18, 1972, H. 1.

A. Ruge, Th. Echtermeyer, Der Protestantismus und die Romantik, Zur Verständigung über die Zeit und ihre Gegensätze. Ein Manifest, in: Hallische Jahrbücher für deutsche Wissenschaft und Kunst, Halle 1839, S. 1954–2480.

C. F. Savigny, Die Entstehung des positiven Rechts, in: Vom Beruf unserer Zeit für Gesetzgebung und Rechtswissenschaft, Darmstadt 1959.

L. Wienbarg, Ästhetische Feldzüge, Berlin/Weimar 1964.

A. Wildhaber, Das Bild der Reformation in der jungdeutschen Epoche, Bern 1936.

W. Wülfing, Schlagworte des Jungen Deutschland, in: Zeitschrift für deutsche Sprache, 21, 1965, S. 42 ff. u. 160 ff.; 22, 1966, S. 36 ff. u. 154 ff.; 23, 1966, S. 48 ff. u. 166 ff.; 24, 1966, S. 60 ff.

Autorenkollektiv

„Die ganze Welt muß neu geboren wern"

Friedrich Wolfs Bauernkriegsdramen

„Eure Einwürfe reduzieren sich in letzter Analyse darauf, daß ich überhaupt einen ‚Franz von Sickingen' und nicht einen ‚Thomas Müntzer' oder eine andere Bauernkriegstragödie geschrieben habe" (Lassalle, in: Hinderer 1974, S. 76 f.) – dieses Resümee Ferdinand Lassalles, Teil seines als ‚Sickingen-Debatte' in die Geschichte der materialistischen Literaturtheorie eingegangenen Briefwechsels mit Karl Marx und Friedrich Engels, gibt komprimiert die Problematik der Diskussion um Lassalles historisches Bauernkriegsdrama *Franz von Sickingen* wieder. In dieser Diskussion hatten Marx und Engels übereinstimmend Lassalles Versuch kritisiert, unter seine Vorstellung von der „Tragödie der formalen revolutionären Idee par excellence" (Lassalle, in: Hinderer 1974, S. 77) den realen historischen Prozeß der Bauernkriegszeit zu subsumieren und so Geschichte in eine idealistische Konstruktion zwingen zu wollen. Das Ergebnis, so Marx und Engels, sei ein unangemessenes Verhältnis von Stoff (Bauernkrieg) und Thema (Sickingens „tragisches" Scheitern), das Konsequenzen bis hin zur abstrakten Gestaltung der Figuren, dem „Verwandeln von Individuen in bloße Sprachröhren des Zeitgeistes" (Marx, in: Hinderer 1974, S. 39) habe. Ein wesentlicher Fehler Lassalles im „Sickingen"-Drama sei, wie Marx formulierte, „die lutherisch-ritterliche Opposition über die plebejisch Münzersche zu stellen" (Marx, in: Hinderer 1974, S. 39).

Die Diskussion dieses Problems besitzt – über ihre Bedeutung für die politischen Differenzen Lassalles mit Marx und Engels hinaus – Relevanz für die Frage nach dem Verhältnis von Historizität und Aktualität im historischen Drama, eine Frage, die insbesondere dort relevant wird, wo die dramatische Verarbeitung von Geschichte als Möglichkeit eines Eingriffs in gegenwärtige gesellschaftliche Entwicklungen verstanden wird, wo mithin der Anspruch auf ein parteiliches Anknüpfen an revolutionäre Traditionen verbunden ist mit dem Engagement für aktuelle politische Auseinandersetzungen. Eben diesen Anspruch hat Friedrich Wolf mit seinen Bauernkriegsdramen *Der arme Konrad* und *Thomas Münzer* erhoben. Sie gehen nicht nur über Lassalles Verarbeitung des Bauernkriegsstoffes hinaus, weil sie – im

Sinne der Kritik von Marx und Engels – bei der „plebejisch Münzerschen Opposition" ansetzen, sondern auch, weil ihr Erkenntnisinteresse wesentlich an dem Problem der Kontinuität revolutionärer Entwicklungen und der Dialektik von Sieg und Niederlage des „gemeinen Mannes" orientiert ist. Wolfs Bauernkriegsdramen stellen also den Versuch dar, den historischen Stoff des Bauernkrieges unter dem Aspekt der geschichtlichen Veränderung aus aktuellem politischen Interesse zu verarbeiten.

Diesen Versuch auf seine Realisierung zu befragen, erfordert sowohl eine Diskussion des Verhältnisses von Stoff- und Themenwahl, also der Verarbeitung des historischen Materials, als auch eine Analyse der künstlerischen Techniken und der Veränderung des Werkes aufgrund gesellschaftlicher Entwicklungen wie im Hinblick auf die Beeinflussung solcher Entwicklungen. Insbesondere unter diesem letzten Aspekt stellt sich die Frage, inwieweit Wolfs Anspruch, auf aktuelle politische Vorgänge künstlerisch einwirken zu wollen, mit seinen historischen Dramen eingelöst wird. Der zwischen Marx, Engels und Lassalle diskutierte Aspekt der „richtigen" Verarbeitung des historischen Stoffs wird also zur Frage nach dem Einfluß der angestrebten Aktualität auf das Werk erweitert und stellt sich hier als Problem von operativer Literatur im Klassenkampf. Die genannten Fragestellungen werden in der Analyse des Bauernkriegsdramas *Der arme Konrad* (I), bei der Entwicklung Wolfs vom *Armen Konrad* zum *Thomas Münzer* (II) und in der Interpretation des Dramas *Thomas Münzer* (III) diskutiert.

I.

Der Versuch Wolfs, mit seinem Drama *Der arme Konrad* 1923 anhand des Bauernkriegsstoffes Antworten auf aktuelle politische Fragen zu geben, „durch analoge Ereignisse der fernen Vergangenheit dieser tobenden Gegenwart einen kühlen und klaren Spiegel vor(zu)halten" (Wolf 1967, Bd. 15, S. 331), ist Ausdruck seiner Erfahrungen in den politischen Auseinandersetzungen nach dem Ersten Weltkrieg. Hatte Wolf im Krieg zunächst die Möglichkeit gesehen, „zum Abbau zivilisatorischer Schäden" beizutragen und „solche Tugenden wie Mannesmut und Kameradschaft" zu fördern (Kändler 1974, S. 302), so kam er durch die Kriegserlebnisse zu einer Annäherung an die pazifistischen Positionen expressionistischer Intellektueller, mit denen ihn seine idealistische Vorstellung von einem gesellschaftlichen Wandel durch individuelle Veränderung (vgl. Wolf, in: Pollatschek 1963, S. 28), sein Kampf für eine „Reduktion zum Notwendigsten" (Wolf 1967, Bd. 15, S. 18) und eine vehement vorgetragene Kultur- und Zivilisationskritik verbinden. Zugleich führt ihn seine Solidarität mit der proletarischen Bevölkerung, deren materielle Not er als Arzt in Remscheid erfuhr, zur Teilnahme am Ruhrkampf. Er begreift sich als militärischer Führer, als Teil der Massenbewegung: „Es war ein ungeheures Erlebnis, dieser tausendfältige unerbittliche Wille, der den einen trug und den Funken wieder in die Tausenden warf." (Wolf 1974, S. 427)

Die Arbeitskämpfe des Ruhrgebiets vergleicht Wolf mit den Kämpfen des Bauernkrieges: „Es war ein Volksaufstand so wie die Schlacht am Sendlinger Tor oder die schwäbischen Bauernrevolten. (. . .) da spürte man endlich wieder den Blutschlag eines übermenschlichen Willens . . . diesmal nicht zum Völkerkrieg, sondern zu einer großen Vereinigung, die durch die Arbeiterschaft kommen wird und muß." (Wolf 1974, S. 428 f.)

Während Wolf in dieser Weise zunächst noch emphatisch die historische Kontinuität der Arbeiterkämpfe beschwört und auf eine Änderung der Machtverhältnisse in der Weimarer Republik hofft, weicht diese begeisterte Einschätzung einer resignativen Haltung, als die Ruhrkämpfe niedergeschlagen werden: Wolf zieht sich nach der Niederlage aus der unmittelbaren politischen Auseinandersetzung zurück.

Er beteiligt sich zunächst an Heinrich Vogelers Worpsweder Siedlungsprojekt. Nach dessen Scheitern läßt er sich in Hechingen (Schwaben) als Landarzt nieder. Hier liegt der zeitliche Beginn der Arbeit am *Armen Konrad.* Der *Arme Konrad* ist ein Revolutionsdrama, das eine lokal begrenzte Episode des Bauernkriegs zum Inhalt hat. Doch es geht Wolf nicht um eine dramatische Verarbeitung dieser Episode selbst, sondern vor allem um eine Gestaltung aktueller Gegenwartsprobleme mit Hilfe historischer Distanzierung: in die historische Bauernbewegung des Armen Konrad ist die Entwicklung der Volksbewegung in den Jahren 1921 bis 1923 eingearbeitet. Indem Wolf die Ursachen der Niederlagen des Armen Konrad zeigt (fehlende Organisation, falsches Vertrauen, Verrat), versucht er zugleich, die historische Dimension des dialektischen Zusammenhangs von Sieg und Niederlage herauszuarbeiten, auf gegenwärtige politische Fehler hinzuweisen und die Gefahr der Resignation des klassenbewußten Proletariats abzuwehren. Ende August 1923 ist die Arbeit beendet, 1924 erscheint eine gestraffte Bühnenfassung. Noch zweimal nimmt Wolf Änderungen vor: 1936 in Moskau und 1946 in Berlin, Änderungen, die sich im wesentlichen auf die Schlußszene des

Dramas beziehen und auf die nicht ausgereifte Konzeption der Erstfassung ebenso verweisen wie auf die politische Entwicklung des Autors.

Historischer Exkurs: Der arme Konrad

Der historische Arme Konrad war eine Bauernorganisation in Südwestdeutschland, die, nach den Prinzipien des Bundschuhs mit festen Gesetzen, geheimen Versammlungen und einem gewählten Anführer aufgebaut, anfänglich nur die ärmsten Bauern und Plebejer als Mitglieder aufnahm. Erst mit zunehmender Annäherung der ökonomischen Interessen von bäuerlicher und niederer städtischer Bevölkerung erweiterte sich dieser Kreis durch Bürger und Handwerker aus den Städten. Erkennungszeichen und Symbol des Armen Konrad war wie bei den anderen Bauernverbindungen die Fahne: auf blauem Grund ein Kruzifix, vor dem ein Bauer kniet, mit der Unterschrift „Der Arme Konrad".
Die offenen Auseinandersetzungen mit dem Herzog von Württemberg begannen 1514, als die Ausbeutungs- und Unterdrückungsmethoden im hoch verschuldeten Land durch die Kapitalsteuer und eine zusätzliche Verbrauchssteuer für Fleisch, Mehl und Wein, sowie durch eine Minderung der Maße und Gewichte erneut verschärft wurden. Von diesem Zeitpunkt an traten die Anführer des Armen Konrad offen auf und riefen zur bewaffneten Auseinandersetzung mit dem Herzog auf. Die politischen Forderungen des Armen Konrad lauteten u. a.:

- teilweise Abschaffung der Leibeigenschaft, Aufhebung der neuen Steuern und Minderung der bäuerlichen Lasten,
- Stärkung des Bundes und Aufteilung der Güter an die armen Leute.

Diese Forderungen wurden jedoch nicht einheitlich von allen Mitgliedern des Bundes vertreten, da sich später auch reiche Bürger und Männer aus den städtischen Ämtern anschlossen. Diese heterogene Zusammensetzung schwächte den Einfluß des Bundes, da die herzogliche Regierung die verschiedenen Gruppierungen gegeneinander ausspielen konnte. Die politischen Differenzen innerhalb des „Armen Konrad", die unzureichende Vermittlung der eigenen Forderungen innerhalb der Bewegung, die opportunistische Haltung der Städte als Bündnispartner, Intrigen, mangelnde militärische Kenntnisse und Ausrüstung und schließlich der Zwiespalt der Bauern untereinander führten zu einer blutigen Niederlage des Bauernaufstandes, zum Blutgericht auf den Schorndorfwiesen.

Die Frage, in welchem Verhältnis Wolfs ästhetische und politische Theorie und Praxis zueinander stehen, ist in Untersuchungen zu Wolfs Drama *Der arme Konrad* unterschiedlich beantwortet worden. Einerseits findet sich die Auffassung, Wolfs politische Praxis sei fortgeschrittener als seine ästhetische gewesen (Kändler 1974, S. 156); andererseits wird die Ansicht vertreten, Wolfs Werk sei „bereits über die eigene philosophisch-begriffliche Erfassung der Welt" hinausgegangen (Mittenzwei 1969, S. 283). Beide Thesen bedürfen der Überprüfung im Hinblick auf die ästhetische Verarbeitung der politischen Erkenntnisse Wolfs mit Hilfe eines historischen Stoffs. Wolf stellt den historischen „Armen Konrad" in seinem Drama in eine Tradition von Bauernaufständen, die, obwohl sie mit Niederlagen enden, der historischen Idee von Freiheit und nationaler Einheit verpflichtet bleiben. Dieser Kontinuitätsthese entspricht Wolfs Einschätzung der aktuellen Klassenkämpfe: im Rückblick auf die Auseinandersetzungen der Jahre 1920 bis 1923 schreibt Wolf 1930: „So hart diese Opfer waren, sie waren nicht umsonst! Die Kämpfe in den nächsten Jahren in Mitteldeutschland, bei Leuna und 1923 in Hamburg, sie fanden schon auf einer höheren Ebene statt. Immer wieder mußte das deutsche Proletariat blutiges Lehrgeld zahlen." (Wolf 1967, Bd. 15, S. 246)
Das Element der historischen Kontinuität umspannt als Klammer das gesamte Stück: in der ersten Szene versuchen geschlagene Bundschuh-Bauern Anschluß an den „Armen Konrad" zu finden in der Gewißheit, daß dort ihre ‚Sach' fortgeführt wird: „Die groß Sach stirbt nit an zwei Augen und nit an einem Bach von Blut; die groß Sach schläft nur" (S. 8), während in der letzten Szene der sterbende Konz als Repräsentant des geschlagenen „Armen Konrad" die historische Perspektive der ‚großen Sach' visionär entwirft. Innerhalb dieses Spannungsbogens vom beginnenden Widerstand des „Armen Konrad" bis zu seiner Niederlage entfaltet Wolf das Bild von der anwachsenden Bauernbewegung, ihren Siegen, ihren Rückschlägen und den Bedingungen ihres schließlichen Scheiterns.
Als eine der Bedingungen für das Scheitern wird bereits frühzeitig der Zwiespalt innerhalb der Bauernbewegung genannt. Während ein Teil der Bauern (Geispeter, Bantelhans) auf spontanes Losschlagen drängt, versucht Konz, der Anführer des „Armen Konrad", aus alten Fehlern der Bauern lernend, sie von voreiligen Taten abzuhalten und auf ihre organisatorische Einigung hinzuwirken: „Geselln, laßt uns nit lossurren wie die Bremsen, daß uns ein Wind aufbrauset und ein anderer zerweht! Unsere Sach ist ein schwere Sach, wann die hochkommt und fallet, so zerschmeißet's viel." (S. 19) Als Vermittler in diesem

Streit wirken die Vertreter des geschlagenen Bundschuh, die durch die Übergabe ihrer Fahne dem „Armen Konrad" die Fortführung des Kampfes als Vermächtnis des Bundschuh übermitteln und ihre Erkenntnisse und Erfahrung in den Kampf einbringen: „Geselln, soll's ewig denn sein, daß der Bauernwolf Zwietracht dem Bund die Glieder abreißt, daß die großen Hansen hernach den Rumpf im Spiel zerhaun? Wollt ihr gar nit lernen aus unserem Zerwurf?" (S. 17)

Im Zusammenhang mit dem sich entfaltenden Aufstand wird die wichtige Rolle des „Narrenspiels" als einer notwendigen Organisationsform für die Bauern deutlich. Wolf hat die historische Bedeutung und damit auch den dramaturgischen Stellenwert des Narrengerichts, das er als „bäuerliche(s) Agitpropspiel" (Wolf 1967, Bd. 15, S. 281) bezeichnet, folgendermaßen beschrieben: „Die Avantgarde der revolutionären Bauern, die ‚festen Gesellen', hatten sich in solchen Spieltrupps formiert und bewaffnet. Sie bestimmten als Zeitpunkt für das Losschlagen die Aufführung des Fastnachtsspiels (. . .) ein Fest, bei dem die Feudalherren, die gesamte Rittschaft des Landes anwesend waren. Mitten im Spiel des ‚Ehrsamen Narrengerichts' zogen nun die Grosselfinger Bauern anno 1514 aus ihren Narrenpritschen ihre verborgenen Schwerter und machten die zuschauenden Ritter nieder; noch am gleichen Tag wurde die nahe Burg der Buben von Bubenhofen von den aufständischen Bauern niedergelegt; aus dem Spiel war blutiger Ernst geworden." (Wolf 1967, Bd. 15, S. 281)

Hier ersetzte also das Spiel nicht die politische Wirklichkeit, sondern wurde zu ihrer Vollendung. Wahrscheinlich hat dieses „bäuerliche Agitpropspiel", das zu Wolfs Hechinger Zeit von Laien noch gespielt wurde, den Autor im wesentlichen dazu gebracht, den *Armen Konrad* zu schreiben. Das Narrengericht wird zum auslösenden Moment des Kampfes und damit zum „eigentlichen Herzpunkt" (Wolf 1960, Bd. 2, S. 76) des Dramas, da es als Spiel im Spiel den Zusammenhang von ästhetischem Spiel und politischem Handeln zum Ausdruck bringt. Zudem faszinierte Wolf, daß dieses Spiel trotz vieler früherer und gegenwärtiger Verbote sich über 400 Jahre behaupten konnte und damit selbst revolutionäre Kontinuität zum Ausdruck bringt. Den Bauernkrieg bewertete er als „Deutschlands große, einzigartige Schicksalsstunde" (Wolf 1967, Bd. 15, S. 81), in der die Dichter in den Kampf eingriffen. Da er in seiner Gegenwart wiederum eine ‚Zeitwende' erblickte, sah er als die wesentlichste Aufgabe des zeitgenössischen Dichters die Agitation auf der Plattform des Theaters.

Die Umsetzung dieser Intention im Drama jedoch, die Realisierung von Klassenauseinandersetzungen auf der Bühne, macht die Schwächen des Stücks deutlich, die sich vor allem an der Charakteristik und Handlungsweise der Protagonisten (Konz, Herzog Ulrich) verfolgen lassen. Während etwa der Hintergrund des Dramas, insbesondere das bäuerliche Lager, durchweg realistische Züge trägt, hat Wolf den Bauernführer Konz zu einer literarischen Figur idealisiert, in der die besten Kräfte der Bauernbewegung beispielhaft zum Ausdruck kommen sollen. Im Zusammenhang mit der idealistisch befangenen Geschichtskonzeption Wolfs führt diese Stilisierung dazu, daß handlungsmotivierende Moment aus der individuellen Entschlußkraft des Protagonisten Konz gewonnen werden, daß Konz sich wiederholt von der Bewegung der Bauern löst und ohne Rückkopplung zur Masse selbstherrlich handelt und schließlich sogar in den Fehler des Lassalleschen Sickingen verfällt, mit der „Idee zu listen", d. h. durch sein taktisch falsches Verhalten nicht den Gegner, sondern seine eigenen Leute zu täuschen. Die Gefahr, entgegen dem eigenen Anspruch Geschichte doch zum Kampffeld „großer Männer" zu stilisieren, wird in Wolfs Drama verstärkt durch die Reduzierung der historischen Klassenauseinandersetzung auf eine Art Zweikampf, in dem sich Konz und der Herzog gegenüberstehen. Zwar stellt Wolf den Herzog als Feudalherren dar, der sein Volk durch erhöhte Steuern und Fronarbeiten ausbeuten läßt, doch agiert der Herzog im Stück als Individuum, das, unabhängig von seinen Klasseninteressen, den großen Gegenspieler sucht, gegen den zu kämpfen lohnt. Er verachtet nicht nur die Bauern, sondern auch die Vertreter seiner Klasse und erkennt letztlich nur Konz als Gegner an, in dem er eine große Persönlichkeit sieht. Durch diese Konzeption wird der spezifisch historische Konflikt auf eine abstrakte, zeitlose Ebene gehoben. In der ersten Fassung des Stücks ergreift nach Konz' Vision, die „große Sach" werde wiederkehren, der Herzog noch einmal das Wort: „Warum warst du nit von unserem Blute, Gesell", fragt er, „warum warst du kein Ritter?" Er zerbricht sein Schwert, deckt die Fahne des „Armen Konrad" über Konz und befiehlt, die Pauken und Hörner ertönen zu lassen: „Wo ein Mann fällt, soll man ihn ehren." (Wolf, in: Günther 1963, S. 207.)

Diese Konzeption, die den Klassenkonflikt auf individuelles Handeln reduziert, läßt noch deutlich die Einflüsse des Expressionismus auf Wolfs Drama *Der Arme Konrad* erkennen. „Die Welt muß umgestürzt werden, von oben nach unten, von unten nach oben, daß sie neu werden kann", heißt es noch 1919 in Wolfs Drama *Das bist Du* (Wolf 1960, Bd. 1, S. 109). Wolf versteht Weltveränderung zu diesem Zeitpunkt als rein geistigen Vorgang, ohne Einsicht in die Prozeßhaftigkeit geschichtlicher Veränderungen. Die Grundlage dieses Ver-

ständnisses hat Wolf 1916 in die These gefaßt: „Der Mensch muß sich von Grund auf ändern, nicht die Menschheit" (Wolf, in: Pollatschek 1963, S. 28) – ein Gedanke, der Wolf mit den Vorstellungen der ‚linken Expressionisten" vom neuen Menschen verbindet. In *Das bist Du*, das für diese ideologische Disposition Wolfs Beispielcharakter besitzt, wird die Allgemeingültigkeit der Wandlungsproblematik dadurch betont, daß Ort und Zeit der Handlung nicht bestimmt werden und daß die reale Welt nur erscheint „als Spiegelbild höherer unergründlicher Gesetze, die das menschliche Leben und Tun absolut vorausbestimmen" (Nössing, in: Pollatschek 1958, S. 53).
Diese Vorstellung von der Veränderung des Menschen ist wirksam auch noch im *Armen Konrad:* „Die ganze Welt muß neu geboren wern" (S. 55), lautet nun die zwar auf Gesellschaft bezogene, doch idealistisch befangene Forderung Wolfs. Seine „Menschengestaltung (. . .) fußt zumindest teilweise noch auf einem idealistischen Volksbegriff. Er glaubt die guten Kräfte des Volkes im Widerstreit mit dessen Verderbern, wobei die Scheidung über soziale Grenzen hinweggeht." (Kändler 1974, S. 169) Die objektiven Klassengegensätze werden im *Armen Konrad* als geistiges Duell zweier aus der Masse herausragender Individuen interpretiert, die zwar als Repräsentanten ihrer Klassen agieren, in denen jedoch die Dialektik des historischen Prozesses nicht zum Ausdruck gebracht wird. Aus diesem Grund müssen Wolfs Protagonisten im *Armen Konrad* durchaus noch als „Sprachröhren des Zeitgeistes" (Marx) bezeichnet werden, auch wenn der „Zeitgeist" bereits auf der Bühne des Klassenkampfes erscheint.
Wolfs weitere Bearbeitungen des Stückes zeigen, daß er später selbst wesentliche Mängel des *Armen Konrad* erkannt hat. Schon im Herbst 1924 nimmt er z. B. für die Aufführung der Berliner Volksbühne eine erste Überarbeitung vor, in der er mit Hilfe der neu eingeführten „Judica-Szene" den Vertragsbruch des Herzogs gegenüber den Bauern eindeutiger zu motivieren versucht (vgl. Günther 1963, S. 216). Diese Szene, die in die Textausgaben des Dramas nicht aufgenommen wurde, verstärkt jedoch im Gegensatz zu Wolfs Intention die Schwächen des *Armen Konrad,* weil Wolf die Handlungsweise des Herzogs durch ein zusätzliches Eifersuchtsmotiv erklärt und so der Klassenwiderspruch noch deutlicher auf die individualistische Auseinandersetzung der beiden Protagonisten reduziert wird, eine Schwäche, auf die in den negativen Kritiken zur Theateraufführung in Berlin nachdrücklich hingewiesen wurde (Kändler 1974, S. 171; Günther 1963, S. 216). 1936 und 1946 hat Friedrich Wolf den Schluß des Stückes mit unterschiedlichen Intentionen umgearbeitet. Die Bearbeitungen weisen darauf hin, daß Wolf Geschichte zuneh-

mend historisch-materialistisch begreift und deshalb den nicht endenden Klassenkampf als zukunftsweisendes Element an den Schluß seines Dramas setzt.

II.

Hatte Wolf im *Armen Konrad* durch die Wahl eines historischen Stoffes versucht, Probleme der Gegenwart darzustellen, so wendet er sich etwa seit 1926 entschieden gegen diese seine eigene Praxis. Scharf verurteilt er „die Blume historischer Gleichnisse" (Wolf 1967, Bd. 15, S. 59) und hält es für einen „Verrat, in die Vergangenheit zu fliehen, da unsere brennende Gegenwart vor unseren Augen die Probleme türmt (. . .)" (Wolf 1967, Bd. 15, S. 97). Parallel zu diesen theoretischen Äußerungen beginnt er 1926/27 mit seinen Stücken *Koritke* und *Kolonne Hund* eine Darstellung von aktuellen Klassenkämpfen zu verwirklichen. Nach seinem Eintritt in die KPD (1928) faßt Wolf in seiner programmatischen Rede *„Kunst ist Waffe"* seine Forderungen an den zeitgenössischen Schriftsteller zusammen: „Der Dichter des Heute, der die Not, die Kämpfe, den Glauben und Untergang der Menschen der Straße, der Hinterhäuser, Fabriken und Bergwerke auf die Bretter stellt, er kann nicht mit süßen Jenseitsverheißungen und mit Samtpfötchen kommen; seine Gedanken, seine Worte werden notwendig Angriff und Waffe sein! Er wird nicht in Vergangenheiten flüchten und von Karl dem Großen oder dem Apostel Paulus sprechen; er wird die Tragödie eines Arbeitslosen vor uns hinstellen, die Verzweiflungstat einer kranken, geschwächten Mutter, die ihr siebtes Kind trägt, die Unterdrückung der erwachenden Kolonialvölker durch die Westmächte (. . .) ‚Motive' in Massen! Das Gold liegt auf der Straße!" (Wolf 1967, Bd. 15, S. 90) Dieser aktive Gegenwartsbezug muß sich notwendigerweise mit der klaren Parteilichkeit des Künstlers verbinden: „(. . .) in dieser Schicksalsstunde marschiert der Dichter als Trommler neben der Fahne." (Wolf 1967, Bd. 15, S. 78)

In engem Zusammenhang hiermit steht Wolfs Ablehnung des klassischen Erbes. Diese Ablehnung ist Ausdruck nicht nur seiner Einsicht in den Widerspruch, zwischen der wachsenden Notlage des Proletariats und einem klassischen Schönheitsideal, das von der herrschenden Klasse zur Verschleierung der Klassengegensätze benutzt wurde, sondern Ausdruck auch der Intention Wolfs, direkt in die politischen Ereignisse literarisch einzugreifen, eine operative Literatur zu schaffen. Diese seine Position innerhalb der Auseinandersetzung in den

20er und 30er Jahren um eine marxistische Ästhetik verwirklicht sich im Drama *Cyankali*, das eine direkte Mobilisierung der Zuschauer gegen den Paragraphen 218 bewirkte. Angesichts des drohenden Faschismus und der sich zuspitzenden Klassenkämpfe gewann das Agitproptheater zunehmend an Bedeutung, weil es besonders geeignet war, aktuelle Ereignisse schnell verarbeiten und so zur Massenagitation eingesetzt werden zu können. Eben aus diesen Gründen begann Wolf 1932 die Spieltruppe Südwest aufzubauen und für sie Agitpropstücke zu schreiben. Ihre Aufgabe bestand vor allen Dingen darin, der wachsenden Gefahr einer Faschisierung der Kleinbürger, Angestellten und Bauern entgegenzutreten. Die Hinwendung zu Problemen der Mittelschichten bewirkte auch eine neue Technik, die einen „gewissen Schematismus" – immer wiederkehrende naive Typisierung der Kapitalisten und Bonzen –, der sich Ende der 20er Jahre in der Agitpropszene eingebürgert hatte, überwinden half. Wolf kritisiert: „Man nahm in Parolen und Behauptungen Dinge vorweg, die grade dem deklassierten Angestellten und dem ausgepowerten Kleinbauern erst bewiesen werden mußten (. . .)." (Wolf 1967, Bd. 15, S. 288) Worauf es ankam, war das Bewußtwerden der Rezipienten, das Anregen zum Nachdenken.
Aufgrund dieser Erkenntnisse schreibt Wolf drei Agitprop-Stücke: *Wie stehn die Fronten*, *Von New York bis Shanhai* und *Bauer Baetz*. Im Gegensatz zum Bauernkriegsdrama *Der Arme Konrad* wird in *Bauer Baetz* Gegenwartsproblematik aufgearbeitet, die sich an Fakten, an dem Fall des Bauern Bühler, orientiert: Wolf gestaltet die scheinbar ausweglose Situation der verarmten Kleinbauern exemplarisch an einem Einzelfall und verweist auf ihre historische Perspektive – die Aktionseinheit mit der Arbeiterklasse. *Bauer Baetz* zeigt Wolfs Bestreben, die dramatische Gestaltung eines individuellen Schicksals mit einer umfassenden gesellschaftlichen Analyse zu verbinden, eine Absicht, die Wolf durch die Verbindung von Kurzszenen des Agitprop und dem komplexen Aufbau eines Dramas verwirklichte. Ursache, Weg und Ausweg sind als Entwicklungsgang der Hauptfigur angelegt, als Katharsisprozeß, in dem die Auflösung der Konfliktsituation zwischen Baetz und seinen Kontrahenten nicht in die tragische Katastrophe führt, sondern zum Bündnis von Arbeitern und Bauern.
Sowohl in formaler als auch in inhaltlicher Hinsicht ist die Agitprop-Phase für Wolf nie „aus politischer Bewußtheit eine ästhetische Not" (Fischborn 1973, S. 305) gewesen, vielmehr hebt er ausdrücklich die Bedeutung dieser Entwicklungsphase hervor: „Wir müssen immer wieder betonen, daß die ganzen linken Theaterstücke des professio-

nellen Theaters – sei es ein ‚analytisches' Stück wie Wangenheims *‚Mausefalle'* oder eines der ‚epischen' – informierenden Stücke Brechts oder eines meiner Stücke –, daß all diese Theaterstücke der ‚großen Form' undenkbar sind ohne die Vorarbeit der Agitproptrupps, ohne die Vorarbeit Piscators." (Wolf 1967, Bd. 15, S. 287)
1933 emigrierte Wolf in die Sowjetunion; seine Bühnenstücke beinhalten jetzt vor allem eine Auseinandersetzung mit dem Faschismus in Deutschland (*Professor Mamlock*, 1933) sowie eine Darstellung des Widerstandskampfes (*Das trojanische Pferd*, 1936). Auf dem 1. Allunionskongreß der Sowjetschriftsteller 1934 umreißt Wolf in seiner Rede die Aufgaben der deutschen Dramatik im antifaschistischen Kampf: „Es ist klar, die Gestaltung der wahren Lebenswirklichkeit im faschistischen Westen, das bedeutet für uns Dramaturgen: Entlarvung des Faschismus, Enthüllung seiner betrügerischen Linksmanöver, seiner ‚sozialen Phrase', (. . .)". (Wolf 1967, Bd. 15, S. 356) Wie eng verbunden künstlerische Tätigkeit und politische Praxis für Wolf sind, dokumentiert seine Aussage in dem Aufsatz *„Arbeitstechnik des Schriftstellers"*: „Aber heute erkenne ich, es (die politische Arbeit – d. V.) hat auch meiner schriftstellerischen Arbeit genützt, weil ich überhaupt nicht schreiben könnte, ohne mitten ‚in der Zeit' zu leben." (Wolf 1967, Bd. 15, S. 474)
In Verbindung mit dem VII. Weltkongreß der Kommunistischen Internationale (1935) und der dort beschlossenen Volksfrontpolitik verändert sich auch Wolfs Verhältnis zum klassischen Erbe. In seinem Aufsatz „Internationale Thematik" (1935) schreibt er: „Auf dem VII. Weltkongreß der Komintern wies der Genosse Dimitroff die westlichen Schriftsteller auf die Notwendigkeit hin, sich bedeutend mehr als bisher mit den wichtigen Ereignissen der nationalen Vergangenheit zu beschäftigen. (. . .) Unsere Aufgabe ist es, unter Anwendung der Methode von Marx und Lenin die Vergangenheit unseres eigenen Volkes historisch richtig zu beleuchten, um den gegenwärtigen Kampf mit den revolutionären Traditionen unseres Volkes aus der Vergangenheit besser verknüpfen zu können." (Wolf 1967, Bd. 15, S. 467 f.) In diesem Zusammenhang erwähnt Wolf einmal mehr den Bauernkrieg als zentrale Thematik.
1945, nach dem Zusammenbruch des Hitlerfaschismus, kehrt Wolf nach Deutschland zurück und beteiligt sich aktiv an der antifaschistisch-demokratischen Umgestaltung in der damaligen SBZ. Ende der 40er Jahre folgt auf die antifaschistische Phase als Aufarbeitung der Vergangenheit eine Literatur, die den Kampf an der Produktionsfront (Bodenreform, Industrialisierung) thematisiert, die sog. Aufbauliteratur. In seiner Rede *„Der Künstler im Zweijahresplan"* (1948)

hatte W. Ulbricht die Forderung nach einer Gegenwartsliteratur aufgestellt, deren Aufgabe es sein sollte, die aktuellen Klassenkämpfe und den sozialistischen Aufbau zu gestalten (Ulbricht 1960, S. 308 ff.). Wie Wolf in seinem Theaterstück *Bürgermeister Anna* versuchen Gotsche, Bredel, Claudius, aber auch Brecht sich mit der neuen Situation auseinanderzusetzen. Nach Wolfs Auffassung darf Literatur jetzt nicht mehr nur „Waffe gegen die Ewiggestrigen" sein, vielmehr muß sie auch „Werkzeug des Baues einer neuen Welt" werden (Wolf 1968, Bd. 16, S. 250). Sowohl Erziehung und Mobilisierung der Massen (Wolf 1968, Bd. 16, S. 217 ff.), als auch eine belebende und korrigierende „Massenkritik" (Wolf 1968, Bd. 16, S. 396) sind für Wolf zentrale Aspekte einer neuen Volksbühnen- und Laienspielbewegung: die Kunst soll nicht nur dem Volk gegeben werden, sie soll „vom Volke aus" entstehen (Wolf 1968, Bd. 16, S. 219). Der Überbetonung klassischer Literatur stellt Wolf die Forderung nach Stükken entgegen, die „mit dem Leben Schritt" halten. (Wolf 1968, Bd. 16, S. 218)
Ein zentrales Problem jedoch, mit dem sich die Schriftsteller auseinandersetzen müssen, sind Sterilität, Trägheit und Bequemlichkeit der Administration. In Verbindung mit den Bürokratisierungstendenzen, die sich aus der Trennung von Arbeit in der Partei und Arbeit in der Produktion ergeben, dominiert eine Literaturkritik, die das bürgerliche Erbe unkritisch rezipiert, sich an dessen Maßstäben orientiert und deshalb die Aufbauliteratur ablehnt. An den meisten Bühnen der SBZ werden vorwiegend klassische Stücke gespielt, während die neue Dramatik – unter dem Vorwand, es gäbe sie nicht – ignoriert wird. Es ist symptomatisch, wenn Gotsche kritisiert: „Die Spalten des Organs der größten Kulturorganisation werden dazu mißbraucht, abschließend in einer Buchkritik über einen Bodenreformroman festzustellen, daß es vielleicht besser wäre, ‚die Stunde reifen zu lassen, bis aus dem Schoße des sozialen Umbruchs das zukunftsträchtige Dorfepos zutage tritt. Man sollte über Thomas Müntzer und die Steinschen Reformen schreiben'. – Gut gebrüllt!" (Gotsche 1970, S. 217)
Entsprechend dieser Charakteristik der Situation in der Literaturproduktion und -kritik ist auch Wolfs Verhalten einzuschätzen, als er sich nach dem erfolglosen Stück *Bürgermeister Anna*, das die Situation auf dem Land in Zusammenhang mit der Emanzipation der Frau darstellt, resigniert zurückzieht. „Ich selbst muß mir vorwerfen, daß ich – was meine eigene Dramatik betrifft – nach über dreißig Jahren Arbeit an den deutschen Bühnen zum ersten Mal den Kampf aufgegeben habe, den Kampf gegen Bürokratie, Trägheit und Dilettantismus, daß ich mich epischen Arbeiten zuwende und der helfen-

den Beratung junger Dramatiker." (Wolf 1968, Bd. 16, S. 395). Gerade das Müntzer-Drama, das Wolf schon seit den frühen 20er Jahren beschäftigt, ihn vor allem aber wegen des historischen Stoffes der Auseinandersetzung um die Aufbauliteratur enthebt und ihm so den Vorwurf der platten Aktualität erspart, hilft ihm offensichtlich, die Phase seiner tiefsten Resignation zu überwinden.

Ein weiterer Grund dafür, daß Wolf einen Roman über ein Trafowerk unvollendet beiseite legt und sich dem Müntzer-Stoff zuwendet, ist in seiner Vorliebe für die Bauernproblematik zu finden, die sich seit seiner Jugend aus einer ländlich-romantischen Utopie und einer hieraus folgenden Zivilisationskritik entwickelt hat. Diese Kritik, die sich auch in dem Drama *Kolonne Hund*, der Bearbeitung des gescheiterten Worpsweder Siedlungsprojekts, niederschlägt, verbindet sich in Wolfs homöopathischem Werk *Die Natur als Arzt und Helfer* (1928) mit einem emphatischen Körper- und Naturkult. Mit der zunehmenden Politisierung Wolfs resultiert aus seiner Naturbegeisterung die Bauernproblematik als Thema seiner Dramen (*Der Arme Konrad*), eine Problematik, deren politische Relevanz als Bündnisfrage von Arbeitern und Bauern Wolf als einer der wenigen sozialistischen Schriftsteller der Weimarer Republik erkannt hat (*Tay Yang erwacht*, *Bauer Baetz*). Auch nach 1945 bringt Wolf den Klassenkampf im Dorf (*Bürgermeister Anna*) und noch einmal den Bauernkrieg (*Thomas Münzer*) auf die Bühne – und eben nicht ein Drama über die bürgerliche Revolution von 1848 oder, wie Brecht über die Pariser Commune von 1871.

III.

Wolfs Arbeit an dem Drama *Thomas Münzer* sind intensive Studien über den Bauernkrieg vorausgegangen. Wolf studierte Engels, Zimmermann, Bloch und Smirin und setzt sich schon 1935 mit der sogenannten „Sickingen-Debatte" auseinander (Wolf 1967, Bd. 15, S. 469 f.). Beim *Münzer*-Drama bringt Wolf jedoch nicht nur wesentlich andere wissenschaftliche und theoretische Voraussetzungen mit als 1922 bei der Arbeit am *Armen Konrad*, sondern auch sein Erkenntnisinteresse, seine Intention und die beabsichtigte Wirkung haben sich entsprechend den gesellschaftlichen Verhältnissen grundlegend verändert. Wolf, von dem Tretjakov sagt, er habe „das Gespür eines echten Zeitungsmannes. Von fern schon errät er, welches Thema in der Luft liegt und auf die Tagesordnung drängt" (Tretjakov 1972, S. 387), versucht auch im *Thomas Münzer* zentrale Probleme der

Gegenwart mit Hilfe der Bearbeitung eines historischen Stoffes aufzugreifen.

Die Betonung der revolutionären Tradition in der DDR hat die Funktion, ein neues Geschichtsbewußtsein zu entwickeln, in dem Geschichte als Klassenkampf, als Dialektik von Kontinuität und Diskontinuität verstanden wird, so daß, wie Wolf sagt, „heute, da wir wieder an einer großen Zeitwende stehen", die revolutionäre Geschichte des deutschen Volkes als „Lehrmeister" (Wolf 1968, Bd. 16, S. 380 und 381) dienen kann. Es soll deutlich werden, daß Thomas Müntzer Forderungen vertrat, die zu seiner Zeit nicht zu verwirklichen waren, die vielmehr auf die Gegenwart, z. B. auf die Agrarreform der damaligen SBZ, verweisen. Noch deutlicher artikuliert Wolf in seinem Drama, ähnlich wie in vielen seiner theoretischen Aufsätze (Wolf 1968, Bd. 16, S. 215 ff. und S. 380 ff.), die Problematik der Teilung Deutschlands, der er entsprechend der offiziellen Politik der SBZ die Forderung nach nationaler Einheit entgegensetzt: „Auf, laßt uns den Brüdern überm Main die Hände reichen!" (S. 286)

Mit der Figur Thomas Müntzer schien sich Wolf eine Möglichkeit zu bieten, diese aktuellen Probleme in historischer Distanzierung zu gestalten. Thomas Müntzers Entscheidungen und Handlungen, seine Stellung als Politiker und Theologe, seine Konflikte mit Luther, dem Feudalismus und den Fraktionen der revolutionären Bewegung bestimmten die Entwicklung des Dramas.

Ein zentrales Problem stellt die Auseinandersetzung Müntzers mit Luther dar. Luther hatte zwar durch seine Schriften die Position der mittelalterlichen Kirche erschüttert und dadurch den Weg ideologisch für das aufstrebende Bürgertum geebnet, doch konnte seine Theologie der anwachsenden bäuerlich-plebejischen Bewegung keine Orientierung geben, da er die Freiheit des Menschen in den geistigen Bereich verwies und Gehorsam gegenüber der weltlichen Obrigkeit verlangte. Die Position Luthers, der nicht persönlich als Gegenspieler Müntzers auftritt, wird im Drama von mehreren Personen verkörpert, insbesondere von Pfarrer Haferitz: „Ja Brüder! Ihr seid auch heut und hier erlöset; grad das sagt Christus: frei im geistlichen Reich. Für das Fleisch und das weltliche Reich aber gilt sein Wort: „Ein jeglicher sei untertan der Obrigkeit mit Furcht und Zittern!" (S. 294) Müntzer dagegen, wie Wolf im Nachwort vermerkt, verweist den Menschen auf die Gestaltung seines Lebens in dieser Welt: Es gibt nur *eine* Welt: die, in der wir hier leben, arbeiten und kämpfen." (S. 409) Er erkennt, daß lutherische Theologie Isolierung vom Volk und persönliche Genügsamkeit bedeutet:

„*Haferitz:* . . . Er sollt jetzt ins Gebirge steigen, mal den Geist lüften und droben bei den Wolken Gott näher sein.
Münzer: Wie herrlich, Bruder Simon, doch droben bei den Wolken Gott näher sein und drunten im Staub den Mann nit mehr sehen müssen. Ich denk, ich steige hoch genug, wenn ich aufs Schloß zum Herzog geh und bei ihm meinen Geist etwas lüft." (S. 317) Gegen den blinden Glauben und den augustinischen Gnadenbegriff der mittelalterlichen Kirche, der die absolute Unfreiheit des menschlichen Willens beinhaltet, setzt Müntzer die „aufgetane Vernunft" (S. 362) und das daraus folgende Handeln des aktiven Menschen: „Deshalb auch mußt du gemeiner Mann selber gelehret werden, auf daß du nit länger verführet werdest." (S. 309) „So du überzeugt warst von deinem Recht, hättest du kämpfen müssen bis zum letzten für deine Meinung und nit abstehn sollen auf ein Wort oder einen Federstrich, hättest du dich in mich hineinbohren müssen mit deiner ganzen Vernunft; wie soll's sonst anders werden?" (S. 301 f.) Das sklavische Klammern an den Buchstaben der Schrift, die für die Lutheraner allein Gültigkeit besitzt und aus der sie ihren Handlungsverzicht im politischen Bereich ableiten, war für den Revolutionär Müntzer nicht akzeptabel. Die Schrift war für ihn niedergelegte Geisteserfahrung, deren grundsätzlich bleibender Inhalt mit der Erfahrung des inneren Wortes, der jeweils aktuellen Offenbarung Gottes korrespondierte und auf diesem Hintergrund interpretiert werden mußte: „Das Wort wächst wie der Mensch in der Zeit – auch Gottes Wort." (S. 316) Müntzers Stellung als sozialer Revolutionär leitet sich ab aus seiner theologischen Forderung, die Welt nicht lutherisch als Schöpfung anzunehmen, sondern das „Diesseits" aktiv und radikal zu verändern, damit Gottes Herrschaft in ihr möglich werde. „Unter dem Reich Gottes verstand Münzer aber nichts anderes als einen Gesellschaftszustand, in dem keine Klassenunterschiede, kein Privateigentum und keine den Gesellschaftsmitgliedern gegenüber selbständige, fremde Staatsgewalt mehr bestehen." (Engels 1971, S. 354) Diese Konzeption kommt in Wolfs Drama durch die quasi dokumentarische Verarbeitung der Schriften und Predigten Müntzers zum Ausdruck.
Das Reich Gottes auf Erden will Müntzer durch ein „Verbündnis" all derer erreichen, die sich gegen die „Gottlosen" wenden. Aus seiner Annahme, daß der Gläubige auserwählt, der Nichtglaubende aus eigenem Verschulden jedoch verstockt sei, potentiell also jeder seinem „Verbündnis" gegen die „Gottlosen" beitreten könne, folgt Müntzers Illusion, selbst den Herzog von Sachsen in seine Bewegung aufnehmen zu wollen: „‚Und alles Volk trat in den Bund!' (Er) zögert ei-

nen Augenblick. Auch der Herzog." (S. 352) Wolf zeigt hier – historisch richtig –, daß Müntzer zu diesem Zeitpunkt die Bündnisfrage noch nicht als Klassenfrage begreift. Auch die Vertreter der großbürgerlichen Stadtratsfraktion (Baumgarten, Othera und Qualm) treten dem Bund nur bei, um in seinem Schutz den Verrat ungehinderter planen zu können. „Zähmt Euch, Ratsmeister! Auch ich werd in sein Verbündnis treten. Still! Ihr aber verlaßt zur Nacht die Stadt und wendet Euch an unsern Schutzherren, den Herzog von Sachsen, daß er eiligst mit ganzer Macht uns zur Hilfe komme. Solange werden wir den Münzer verzögern." (S. 356) So gerät die bäuerliche Fraktion in eine unlösbare Situation, denn ein Bündnis von „Werkleut und Bauern", wie es Bartel im Stück fordert, war „allein nicht imstande, eine Revolution zu machen, so lange ihnen die organisierte Macht der Fürsten, des Adels und der Städte verbündet und geschlossen entgegen stand. Nur durch eine Allianz mit anderen Ständen konnten sie eine Chance des Sieges bekommen; aber wie sollten sie sich mit anderen Ständen verbinden, da sie von allen gleichmäßig ausgebeutet wurden?" (Engels 1971, S. 340) Die Überschätzung des Bündnisses mit den städtischen Bürgern bedeutete für die Bewegung deshalb eine große Gefahr, weil Müntzer in seinem naiven Vertrauen der Heuchelei und dem Verrat der „Bündnispartner" hilflos ausgeliefert war.
Die realen Ereignisse lassen ihn an dem Verhältnis von Wort und Gewalt erkennen, daß Klasseninteressen nicht moralisch überwunden werden können, daß die Kraft des Wortes nicht in jeder Situation ausreicht. Während Müntzer zunächst noch Gewaltlosigkeit predigt: „Durchs Wort ist die Welt erlöset worden, durch Christi Wort wird sie frei sein" (S. 294), warnen Schwabenhannes und mit ihm die Bauern und Bergknappen aufgrund ihrer Erfahrungen vor Illusionen über die Handlungsweise der Mächtigen: „Ja, das Wort ist stark wie ein Adler und schnell wie ein Falke; aber der Betrug ist wendig wie eine Viper, und der Verrat kann mit einem Tröpflein Gift den Starken umwerfen." (S. 319) Müntzer muß den Wortbruch des Herzogs erfahren, um zu schlußfolgern: „Wort gegen Wort und Schwert gegen Schwert!" (S. 340) Nun erst erkennt er, daß allein eine „feste zuverlässige Organisation von Menschen mit gleichen Interessen", wie es Wolf im Nachwort ausdrückt (S. 412) – Engels nennt sie sogar Müntzers „Partei" (Engels 1971, S. 346) – die Voraussetzung bietet, die Machtfrage zu stellen.
Aus Müntzers Bündniskonzeption ergibt sich auch seine Position in der nationalen Frage. Im Gegensatz zu Lassalles Sickingen, der eine nationale Einheit „von oben" durch den Volkskaiser erreichen will, strebt Müntzer eine Einigung der Nation „von unten" als Vorausset-

zung für die Verwirklichung der „Gerechtigkeit auf Erden" an. Sein Versuch, durch Reisen nach Süddeutschland zur evangelischen Brüderschaft in Schwaben und an den Bodensee eine nationale Organisation und Kooperation aufzubauen, scheitert jedoch letztlich an objektiven (technische Möglichkeiten der Kontaktaufnahme) und subjektiven Schwierigkeiten. Diese bestehen nicht nur in den individuellen Interessen der Bauern, die durch die Versprechungen der Landesherrn scheinbar schnell zu erfüllen waren, sondern beruhen auch auf den bornierten, lokalspezifischen Interessen des mittleren Bürgertums und der Kleinbürger in Mühlhausen, die der Prediger Pfeiffer repräsentiert.

Diese Aktivitäten kennzeichnen Müntzer als einen Volksführer, der sich um alles kümmert und jedem zu helfen versucht, dadurch jedoch Gefahr läuft, sich zu verzetteln und die gesamte Bewegung zu gefährden. Müntzer lernt zwar von seinen Gefolgsleuten, weil eine enge Beziehung zwischen Führer und Masse besteht, doch geht er mit seinem politischen Programm „weit über die unmittelbaren Vorstellungen und Ansprüche der Plebejer und Bauern" (Engels 1971, S. 358) hinaus.

Vor allem drei Gründe lassen sich in Wolfs *Münzer*-Drama – weitgehend in Übereinstimmung mit Engels' Analyse des Bauernkrieges – für das Scheitern der Bewegung bestimmen:

- die Zerstrittenheit der verschiedenen Fraktionen der Bewegung, insbesondere die Lokalborniertheit Pfeiffers und die Schwierigkeiten des Bündnisses mit dem städtischen Bürgertum,
- die Zersplitterung Deutschlands und der Bauernbewegung, d. h. die nicht verwirklichte nationale Einheit,
- die abgehobene Position Müntzers gegenüber den Bauern und ihre im Laufe des Kampfes zunehmende Unzufriedenheit, die u. a. mit dem Einfluß Luthers zusammenhängt.

Die Niederlage der Revolution wird von Wolf in der historischen Perspektive der Kontinuität revolutionärer Prozesse aufgehoben. Obwohl Müntzer zu der Einsicht kommt, daß er sich selbst und seine Mitstreiter überschätzt hat und der Zeitpunkt des Kampfes falsch gewählt war: „Ist nit alles zu früh, zu weit, zu schnell?" (S. 385), bewahrt er sich sein unumstößliches Sendungsbewußtsein: „Nein, Herrgott, du hast mich nit fehlgeführt, es kann nit sein!" (S. 388) und erweist sich auch nach der endgültigen Niederlage nicht als resignierter Revolutionär, sondern als einer, der voraussieht, daß der Kampf nicht vergebens war: „Alles hat seine Zeit . . . und die Zeit bringt aus ihrem Schoß nur das recht hervor, was gereift ist . . . doch seid getrost! Und sag den Gesellen, das Korn, das unter der Sichel fiel, wird noch gesäet werden und wundersam aufgehen, das sagt ihnen der Münzer ... sie sollen ihr Herz nit sinken lassen!" (S. 401) Wie schon im *Armen Konrad* wird das Scheitern der Bewegung in die Dialektik von Sieg und Niederlage der Klassenkämpfe eingebunden. In Stübners Vagantenlied zu Beginn und am Ende des Dramas heißt es:

> „*Ich bin zu früh geboren.*
> *Ja, wo ich heut hinkumm,*
> *Mein Glück kommt mir erst morgen.*" (S. 289)

In einem Nachwort zu *Thomas Münzer* hat Wolf Müntzers theologische Konzeption, seinen hieraus resultierenden politischen Standpunkt, die Frage der bäuerlich-plebejischen Fraktion und ihrer Organisation und die Forderung nach der Einheit der Nation als zentrale Probleme seines Dramas hervorgehoben. Obwohl diese Probleme entsprechend der Intention des Autors im Drama gestaltet werden, ist zu fragen, ob es Wolf gelingt, den Bauernkrieg in seiner Widersprüchlichkeit und Besonderheit als historisches Phänomen zu aktualisieren Insbesondere vor dem Hintergrund der These Pollatscheks, Wolf habe „die Persönlichkeit in der Geschichte hier als ein Marxist gesehen" (Pollatschek 1958, S. 302), ist dabei das Problem der ästhetischen Verarbeitung der großen „Charaktere", die Deutschland zur Zeit des Bauernkrieges „hervorbrachte" (Engels 1971, S. 329), zu diskutieren. Werden die eigentlichen Ursachen des Bauernkrieges, vor allem der ökonomische Grundwiderspruch im Zusammenhang mit der beginnenden kapitalistischen Akkumulation, sichtbar oder bleibt Wolf letztlich bei der Darstellung des großen „Aufklärers" und kämpferischen Intellektuellen Müntzer stehen?
Die Persönlichkeit Müntzers besitzt gegenüber Konz im *Armen Konrad* eine neue Qualität. An die Stelle des noch weitgehend expressionistischen Menschenbildes ist der Versuch Wolfs getreten, die Dialektik von Individuum und Gesellschaft zu erfassen, indem er den „ganzen Menschen" Müntzer darstellt, seine seelische Verfassung, sein Privatleben und dessen enge Verbindung mit dem politischen Kampf. Zu diesem Zweck entwirft Wolf die Figur Otti, Müntzers Frau. In den Gesprächen zwischen ihr und Müntzer werden einerseits Widersprüche und Zweifel Müntzers deutlich:
„*Münzer:* ‚Ohn den Münzer gäb's nit Mord und Brand und lebten wir friedlich!' Ja, Otti, so denken viele ... und vielleicht auch ich.
Otti: Das darfst du nit denken, Thomas! Tausende warten auf dich. Du bist ihr Haupt und Herz, du sprachst für sie alle das Wort." (S. 372)
Andererseits gelingt es Wolf so, Müntzer nicht nur als Repräsentan-

ten einer Idee, sondern als Individuum zu konzipieren, da neben die „große Kollision" der rein persönliche Konflikt des Ehemanns und zukünftigen Vaters tritt. In dem Zwiespalt, die „revolutionäre Idee" zugunsten der Familie nicht weiter zu verfolgen oder aber keine Rücksicht auf persönliche Beziehungen zu nehmen, deutet sich die Möglichkeit persönlicher Tragik an. Da Otti jedoch in letzter Konsequenz auch den Revolutionär Müntzer fordert, kommt es zu keinem ernsthaften Konflikt. Diese Entwicklung des Verhältnisses von individuellem Konflikt und Klassenkampf verhindert eine Interpretation des *Thomas Müntzer* als Individualtragödie.

Mit Hilfe der sogenannten „neuen aristotelischen Methode" (Rülicke-Weiler 1966, S. 75) entwirft Wolf zwar ein allseitiges Bild von Thomas Müntzer, doch fehlt die innerhalb dieser Konzeption notwendige Ergänzung: ein wirklicher Gegenspieler, die Konfrontation der „Verkörperung geistiger Gegensätze" (Mittenzwei 1969, S. 320). Wolfs Auffassung, „die ganze Zeit" sei gegen Müntzer (Wolf, in: Pollatschek 1958, S. 309), kann deshalb keine Gültigkeit für sein Drama beanspruchen, weil Wolf im *Thomas Münzer* nicht „die Konflikte eines kleinen Kreises von Menschen zur realistischen, dramatisch-theatralischen Abbildung geschichtlicher Massenerlebnisse" nutzt, wie Fischborn am Beispiel von *Cyankali* als Wolfs typisches gestalterisches Verfahren hervorhebt (Fischborn 1973, S. 302). Gerade weil die Figuren im *Thomas Münzer* nur sehr bedingt als interessengeleitete Repräsentanten spezifischer Sozialschichten auftreten, wird Wolfs Argument deutlich relativiert. Vielmehr scheint im *Thomas Müntzer* eine Aufhebung seiner dramaturgischen Konzeption sich anzubahnen: nicht im Kampf zweier Protagonisten, sondern durch die Einbeziehung *epischer Elemente*, die den weltgeschichtlichen Augenblick schlaglichtartig beleuchten, soll der historische Prozeß gestaltet werden. Offensichtlich hat Wolf gespürt, daß die vielschichtigen Auseinandersetzungen des Bauernkrieges nicht mit seinen bisherigen Mitteln zu bewältigen waren. Eine Duellsituation, d. h. die zugespitzte geistige Auseinandersetzung als Folge einer inneren Entscheidung, besteht im Drama nicht, obwohl in der Person Luthers, des Herzogs oder Pfeiffers die Möglichkeit dazu bestanden hätte:

- die Position Luthers ist auf mehrere Nebenrollen verteilt (Haferitz, Brück); die Auseinandersetzung zwischen Müntzer und Luther ist, entgegen der Realgeschichte, zu der Zeit, in der das Drama spielt, schon abgeschlossen, so daß sie nicht dazu beitragen kann, die Handlung des Dramas voranzutreiben,
- der Konflikt mit Pfeiffer wegen der Frage der nationalen Einheit-

lichkeit der Erhebung wird nicht als entscheidender Widerspruch im revolutionären Lager erkannt, sondern degeneriert zu einem rein taktischen Unterschied.

Allein Thomas Müntzer als Held des Dramas verbindet die aneinander gereihten Bilder des Stückes, d. h. entgegen der Auffassung K. Rülicke-Weilers vom „neuen aristotelischen Theater", besitzt Wolfs *Thomas Münzer* keine kontinuierlich-kausale, streng logische Handlungsführung (vgl. Rülicke-Weiler 1966, S. 75). Gegenüber dem dramatischen Porträt Müntzers tritt die Handlung zeitweise sogar in den Hintergrund und wird zusätzlich durch eine Reihe epischer Elemente – den Gesang Stübners zu Beginn des Stückes, die Zwischenszenen (Bericht des Schwabenhannes, Verlesung der lutherischen Schrift gegen die Bauern, Darstellung der geschlagenen Bauern nach Frankenhausen) und die quasi dokumentarische Übernahme der Reden Müntzers in das Drama – überlagert. Alle diese Elemente dienen „der Methodik der Informationsintegration in den Fluß der durchgehenden dramatischen Handlung" (Fischborn 1973, S. 275). Weil diese Elemente jedoch in die aristotelische Dramenform integriert sind, ist eine Weiterentwicklung der aristotelischen Konzeption von Wolf nur punktuell geleistet worden. Entsprechend dieser widersprüchlichen dramentheoretischen Konzeption bleibt die Katharsis als „reinigende Entscheidung" für Wolf das zentrale Moment des *Münzer*-Dramas (Wolf 1968, Bd. 16, S. 53). In einer Art Vorbildhandlung vollzieht sich die „Wandlung des Menschen auf der Bühne", damit sich das „Bewußtsein des Zuschauers" auch verändere (Wolf 1968, Bd. 16, S. 224). Diese Konzentrierung auf die Person und ihre allseitige Darstellung entspricht Wolfs neuer Einstellung zur Psychologie. Während er in der Vergangenheit psychologische Motivationen trotz seiner aristotelischen Methode schärfstens abgelehnt hat, übernimmt er nun Gorkis Formulierung vom „neuen psychologischen Typus" (Wolf 1968, Bd. 16, S. 458). Noch 1934 hatte Wolf geschrieben: „Schon die Titelgebung der historischen Dramen der bürgerlichen Epoche im Vergleich mit den Titeln der Dramen unserer revolutionären Schriftsteller ist aufschlußreich. ‚Götz von Berlichingen', ‚Franz von Sickingen', ‚Florian Geyer' (. . .) hier sind Individuen, Ritter, die ‚Helden' der Bewegung; ‚Der Arme Konrad', ‚Des Kaisers Kuli', ‚Die Maschinenstürmer', ‚Brülle, China!', ‚Die erste Reiterarmee', hier ist die Masse der Bauern, der Matrosen, der Kulis der Held. Hier zeigt sich auch die Verlegung des dramaturgischen Gewichts von dem biographisch Historischen auf das politisch Historische der Masse." (Wolf 1968, Bd. 16, S. 365) Jetzt verfaßt er selbst ein Müntzer-Drama. Diese Veränderung ist aus Wolfs Exilzeit in der Sowjetunion, d. h. aus dem Einfluß der Konzeption des „lebendigen Menschen" und der Methode des psychologischen Realismus zu erklären: wie damals in der UdSSR so steht jetzt in der DDR die „differenzierte Persönlichkeit" im Mittelpunkt der Literatur. Die Problematik dieser Konzeption liegt darin, nicht die Vermittlung der entgegengesetzten und einander ausschließenden Interessenkonstellationen, ihre Stellung in und ihre Ableitung aus dem gesamtgesellschaftlichen Zusammenhang zu leisten. Die Rolle der Fürsten und des Klerus in ihrer Abhängigkeit von den Kapitalinteressen eines Jakob Fugger wird nicht berücksichtigt, die Bauernaufstände des 15. und 16. Jahrhunderts erscheinen im wesentlichen motiviert aus einer Situation des unerträglich gewordenen Hungers und Elends, so daß der Grund der verschärften Ausbeutung von dem objektiven Bedürfnis der feudalen Mächte nach mehr Geld zur subjektiven Schlechtigkeit und Charakterlosigkeit der Herrschenden degeneriert. Selbst wenn konzediert wird, daß Wolf die politischen Kämpfe aus aktuellem Anlaß besonders hervorheben wollte (Teilung Deutschlands und Bodenreform), so hätte doch deren dialektisches Verhältnis zu den ökonomischen Widersprüchen reflektiert werden müssen. Weil es Wolf mit seiner Methode nicht gelingt, aufzuzeigen, daß sich im Schoß der feudalen Gesellschaft die materiellen Existenzbedingungen der neuen bürgerlich-kapitalistischen Produktionsverhältnisse entwickelten und die ständische Gesellschaft aufzuheben begannen, bleiben die gleichzeitigen und landesweiten Erhebungen von städtischen Bürgern und ländlicher Bevölkerung letztlich unverständlich. Es wird weder abgeleitet, warum allenthalben die Waffe der Kritik in die Kritik der Waffen umschlägt, revolutionäre Theorie die Massen ergreift und so zur materiellen Gewalt wird, noch wird gezeigt, daß „sich die Menschheit immer nur Aufgaben (stellt), die sie lösen kann, denn genauer betrachtet wird sich stets finden, daß die Aufgabe selbst nur entspringt, wo die materiellen Bedingungen ihrer Lösung schon vorhanden oder wenigstens im Prozeß des Werdens begriffen sind." (Marx/Engels 1969, S. 9) Die Folge ist, daß der subjektive Faktor – dargestellt in der großen Persönlichkeit Thomas Müntzers – überbetont wird. Wolfs inkonsequente Verbindung von aristotelischen und epischen Elementen, die das Drama in eine Charakterstudie Müntzers und eine Chronik des Bauernkrieges zerfallen läßt, vermag nicht die angestrebte Dialektik von Individuum und Gesellschaft herzustellen.

IV.

Unter dem Aspekt der dramentechnischen Bearbeitung des historischen Stoffs wird die spezifische Problematik der „neuen aristotelischen Dramatik" Friedrich Wolfs besonders deutlich. Zwar gelingt es Wolf in seinen historischen Dramen den Zusammenhang von Historizität und Aktualität aufzuzeigen, indem er beispielsweise im *Thomas Münzer* an die Kämpfe der „plebejisch Münzerschen Opposition" anknüpft und so eine revolutionäre Kontinuität herzustellen versucht; zwar schafft Wolf durch seine dramatische Verarbeitung der Dialektik von Sieg und Niederlage eine geschichtliche Perspektive, deren Aktualisierbarkeit Einsicht in die historische Dimension auch gegenwärtiger Klassenauseinandersetzungen eröffnet; doch es bleibt beim Konstatieren des Zusammenhangs von Geschichte und Gegenwart, es bleibt bei der intellektuellen Einsicht in die historische Dimension aktueller Konstellationen.
Wolfs eigenes Schwanken zwischen Befürwortung und Ablehnung historischer Stoffe, gleichermaßen durch individuelle und gesellschaftliche Momente bedingt, ist als Indiz dafür zu werten, daß Wolf diese Problematik erkannt hat. Der für Wolfs persönliche Entwicklung wichtige Versuch, im *Armen Konrad* 1924 mit Hilfe von Geschichte Distanz zu aktuellen politischen Entwicklungen zu schaffen, wird mit der Zuspitzung der Klassenauseinandersetzungen Ende der 20er Jahre durch Agitpropstücke abgelöst, die selbst als dezidierte Ablehnung historischer Stoffe zu verstehen sind. *Bauer Baetz* und vor allem *Cyankali*, durch das Wolf zum erfolgreichsten sozialistischen Dramatiker der Weimarer Republik avancierte, fallen durch ihren operativen Charakter auf. Die „besondere Stärke" des Stückes *Cyankali* liegt, wie Sergej Tretjakov festgestellt hat, „darin, daß sich in ihm beide Wolfs, der Arzt und der Schriftsteller vereinen. Bei allen anderen Werken ist das Material von außen genommen." (Tretjakov 1972, S. 392) Eben durch diese spezifische Beziehung von Politik und Literatur – durch Wolfs Aufgreifen aktueller Themen und sein direktes Eingreifen in die gesellschaftliche Wirklichkeit, gelingt ihm eine direkte politische Wirkung – kann Wolf trotz seiner aristotelischen Poetik „einem proletarischen Publikum Lust machen, die Welt zu verändern (und ihm einiges dafür nötiges Wissen vermitteln".) (Brecht 1967, Bd. 16, S. 780)
Die Neubestimmung des Erbes in der Volksfront und das ambivalente Verhältnis von Aufbauliteratur und klassischem Erbe in der DDR lassen Wolf mit *Thomas Münzer* ein Stück verfassen, das zwar wie Walter Pollatschek richtig bemerkt, „in seiner tragenden Idee (kei-

ne) Fortsetzung" des *Armen Konrad* ist, denn „es handelt sich um ein ganz anderes Thema" (Pollatschek 1958, S. 302). Doch innerhalb der von Wolf in seinen Dramen eingesetzten literarischen Techniken bedeutet *Thomas Münzer* lediglich eine Weiterentwicklung der aristotelischen Poetik als grundlegender dramaturgischer Konzeption. Dies wird vor allem dort deutlich, wo Wolf selbst den aristotelischen Rahmen aus Einsicht in seine dramaturgischen Grenzen zu durchbrechen versucht: die epischen Versatzstücke wirken in der im übrigen noch verfeinerten aristotelischen Konzeption wie Fremdkörper. Das *Münzer*-Drama erweist sich im Gegensatz zu Wolfs eigenem Anspruch weder als „Waffe" noch als „Fackel" noch als „Werkzeug", weil der gewählte Stoff und die dramatische Struktur ein operatives Eingreifen gerade nicht ermöglichen. Trotz Wolfs materialistischer Geschichtsauffassung wird deshalb die „politische Tendenz" und damit die Wirkung seiner Bauernkriegsdramen durch eine literarische Technik eingeschränkt, die sich am traditionellen Konzept der aristotelischen Dramatik orientiert.

Anmerkung

Mitarbeiter des Autorenkollektivs: H. W. Hein, W. Herold, M. Kück, H. Lutter, R. Oertelt, H. J. Radtke, D. Rose, W. Schimpke, R. Schnell, J. Schulte-Berndt, F. Vaßen, R. Walljes.
Schlußredaktion: R. Schnell, F. Vaßen.
Das Autorenkollektiv hat sich gebildet im Anschluß an das Seminar „Geschichte der materialistischen Literaturtheorie", das im SS 1974 und im WS 1974/75 unter der Leitung von R. Schnell und F. Vaßen an der TU Hannover stattfand.

Literatur

Aufgenommen wurden nur Titel, auf die im Text bezug genommen wurde.)
Textstellen aus den beiden Bauernkriegdramen von Wolf werden im Anschluß an das jeweilige Zitat mit den Seitenzahlen aus Bd. 2 (Der Arme Konrad) bzw. Bd. 6 (Thomas Münzer) der Werkausgabe belegt.

Ernst Bloch, Thomas Münzer als Theologe der Revolution, Frankfurt/M. 1963.

Bertolt Brecht, Gesammelte Werke, Frankfurt/M. 1967.

Friedrich Engels, Der deutsche Bauernkrieg, in: Marx/Engels, Gesammelte Werke, Bd. 7, Berlin (DDR) [4]1971.

Gottfried Fischborn, Gegenwartsstoff, Geschichtlichkeit und dramatische Struktur. Einige Aspekte ihres Zusammenhangs, dargestellt an Bühnenwerken Friedrich Wolfs. Ein Beitrag zur Beschreibung der sozialistisch-realistischen Methode im Dramenschaffen, in: Schriften zur Theaterwissenschaft,

Schriftenreihe der Theaterhochschule „Hans Otto“, Leipzig, hrsg. von Rolf Rohmer, Bd. 5, Dramaturgie und Geschichtlichkeit, Berlin 1973.
Otto Gosche, Diskussion: Wo steht die Gegenwartsliteratur? Der Gegenwart nicht ausweichen, in: Kritik in der Zeit. Der Sozialismus – seine Literatur – ihre Entwicklung, hrsg. von Klaus Jarmatz, Halle (Saale) 1970.
E. Günther, Die frühen Dramen Friedrich Wolfs, Phil. Diss., Jena 1963.
Walter Hinderer (Hrsg.), Sickingen-Debatte. Ein Beitrag zur materialistischen Literaturtheorie, Darmstadt und Neuwied 1974.
Klaus Kändler, Drama und Klassenkampf. Beziehungen zwischen Epochenproblematik und dramatischem Konflikt in der sozialistischen Dramatik der Weimarer Republik, Berlin und Weimar 1974.
Karl Marx/Friedrich Engels, Vorwort und Kritik der politischen Ökonomie, in: Marx/Engels, Gesammelte Werke, Bd. 13, Berlin (DDR) 1969.
Werner Mittenzwei, Streitschriften für eine neue Funktionsbestimmung der Kunst. Zur ästhetischen Position Friedrich Wolfs, in: Positionen. Beiträge zur marxistischen Literaturtheorie in der DDR, hrsg. von Werner Mittenzwei, Leipzig 1969.
Manfred Nössing, Vom Expressionismus zum Realismus, in: Walter Pollatschek, Das Bühnenwerk Friedrich Wolfs, a. a. O.
Walter Pollatschek, Das Bühnenwerk Friedrich Wolfs. Ein Spiegel der Geschichte des Volkes, Berlin (DDR) 1958.
–, Friedrich Wolf. Eine Biographie, Berlin (DDR) 1963.
Käthe Rülicke-Weiler, Die Dramaturgie Brechts. Theater als Mittel der Veränderung, Berlin (DDR) 1966.
M. M. Smirin, Die Volksreformation des Thomas Münzer und der große Bauernkrieg, Berlin (DDR) ²1956.
Sergej Tretjakov, Lyrik, Dramatik, Prosa, Frankfurt/M. 1972.
Walter Ulbricht, Der Künstler im Zweijahresplan, in: Zur Geschichte der deutschen Arbeiterbewegung, Bd. 3, Berlin (DDR) 1960.
Friedrich Wolf, Gesammelte Werke in 16 Bänden, Berlin (DDR) 1960–1968.
–, Ein Lesebuch für unsere Zeit. Von Else und Walter Pollatschek, Berlin und Weimar 1974.
Wilhelm Zimmermann, Der große deutsche Bauernkrieg, Volksausgabe, Berlin 1975.

Manfred Schurig

Bauernkrieg im Geschichtsunterricht

„die heren machen das selber, daß in der arme man feyndt wirdt."

Lernziele – ein alter Hut

Wir bleiben einen Augenblick beim „traditionellen" Geschichtsunterricht – mag es ihn geben oder auch nicht: „Von Anfang an soll der Geschichtsunterricht am Gymnasium wie an den anderen allgemeinbildenden Schularten dem jungen Menschen zur Erkenntnis seiner innigen Verbundenheit mit dem Schicksal der Gemeinschaft, in die er gestellt ist, verhelfen und dadurch in ihm den Willen entwickeln, im öffentlichen Leben verantwortlich mitzuwirken. Dazu muß er ihm eine Kenntnis der wichtigsten Ereignisse der Geschichte vermitteln und ihn spüren lassen, wie sich auch in der Gegenwart Geschichte vollzieht". (Amtsblatt 1957, S. 465) Die hessischen Bildungspläne von 1957 können als ein Beispiel für andere gelten: in ihnen, die entgegen anderslautenden Gerüchten unter dem Titel der Tendenzwende wieder in Mode gebracht werden, wird der Bauernkrieg von 1524/25 im Stoffplan sowohl der Volksschule als auch des Gymnasiums erwähnt.
Gelegentlich wird behauptet, daß zwischen den allgemeinen, wohlklingenden Zielangaben in Bildungsplänen und den Stoffen, die sie zur Behandlung vorschreiben, keine transparente oder schlüssige Beziehung bestehe. Das mag sich durchaus bestätigen lassen. So liegt die Annahme nahe, daß sich die allgemeinen Zielvorstellungen auf einen breiten gesellschaftlichen Konsens stützen konnten. Konsensfähig ist auch folgende Zielvorstellung: „Gerade die Erziehung zur Objektivität und Nüchternheit soll ein wesentliches Ziel der politischen Bildung erreichen helfen: den jungen Menschen davor zu bewahren, daß er Ideologien und Ressentiments zum Opfer fällt." (Amtsblatt 1957, S. 465)
Ohne auf die Frage eingehen zu wollen, ob es sich um Lernziele im engeren oder weiteren, im richtigen oder falschen Sinn handelt, formulieren wir die zitierten Zielvorstellungen der hessischen Bildungspläne von 1957 in Lernziele um: Der Schüler soll

- seine innige Verbundenheit mit dem Schicksal der Gemeinschaft erkennen,
- erkennen, daß er in eine Gemeinschaft gestellt ist,
- den Willen entwickeln, im öffentlichen Leben verantwortlich mitzuwirken,
- die wichtigsten Ereignisse der Geschichte kennen,
- spüren lernen, wie sich auch in der Gegenwart Geschichte vollzieht,
- lernen, nüchtern und objektiv zu sein,
- lernen, nicht Ideologien und Ressentiments zum Opfer zu fallen.

Man sollte sich nicht täuschen: wie nicht zuletzt die Diskussion um die hessischen Rahmenrichtlinien für Gesellschaftslehre/Sek. I gezeigt hat, gehören diese Lernziele zum Grundbestand der in dieser Gesellschaft öffentlich akzeptierten Zielvorstellungen für den historisch-politischen Unterricht; die Annäherung an dieses Arsenal von Begründungen läßt sich für die in diesem Falle widerstreitenden Parteien selbst als Tendenz wenigstens festhalten.

Es scheint nichts ungewöhnliches dabei zu sein, die ermittelten „Lernziele" mit dem Stoff „Bauernkrieg" zu verbinden: daß die zielgerichtete Verwendung von „Geschichte" noch mit dem Anspruch der Objektivität verkauft werden kann, ohne daß den Lernenden Möglichkeiten eröffnet würden, alternative Vorstellungen zu entwickeln (die nicht objektiv sein können), gehört zu den gängigen Erfahrungen im Geschichtsunterricht. Die Frage, wie man die erwähnten Zielvorstellungen an einem Gegenstand wie den „Bauernkriegen" operationalisieren will, gehört zu den Problemen, denen in den folgenden Bemerkungen nachgegangen werden soll.

Nur die Feststellung zunächst: gewiß kann die Beschäftigung mit dem „Bauernkrieg" zur Einlösung anderer „Lernziele" führen. (Jeweils die Absicht ist interessant.) Wir entnehmen den einleitenden Bemerkungen Friedrich Engels' zu seinem Buch *Der deutsche Bauernkrieg* einige Hinweise, warum es aus seiner Sicht sinnvoll und nützlich sein kann, sich mit diesem „Ereignis" zu beschäftigen. Pädagogische Empfehlungen?

- „Es gab eine Zeit", da „deutsche Bauern und Plebejer mit Plänen und Ideen ‚schwanger' gingen, vor denen ihre Nachkommen" zurückschreckten; die Darstellung dieser Ideen, der Energien und der Ausdauer, die diese Bauern und Plebejer entwickelten, könnte diese greifbarer, identifizierbar machen. Sie könnten den Charakter der Einmaligkeit, zurückgewonnen als Vorgeschichte gegenwärtiger politischer Verhaltensweisen, verlieren.
- In der Zeit der „Erschlaffung" (nach der 48er Revolution) sei es

sinnvoll, die „kräftigen und zähen Gestalten des großen Bauernkrieges dem deutschen Volke wieder vorzuführen".

- Der Bauernkrieg stehe den heutigen Kämpfen so fern nicht, auch wenn nunmehr (1850) drei Jahrhunderte vergangen sind. Die Gegner seien großenteils dieselben. Aus der Darstellung der Gegner von 1525 kann man – so wäre hier zu folgern – etwas über die Gegner der gegenwärtigen Klassenkämpfe lernen. (Vgl. Engels 1965, S. 29)

In der Vorbemerkung zur zweiten deutschen Ausgabe rückt Engels die materialistische Geschichtsanschauung selbst in den Vordergrund, und zwar in Zusammenhang mit strategischen Überlegungen über potentielle Bundesgenossen der Arbeiterklasse. Es geht darum, Ursprung, Verlauf und Resultat des Bauernkrieges „mit Notwendigkeit aus den historisch vorliegenden gesellschaftlichen Lebensbedingungen dieser Klassen zu erklären" und die damalige politische Verfassung Deutschlands nicht als Ursache, sondern als Resultat der ökonomischen Entwicklungsstufe nachzuweisen. (Engels 1965, S. 8)
Gleichsam didaktisch transformiert: es geht darum, die Darstellung des Bauernkrieges in einer bestimmten politischen Situation als Mittel zur Unterstützung politischen Handelns zu nutzen und gleichzeitig zur Korrektur und Absicherung von Generalisierungen und strukturellen Ansichten heranzuziehen. Und: „Auch das deutsche Volk hat eine revolutionäre Tradition", an sie könnte angeknüpft werden. – So jedenfalls die Intentionen von Engels.
Bei den folgenden Überlegungen sollte die entfaltete Spannweite möglicher Ziele der Beschäftigung mit Geschichte, denen allenfalls die Benutzung (!) der Geschichte gemeinsam ist, als Hintergrundproblematik behalten werden.
Was könnte gelernt werden? Daß sich Bemühungen um den Geschichtsunterricht mit der Zuweisung von Zwecksetzungen und Zielvorstellungen schon immer verknüpften, daß die Beschäftigung mit Geschichte in der Schule schon immer einen „Sinn" hatte, zeigt nicht, daß die neuere Diskussion um „Lernziele" (oder: „Lehrziele") überflüssig wäre – soll es doch um mehr „Logik", um mehr Transparenz, Partizipation, Verwendbarkeit, Nützlichkeit gehen. Nur: die Fragen nach den Gründen, die die Einlösung solcher „Normen" erschweren oder verhindern, danach, warum (bildungspolitische) Entscheidungen und institutionelle Bedingungen von Schule transparente, konsistente Lernziele in ihr Gegenteil kippen lassen, sind längst noch nicht ausführlich genug beantwortet.

Konkretionen?

Die heimelige Öde, die gängige Lehrwerke zu verbreiten pflegen, setzt den Kontrapunkt zur „in geschichtlichen Kämpfen von unerhörter Wucht" (Ritter 1967, S. 17) erscheinenden Dynamik historischer Vorgänge.
Es braucht sicherlich kein Zufall zu sein, daß die oftmals bedauerte Trennung von Schule und Leben (auch: von Leben und Geschichte) noch verstärkt wird durch die Art und Weise, in der Geschichtsunterricht betrieben wird. Nimmt man einmal andere Unterlagen, so kann damit noch keineswegs behauptet werden, die „normalen" Bedingungen des Lernens über Geschichtsunterricht in der Institution Schule zu unterlaufen. Der Geschichtsunterricht kann nicht einmal an (wie immer vordergründigen) Erfahrungen und Interessen von Schülern unmittelbar anknüpfen, sondern wird lediglich über die Konkretisierung von Vermittlungen zur Klärung von Voraussetzungen für bestimmte Einstellungen beitragen können – die Möglichkeit einer Konfrontation mit „Tatsachen" einmal nicht gerechnet. Vorgeschlagen wird, „vorwissenschaftliches Interesse an Geschichte" (Nipperdey 1972, S. 582) ebenso stärker zu berücksichtigen wie den alltäglichen Umgang mit Geschichte.
Man stelle sich vor, der folgende Text (in „modernes" Deutsch übertragen) würde im Unterricht benutzt:

(Text 1)

Des Ritters Georg von Werdenstein Erlebnisse im Allgäuer Aufstand, von ihm selbst erzählt.

(. . .) Und am Nachtz sind die Pauren wider von Oberensonthofen gezogen und etwan bei 200 zue Werdenstein am Schloß hingangen, zeitlich geschreien: „Kum Teifel, holl alles, was im Schloß sei", weiter hinauf zue mir, Georgen von Werdenstein, geschrien: „Kum herab, du alter Hund, wir wellend dier den Bart herausraufen", weiter hinaufgeschreien zue Madlenen von Laubenberg, dazuemal ein Junkfrau gewesen, und zue meiner Dochter Barblen, auch ein Junkfrau gewesen: „Ir jungen Huren, wir wellend euch geheüen (beschlafen) *und die alten Kammerschellen* (Kammerjungfern) *darnach nöten* (notzüchtigen)". *Si haben auch hinauf geschreien: „Mir miessen Wasser drinken, und si wellen Wein trinken, und mir miessen das Eisserst* (Äußerste) *mit Negeln aus dem Boden kratzen" und mit mer vil un-*

zichtigen [Worten], *nit Not zue beschreiben, und mit dem sind si also fürzogen ohne Schaden.*
Und an Mornet des 14. Tag dis Monats, an Sanct Valentinstag, ist mein Pfarrer zue mir kumen ins Schloß und mir Meß gelesen in der Capell, dan Sanct Valentin ein Patron ist in der Capell, mit Namen Herr Cäsarius Graf. Da send meine Pauren kumen, alle versamlet, und hand begert, ich soll zue inen kumen, habe ich inen Antwurt geben, wen ich Meß gehert, well ich zue inen, und da die Meß aus ist gewesen, bin ich zue inen für die Capell gangen in den Hof, und ist der Pfarrer under der Capelltür gestanden, und die vorgedachte Junkfrau von Laubenberg, auch meine Hausfrau und mein Dochter auf der Stieg gestanden und zuegehert. Da ist einer under inen gewesen, den hand si für einen Redner aufgeworfen, mit Namen Christa Kutter zum Eckhartz, ain Schmidt, und ist neben ime gestanden ein beser Paur, mit Namen Michel Eckhardt, ain Müller gewesen, und hat angefangen und zue mir gesagt, si wellen mir weder Zins, noch Steur, noch gehorsam, noch bottmessig mer sein in keinen Dingen; darüber hab ich gesagt: „Liebe Gesellen, was zeichen ir mich, oder was hab ich euch getan?" Da hat der gedacht Schmid gesagt, ich hab nichts geton, dan was andere Herren haben geton, si wellen kein Herren mer han, und darnach anfangen und weiter geredt, si wellen auch, daß der Pfarer predige, wie man zue Kempten predige, und insunders, wie der auf dem Berg (den man gehenkt hat) (Matthias Waibel, Pfarrer zu St. Lorenz auf dem Berge bei Kempten) *und der zue Sanct Martins Zell* (Walther Schwarz) *(der entloffen ist). Iber soliches hab ich gesagt: „Der Pfarer stat da, ich darf in nit leren predigen, er weiß selbs, was er predigen soll!" Auf soliches hat der Pfarer zue inen gesagt: „Lieben Gesellen, ich hab euch bisher die Warhait und den Grund gesait und weiß euch anderst nit zue predigen, da will ich mein Seel für euch setzen." Da hat der gedacht Schmid angefangen und zue dem Pfarer gesagt: „Ich scheiß dier in dein Seel, du darfst dein Seel nit für uns setzen, ich darf deiner Seel nichts uberal" und den Pfarer dautzet* (geduzt) *und vor Frauen und Junkfrauen die Wort gebraucht. Da ward ich erzürnet, daß ich kein Vernunft hat, und sprach zue den Pauren: „Wän ir dan mich von dem christlichen Glauben treiben, so nemant mich grad jetz und hauwen mir den Kopf ab, so will ich doch sterben als ain frumer Christ". Das si aber nit ton hand, sonder sind von mir gangen, und der Pfarer und ich mit sampt anderen Personen hinauf ins Schloß und mit ainander zue Morgen geessen und beid samen nit fast frelich gewesen, wie ein jedlicher selb wol ermessen mag.* (Franz 1963, S. 136 f.)

Die unflätigen Reden der Bauern, ihre Drohungen und Beschimpfungen könnten den Vorteil für sich haben, Beifall zu finden; die Beschreibung der Konfrontation von Bauern und Ritter läßt erkennen, was Gegenstand des Streits ist; die Auseinandersetzung mit dem Pfarrer könnte das Ausmaß der Unbotmäßigkeit der Bauern verdeutlichen helfen. Der Text läßt sowohl die Identifikation von Personen, ihres Verhaltens, ihrer Gefühle und ihrer Absichten als auch die Ermittlung von Zusammenhängen zu, die sich nicht allein auf dieses Ereignis, diese Konfrontation, diesen Bericht beziehen lassen: Es ist der Herr, der bedroht ist, der Ritter Georg von Werdenstein mit seiner Familie, aber mehr noch sein Status, seine Vorrechte, seine Rolle: ,,Da hat der gedachte Schmid gesagt, ich habe nichts geton, dan was andere Herren haben geton.'' Nicht nur dieser Pfarrer ist bedroht: er hält die Konfrontation anstelle der Institution aus.
Dem Gesellschaftsbild der Schüler, ihren vorwissenschaftlichen Vorstellungen über gesellschaftliche Hierarchien, dürfte – in welchem Grad der Verfestigung auch immer – eine Rangskala der Statuszuweisung von Bauer und Ritter entsprechen, die *den* Ritter eindeutig bevorzugt. Dieser Wertung und Zuordnung gesellschaftlicher Positionen dürfte gänzlich ohne jegliche organisierte Beschäftigung mit Geschichte im allgemeinen verfügbar sein; sie wird vermittelt durch die Medien, die Schülern zugänglich sind (angefangen bei Comics), sie dürfte bestätigt werden durch Analogisierung eigener Erfahrungen, eigener Kenntnisse über Rangordnungen in der Umwelt – vorausgesetzt die Bedeutung von ,,Ritter'' und ,,Bauer'' ist in Umrissen bekannt, bzw. es können ihnen jeweils Attribute zugeordnet werden. Der Text präsentiert Situationen, in der die ,,Umkehrung'' normaler Verhältnisse festgestellt werden kann: der Ritter ist zwar immer noch ,,vornehmer'', jedoch ist er es, der sich, erkennbar an der Angst, die sich noch in diesem Text niederschlägt, in Abhängigkeit befindet. In jedem Fall kann er seine Bauern nicht mehr ohne weiteres steuern, vielmehr ist er froh, daß sie ,,also fürzogen one Schaden''; die Bauern haben ihn zur Rede gestellt, die ,,Obrigkeit'' ist ,,nit fast frelich gewesen, wie ein jedlicher selb wol ermessen mag''. Die normale Ordnung ist in dieser Situation umgekehrt; sie ist ,,verkehrt'' – nicht nur im Bezug auf Vorstellungen der Schüler, wie man annehmen kann, sondern auch hinsichtlich von Lernzielen, wie sie im ersten Abschnitt erwähnt wurden (z. B. ,,innige Verbundenheit'', ,,Verantwortungsbewußtsein'', ,,Gemeinschaftsgefühl'' etc.).
Geschichte oder Fiktion: es gibt eine Reihe von Ansätzen, anhand deren die Tatsache der Komposition des Berichts ermittelt werden kann. Autor ist einer der Betroffenen und man weiß längst aus der

nächsten Umgebung, welches Ausmaß an Färbungen Berichte über Ereignisse je nach individueller Betroffenheit enthalten können. Natürlich kann man den gesunden Menschenverstand auch auf die „Analyse" von Quellentexten anwenden. Der Wortführer der Bauern ist ein ‚beser Paur", er ist nicht etwa ein besonders redegewandter, geschickter, belesener, gescheiter „Paur", wie man vielleicht auch hätte berichten können. Auffällig sind natürlich auch solche Gegenüberstellungen von Redeweisen der Bauern mit dem Bericht, wie z. B. „ihr jungen Huren" und „Madlenen von Laubenberg, dazuemal ein Junkfrau gewesen"; oder Unterschiede in der Ausdrucksweise des Pfarrers (z. B. „liebe Gesellen") gegenüber dem, was der Schmied hier antwortet „nit not zue beschreiben". Oder: man vergleiche die wörtlichen Reden und in ihnen die Freundlichkeit und den Mut von Pfarrer und Ritter gegenüber dem Ausmaß der Provokation in den Reden der Bauern. Man könnte natürlich auch überlegen – oder auch spekulieren –, was wohl alles hinzugefügt bzw. weggelassen wurde, da dem Autor, während er schrieb, die Erleichterung seiner Rettung durch den Schwäbischen Bund schon zuteil geworden war.

(Text 2)

Aus Briefen des bayrischen Kanzlers Leonhard Eck an Herzog Ludwig von Bayern, vom Schwäbischen Bunde in Ulm. (Eck vertrat Bayern beim Schwäbischen Bunde.)

[12. Febr.] *Und waiß E. f. G. nichts anders zu schreiben, dan das sich die Paurn meern, und man versicht sich nit anders, dann das auf Pfintztag* [16. Febr.] *in 10000 Paurn mit iren Weren zusamen chomen sollen. Es sein die vom Adl, dern die Paurn sein, alte Weiber und schon todt, furchten ihrer Heuser und wil niemants nichts handeln, pis das Volkh zusamen khombt, darauf noch ain gute Zeit. Und ich furcht, die Paurn werden also der großen Klainmutigkait halben irer Obern etwas handeln. Ich pin der Meinung gewest, man solte nach irem Hauptman* (Ulrich Schmid) *tracht* (getrachtet) *haben, deme man auch mit 10 Pferden hete erobern und zu Venknus pringen megen. Aber die guten fromen Leut wainten schir ob meinem Ratschlag und Gutbedünken. Und darumb so wellen E. f. G. sich nit säumen mit iren Reitern. Ich verhoff, es werde nit lange weren.* [. . .] *Aller Paurn Fürnemen ist weder Rent noch Zins ze geben, daß auch alle Vishwasser, Wilpret und Holz gemein sein sollen und ander vil mer beschwerlich Artigkel.*

[15. Febr.] [...] *Ich khan nit anderst sehen und merken, das diser Handl zu Unterdruckung der Fursten und Adels furgenomen, und hat entlich seinen Ursprung aus den luterischen Leren, dann den merernteil so ziehen die Paurn ire Begern auf das Gotzwort, Ewangeli und pruederliche Lieb. Es sein auch die Paurn so verplent, irrig und nichtig. Wan si heut iren Herrn zusagen, sich der Sachen nit zu beladen, in ainer Stund seien si gewent und peser dann die andern.*
[2. März] *Die Paurn meren sich von Tag zu Tag und haben etlichen Steten geschrieben, unter denen Ulm auch aine ist, und begern, was si sich zu inen versehen und getrösten sollen. Indem ist ain grosse Spaltung in den Steten. Die Luterischen, so arm sein, geben den Paurn recht. Die nit luterisch und die luterisch, aber reich sein, geben den Paurn unrecht. In suma, der Handel ist beschwerlich und oft angestelt auf ain rechtlichen Austrag.*
[13. April] *Ich hab warlich pisher nichts erschrockenlichers befunden, dan ain unerherte Klainmütigkait aller Obern. Wo man sich auch ain wenig zu Were gestelt, haben die Paurn nichts erobert. Und sein an gestern vor ainem schlechten Haus zu der Were, Kelmüntz genannt, Herrn Jorgen von Rechperg zugehorig, gelegen, haben müssen abziehen. Deshalben ist in dieser Sachen der gröst Krieg die Oberigkaiten zu ainem manlichern Gemuet ze pringen; alsdan ist es am Endt der Paurschaft.* (Franz 1963, S. 151 f.)

Wieder der Bericht eines Zeitgenossen: auch hier sind nicht die „reinen“ Ereignisfolgen interessant, vielmehr:
- Wie betrachtet der Vertreter eines „Landesfürsten“ die kämpfenden Parteien? Die Menge der Bauern ist es, die Eck beunruhigt, doch ein „manlich Gemuet“ würde hilfreich sein, erst recht, wenn es gelänge, den Bauern ihre „Oberen“ zu entführen; andererseits: „es sein die vom Adl ... alte Weiber und schon todt ...“ Man vergleiche Ecks Stellungnahme mit dem Bericht Georgs von Werdenstein (Text 1): Die Sicherheit der Prognose über den Ausgang der Auseinandersetzung spiegelt die Eindeutigkeit der „strategischen“ Vorschläge und das sichere Gefühl ihrer Berechtigung. Die Fürsten, darin besteht in der Literatur Einigkeit, sind die Sieger des Bauernkriegs. Einer ihrer Vertreter demonstriert bereits während der Ereignisse, wie der „Handel“ ausgehen wird, einer vom „Adl“ läßt noch nachträglich erkennen, daß ohne Eingreifen des Schwäbischen Bundes kaum Aussichten auf ein Bestehen der lokalen Gewalten zu erkennen waren.
- Trotz seiner Schelte der Kleinmütigkeit der Obrigkeiten (die eine einfache Möglichkeit der Niederschlagung der Aufständischen im-

pliziert: man zeige mehr Mut!), muß Eck andererseits auf die Größe der Gefahren aufmerksam machen: in Aussicht stehe die „Unterdruckung der Fursten und Adels", und der Aufstand habe seinen Ursprung in den „luterischen Leren".

– Die Auseinandersetzung wird dadurch „beschwerlich", daß die Situation in den Städten nicht geklärt ist. Eck gibt interessante Hinweise auf die sozialen Implikationen, die mit theologischem Streit verbunden sind: „Die Luterischen, so arm sein, geben den Paurn recht. Die nit luterisch und die luterisch, aber reich sein, geben den Paurn unrecht."

Würde man die beiden Texte im Unterricht untersuchen und vergleichen, könnte man sich vorstellen, daß eine Reihe von Fragestellungen entwickelt werde könnte, die noch einmal kurz zusammengefaßt werden sollen (im Unterricht ggf. ebenso):

– Welche Parteien und Fraktionen sind Träger der Auseinandersetzungen im Bauernkrieg?
– Wie lassen sich diese Parteien und Fraktionen charakterisieren, welche Eigentümlichkeiten kommen ihnen zu?
– Wie lassen sich die Standorte und Interessen der Verfasser beider Textauszüge ermitteln?
– Welche Schlüsse kann man aus diesen Ermittlungen über die Konstellationen in den Auseinandersetzungen des Bauernkriegs ziehen?
– Vor dem Hintergrund der im Unterricht aktualisierten Perzeption der Texte: werden bisherige Vorstellungen korrigiert, verändert, erweitert?

Bewertungen

Man kann Probleme der Beurteilung in einem ersten Versuch anhand der Unterschiede bei der Darstellung und Bewertung eines *Ereignisses* ermitteln, das für den Verlauf des Bauernkriegs weniger zentral gewesen ist, um so mehr aber für die zeitgenössische Propaganda und auch die bürgerliche Geschichtsschreibung: die sogenannte Bluttat von Weinsberg.

(Text 3)

Dieser Tag von Weinsberg bewirkte einen großen Umschwung in der Stimmung des ganzen Volkes gegenüber den Bauern, und bald wird man überall von der ‚Schreckenstat von Weinsberg' sprechen. Der

Bund tat dazu, was er konnte (. . .). Die Tatsache aber, daß die Bauern hier Ritter durch die Spieße gejagt hatten, und daß sie die Kaisertochter auf einem Mistwagen hatten fahren lassen – das war es, was die öffentliche Meinung gegen die Bauern aufbrachte, und das ist es auch, was heute noch in der Literatur das Urteil über die Bauern von 1525 weithin bestimmt. (Waas 1964, S. 200 ff.)

Wäre die Auffassung von Waas zutreffend, so wäre erstaunlich, mit welcher Sicherheit sich „ständische" Beurteilungen einer Missetat hätten durchsetzen können, und zwar auch in der Literatur, d. h. hier wohl in der Geschichtsschreibung. Die Literatur (welche Literatur?) hätte dann die Gesamtheit der Vergeltungsmaßnahmen der Sieger gerechtfertigt und zugleich aus der Tatsache, daß der Graf von Helfenstein zusammen mit seinen Gefährten durch die Spieße gejagt wurde, Urteile gezogen und nicht durch Überlegungen, die Gründe für das Verhalten der Gruppe um Jäcklein Rohrbach und des Handlungskontextes berücksichtigte. Daß Jäcklein Rohrbach vom Truchseß geröstet wurde, hat das Bild des Siegers in dieser Literatur offensichtlich nicht beeinflussen können – ein Bauer. Zwar wird die propagandistische Absicht der Nutzung der „Schreckenstat" durchaus angedeutet und gesehen, jedoch wird sie letztlich durch ihre Bestätigung und durch die Wiederholung ihrer Bestätigung durch die Literatur gerechtfertigt und – in diesem isolierten Zitat wenigstens – nicht auf vergleichbare Verhaltensweisen der „Gegenseite", auf die strategische Absicht, auf die Gründe der Gruppe um Rohrbach befragt. Daß es dafür Gründe geben kann, somit auch eine interessierte Tradition der Geschichtsschreibung der „populären" Literatur, die den Tod des Grafen von Helfenstein zum Anlaß nimmt, eine einseitige Parteinahme gegen die Bauern zu rechtfertigen, dürfte leicht einsichtig zu machen sein. Schwieriger wird es dann, wenn nach den Gründen dafür gefragt wird, also ob es Anlässe in der Gegenwart gibt, auf die die Literatur reagiert, die eine solche einseitige Parteinahme bewirken könnten.
G. Franz urteilt:

(Text 4)

Diese Tat bestimmt bis heute in weiten Kreisen das Bild vom Bauernkrieg. Mit Unrecht. Sie war ein einmaliger Ausbruch der Volksleidenschaft, der sich nicht wiederholte. Die Bauern waren durch Übermut der Herren gereizt worden. Ihre Erregung wurde durch Jäcklein Rohrbach und seinen Kreis künstlich gesteigert. (Franz 1975, S. 192)

Die von Franz vermutete Absicht Rohrbachs, nämlich die reformfreundlichen Bauernführer von ihrem Kurs des Ausgleichs mit dem Adel abzubringen, sei nicht gelungen, vielmehr sei der Adel veranlaßt worden, sich mit den Bauern zu einigen, hieße aber, daß das Vorgehen Rohrbachs erfolgreich war und den Bauern Erfolge eingebracht hat – zumindest bei der kurzfristigen Durchsetzung ihrer Ziele. Franz' Argument ist defensiv: er sympathisiert mit den auf friedlichen Ausgleich bedachten Bauernführern und stellt deshalb „diese Tat" als ein singuläres Ereignis dar, als einen „Ausbruch". Volksleidenschaft als Betriebsunfall!
Anders urteilen Bensing und Hoyer:

(Text 5)

Die radikalen Kräfte um Jäcklein Rohrbach waren willens, den verhaßten Adel zu vertilgen. Sie verurteilten deshalb Helfenstein, zwölf weitere Adelige und mehrere Knechte im Ring zu der entehrenden, sonst nur an Landsknechten vollstreckten Strafe des Durch-die-Spieße-Jagens ... Rohrbach wollte den verhaßten Adel beseitigen. Das Blut der geschundenen und erschlagenen Brüder forderte für die tyrannischen Übeltäter den Tod ... Human war die Vernichtung der feudalen Obrigkeit als Klasse und Institution, weil das den Weg für den gesellschaftlichen Fortschritt frei machen half. (Bensing/Hoyer 1975, S. 92 f.)

Die Vollstreckung des Urteils ist nur konsequent. Dies sowohl strategisch als auch politisch; die moralische Beurteilung erfolgt vor dem Hintergrund einer Theorie gesellschaftlichen Fortschritts in Zusammenhang mit dem möglichen Erfolg konsequenten Kampfes um die Verwirklichung der bäuerlichen revolutionären Ziele (wenn auch unter Berücksichtigung des Standes der Entwicklung der gesellschaftlichen Verhältnisse).
Die Folgerung, daß die Darstellung historischer Ereignisse sich mit deren Bewertung verbindet und „standortabhängig" sei, ist von nahezu irritierender Einfachheit. Aber bereits die Konstellation der Fakten in einer Darstellung verknüpft sich mit Vermutungen über Motive der beteiligten Handelnden, die einmal nur verstehbar werden, wenn der politische Standort des jeweiligen Historikers und Verfassers herangezogen und zum anderen auf die Unmöglichkeit einer vollständigen Rekonstruktion von „Vorgängen" verwiesen wird.
Wir sahen: einmal wird der Übermut individuell (Franz), zum anderen unter Heranziehung der Klassenlage beschrieben (Bensing/Hoyer).

So wird das Geschehen in einer Quelle beschrieben:

(Text 6)

Die Weinsberger Bluttat. Bericht des Pfarrers Johannes Herolt.

Am heiligen Ostertage, welches war der sechzehndt Tag des Monats Aprilis, als die Baurn bei Neckhersulm lagen, kam ein Karrenman Semelhans genant, der hett Salz in das Schloß Weinsperg geben, zaigt an, wie die Edelleut und Reuter herab in das Stettlin gangen, wer gar niemandt im Schloß. Also machten sich die Baurn uf, und dieweil Graff Ludwig vom Helffenstain, der Amptman der Zeit zu Weinsperg, mit den andern vom Adel, die bei ime in der Besatzung lagen, die Burger zu Weinsperg tröst und ermanet, sie solten keck sein und sich nit an die Baurn ergeben, königliche Würde, die würd sie nit verlaßen, sonder sie retten – dan Künig Ferdinandus dazumal das Wurttemberg Land innen hette – sihe da kamen die Baurn unversehens so behendt, das der Graff mit den Zugegebenen in der Besatzung nit mehr uf das Schloß kommen möchten, musten in der Statt bei den Burgern pleiben. Also erstiegen die Baurn das Schloß, fiengen die Gräven (Gräfin) *mit den Kindern, plünderten das Schloß, kamen nachvolgendts für die Statt. Aber die Burger waren gutt beurisch, tetten den Baurn Tor und Tür uf, ließen sie hinein. Da ward Lucifer mit allen seinen Englen ledig, dopten und wüteten nit anders, dan ob sie alle unsinnig weren und vollen Teufel sessen. Fiengen erstlich den Graven, darnach die Edelleut mit den Reutern, etlich wurden an der Wehr erstochen. Dietterich von Weiller flohe in die Kirchen uf den Turn, und als er mit den Baurn herabredt, begert Gnad, wolt inen vil Gelt geben, da schuß einer hinauf, traff ine, stigen hernach uf den Turn und wurfen ine zum Laden heraus, furten nachvolgendt den edlen und wolgebornen Herrn Ludwigen Graven zue Helffenstein etc., der Zeit Amptman daselbst, und mit ime dreizehn vom Adel, under welchen waren zwen Sturmfeder, Ruodolf von Eltershoven und Pleickhart von Ruchzingen, uf einem Ackher gegen Heilprunen. Da machten sie einen Creis und jagten die wolgebornen und Edlen durch die Spies mit iren Knechten, uf vierundzwainzig Person. Der Graff entpott, er wolt inen ein Tunen* (Tonne) *Gelt geben, sie solten ine leben lassen, aber da half nichts dann sterben. Da dis der Graff sahe, stund er stockstill, bis sie ine erstachen. Ruodolf von Elterßhoven ist creuzweis in Ring gangen und sich williglich in Todt ergeben. Also haben sie dise wider alle Kriegsordnung durch die Spies gejagt, darnach nackhendt ausge-*

zogen und ligen lassen. Gott der Allmechtig wölle innen und uns gnedig sein. Nach disem allem haben sie das Schloß angezint und verprent, sein darnach uf Wurtzburg zu zogen. (Franz 1963, S. 335 f.)

Man könnte auch folgende Geschichte aus dem bekannten Werk Zimmermanns nehmen:

(Text 7)

Während der Graf mit den Bauern unterhandelte, um Zeit zu gewinnen, bis die erwartete Hilfe von Stuttgart käme, unterließ er es dennoch nicht, mit seinen Reitern „den ganzen Tag über ob den Bauern zu halten und ihnen Abbruch zu tun, soviel ihm immer möglich war". Er tat sich aus Weinsberg, fiel hinten in den Haufen in den Nachtrab, erstach und beschädigte ihnen viele, wodurch der Haufen der versammelten Bauerschaft erzürnt und bewegt wurde.
Zugleich kam Botschaft von der Donau, wie der Truchseß senge und brenne und gegen die gefangenen Bauern blutig verfahre, von der Hinrichtung Meister Jakob Wehes zu Leipheim, von dem Blutbad, das er die Donau hinauf unter ihren Brüdern angerichtet habe, von dem übermütigen Blutdurst, den er überall gegen die Bauern zeige. Nicht abschreckend, sondern zur Wut reizend wirkte die Sage von den 7000 bei Wurzach Ermordeten, welche die Herren mit absichtlicher Übertreibung ausstreuten, als abschreckende Siegesbotschaft. Die Hauptleute der Bauern betrachteten ihre Sache als einen gerechten Krieg des Volkes gegen die Herren: Sie wollten auf dem Kriegsfuß behandelt sein, nach Kriegsrecht und -art. Weder der Truchseß noch der Graf von Helfenstein, der während der Unterhandlungen ihre Brüder niederstach, achteten das Kriegsrecht gegen sie, die Bauern. Es schien nötig, die Herren dazu zu zwingen, zu zwingen durch Repressalien, die zugleich eine Blutrache für den frommen Wehe, für die hingerichteten Hauptleute ihrer Brüder zu Leipheim und Langenau, für die Hingeschlachteten von Wurzach, für die soeben auf dem Zug durchs Weinsberger Tal während des Unterhandelns Erstochenen wären.
Es war Verhängnis, daß Graf Ludwig von Helfenstein und Dietrich von Weiler, der Obervogt von Bottwar, der mit ihm in Weinsberg befehligte, diese Blutrache selbst auf sich herbeiziehen sollten.
(. . .) Tief im Grunde seiner Seele wälzte Jäcklein Rohrbach Gedanken, verschieden von denen Wendel Hiplers, verschieden von dem, wie weit Florian gehen wollte, schwarze, blutige Gedanken. Jäcklein

war der Mittelpunkt der Schreckensmänner im Bauernheer, die hier die Minderheit hatten. Rache! war ihre Losung; „dem Adel ein sonderbar Entsetzen und eine Furcht einzujagen" ihr nächstes Trachten. Jäcklein hielt mit den Seinen eine besondere Beratung in der Mühle, wo er sich einquartiert hatte. Sie hielten Kriegsgericht für sich über die Gefangenen, und sie wurden eins, keinen Herrn, keinen vom Adel, keinen Reisigen leben zu lassen, sondern jetzt und künftig alle zu erstechen; welcher einen gefangen annehmen wollte, den solle man niederstechen. In dieser Mühle gerade war es, wo Dietrich von Weilers junger Knecht von den Weibern versteckt worden war; er hörte alles an, hörte es mit Grauen.
Jäcklein und seine Gesellen behielten diesen ihren Beschluß für sich. Um jeder Einsprache der anderen zuvorzukommen, gingen sie sogleich an die Ausführung. Jäcklein hatte die Gefangenen ja in seiner Hand und seitab von der Stadt. Andreas Remy war mit ihm und Öhringer und Heilbronner. (Zimmermann 1975, S. 388 und 400 f.)

Neben der Feststellung der Unterschiede in den Bewertungen eines Ereignisses und dem Bezug auf leicht feststellbare, eher vordergründige Interessen, die sich aufgrund des Vergleichs der Texte 3 bis 7 ermitteln lassen, könnte ein weiterer Interpretationsansatz gewählt werden.
Lübbe teilt mit: „Die historische Erklärung erklärt einen einzigartigen Zustand eines Systems, sozusagen die Individualität dieses Systems unter vergleichbaren anderen. Die historische Erklärung beantwortet in diesem Falle die Frage, wieso funktionsanaloge Dinge hier so und dort anders sind, sofern eben diese Verschiedenheiten nicht aus aktuellen Funktionsdifferenzen selbst erklärt werden können. Historische Prozesse sind, insoweit, in genereller Formulierung, Prozesse der Systemindividualisierung, durch die Systeme unter Analogen einzigartig und unverwechselbar, also identifizierbar werden." (Lübbe 1973, S. 550) Und: „Geschichten sind Prozesse der Systemindividualisierung als Folge funktionsdienlicher Umbildung von Systemen und Ereignisbedingungen, die ihrerseits aus dem Funktionssinn des Systems ableitbar wird." (S. 551)
Einen solchen Entwurf könnte man zum Ansatz eines etwas systematischeren Vergleichs der Texte 3 bis 7, also der näheren Untersuchung der „Schreckenstat von Weinsberg", verwenden:
– Es ließen sich einzelne Geschichten, in die dieses Ereignis sich auflösen läßt, voneinander isolieren: man erhielte eine Vielzahl von einzelnen Handlungen (die sich natürlich selbst wiederum in eine Vielzahl von Tätigkeiten aufspalten ließen): der Graf von Helfen-

stein läßt einzelne Bauern überfallen, der Truchseß zeigt „Blutdurst" gegenüber den Bauern bei Leibheim, Jäcklein Rohrbach steigert die Erregung der Bauern usw.

- Die Gesamtheit der gefundenen Ereignisse würde zusammengestellt, die einzelnen Autoren daraufhin überprüft, welche Ereignisse sie erwähnten, d. h. welche sie ausgelassen haben: es steht zu vermuten, daß sich hier eine Reihe von Auswahlkriterien ermitteln und benennen ließen.
- Nunmehr könnte die jeweilige „kausale" Verknüpfung der einzelnen Geschichten/Ereignisse ins Blickfeld rücken. D. h. diese Verknüpfungen werden auch danach untersucht, in welchem Ausmaß in sie bestimmte Generalisierungen eingehen – in welchem Ausmaß und in welcher Detailliertheit auch immer: die Perspektive des Gebildeten bei Lübbe etwa (S. 548) oder: „Auch kommunistische Gedankengänge wurden stets nur von einzelnen Schreiern, wie sie sich in allen Revolutionen finden, geäußert." (Franz 1975, S. 287)
- Die bestimmten Vermutungen über die Abfolge von Ereignissen können einmal als Ausdruck von Auffassungen und Meinungen gesehen werden, zum anderen aber auch als Unterstellungen von Intentionen der Handelnden, deren Grenzen zwar benannt, jedoch nicht mit Sicherheit erkannt werden können: die Analyse der Darstellung von Ereignisketten läßt demnach Rückschlüsse auf die Auswahlkriterien, Auffassungen, Erfahrungen zu, die keinesfalls mit der Verfügbarkeit über die tatsächlichen Ereignisse gleichgesetzt werden können, sondern die jeweils als – bis zu einem gewissen Ausmaß bestätigte – Konstruktion zu betrachten sind.
- Der Prozeß der „Systemindividualisierung" kann deshalb nur vor dem Hintergrund seiner gleichzeitigen Funktionsdienlichkeit – oder entsprechender Umbildungen – oder einfach verfügbarer „Ereignisbedingungen" bestimmt werden.
- Die Feststellung, daß die Gruppe „Rohrbach" eine Funktion für die Ereignisse des Bauernkriegs hatte, ist entweder trivial oder nichtssagend; wenn die bestimmte Interpretation dieser Ereignisketten als Folge von Vermittlungen, die aufgrund der Vermutung über Generalisierungen ermittelt werden können, mit in einen historischen Entwurf einbezogen würden, dann müßte die Leerformel „Systemindividualisierung" ersetzt werden durch die Ermittlung ihrer Träger und der Funktion ihrer jeweilig ermittelten Bedeutsamkeit in der Historie. Daß die „Gruppe Rohrbach" für die „Schreckenstat von Weinsberg" verantwortlich ist, zeichnet tatsächlich den großen deutschen Bauernkrieg aus; die Be-

deutung, die ihr jedoch in der zeitgenössischen Propaganda wie in der Geschichtsschreibung zugeordnet wurde, und immer noch wird, macht erst ihren „Sinn" aus. Dieser Sinn enthält Implikationen, die als Tendenz der Bestätigung von Auffassungen, Meinungen, Einstellungen – vielleicht auch Theorien – gewertet werden können.

„Geschichten sind Prozesse der Systemindividualisierung. Historisch erzählte Geschichten sind Medien der Identifikation fremder und eigener Identität. Dabei ist diese historisch-genetische Identifikation fremder und eigener Identität ein Moment des Aufbaus und der Selbsterhaltung dieser jeweils eigenen Identität selbst." (Lübbe 1973, S. 552) Ich schlage die didaktische Transformation dieser Lübbeschen Einsicht vor: die Geschichten des Bauernkriegs, die erzählten Ereignisse, sollten in ihrer Bedeutung für die Stabilisierung von Identitäten untersucht werden. Die einfache Feststellung, daß es unterschiedliche Auffassungen gibt, kann dann als eine erste Stufe des Lernens gesehen werden, die keineswegs – man berücksichtige die zunehmend attraktive Verpackung von Informationen – als selbstverständlich angesehen werden kann. Die Ermittlung ihrer Bedeutsamkeiten wäre dann ein zweiter Schritt, dessen Empfehlung als Mittel zur Verhinderung der Indoktrination der Schüler angesehen werden kann und zu gleicher Zeit als Moment des Abbaus der „Theoriebedürftigkeit des Geschichtsunterrichts". Die oben zitierten Bildungspläne und die „Theorie" Lübbes haben vergleichbare Konsequenzen: die Darstellung von Konflikten muß so erfolgen, daß sie mühelos sich in die Reproduktionsbedürfnisse eines „Systems" einpassen lassen. Geschichten werden individualisiert: die jeweilige Definition historischer Erklärung dogmatisiert die vorherrschende Zuweisung von Sinn.

Der Bauernkrieg wird integriert, ein Lehrbeispiel dafür, was erlaubt ist: politisch-pädagogische Demonstration im Gewand natürlichen Bewegungsablaufs, als Prozeß der Systemindividualisierung modernisiert. Für den Geschichtsunterricht: die Rückkehr zur ungebrochenen Geschichtserzählung, während Theorie, kritische Reflexion, elitär vorenthalten wird.

Lehrbücher

Der Lehrer, vereidigt und besoldet, kann auf die Einlösung von Zielvorstellungen, von Lehrplänen, die in einem demokratisch legitimierten Staatswesen zu Recht erlassen werden können, verpflichtet werden; sehen wir von der sogenannten „pädagogischen Freiheit" des Lehrers ab, über die er vor allem dann verfügt, wenn er sich im Rahmen des Gewohnten und des Gewährten bewegt: Was soll er tun, wenn ihm Ziele wie „Objektivität" und „Nüchternheit" und „Schicksal der Gemeinschaft" – beim ersten Zusehen jedenfalls – nicht kongruent erscheinen, wenn der Gegenstand, wie der Bauernkrieg, sich einer nüchternen Präsentation nicht leicht ergibt, wenn die Traditionen einer „Gemeinschaft", wie diese selbst, Brüche erkennen lassen, wenn eine erstaunlich gewalttätige Auseinandersetzung innerhalb einer „Gemeinschaft" behandelt werden darf und an ihr Schüler etwas lernen sollen?

Der Lehrer kann: diese Ziele nicht weiter ernst nehmen, sie übersehen, Vermittlungsschwierigkeiten beiseite schieben, darauf bestehen, daß jedermann ihre Konkretisierung anders interpretieren würde und darf sie als „Legitimationsressourcen" verstehen, d. h. sie als nützliche, weil schützende Floskeln akzeptieren; vor allem aber: es bleibt als gewohntes Verfahren der Bezug auf das Lehrbuch.

Auch wenn gelegentlich befürchtet wird, daß eine kritische Einstellung von Schülern gegenüber dem Lehrbuch einer weiteren Beschäftigung mit ihm und seinen Informationen nicht förderlich ist, scheint der Versuch eines Lehrbuchvergleichs, verbunden mit der Ermittlung von Zielvorstellungen, impliziten Lernzielen, sinnvoll: zu erwarten stehen Aufklärungen über die konsensfähigen Merkmale, die in die Darstellung historischer Ereignisse in der notwendigen Verkürzung durch Lehrbücher eingehen müssen, und zwar vor dem Hintergrund der Frage nach ihren Angeboten zur Gewinnung von „Identität".

Sehen wir uns die Darstellung des Bauernkriegs in einem modernen Lehrbuch an, vielmehr einige Auszüge:

(Text 8)

Der Kampf der deutschen Bauern

Die unzufriedenen Bauern. *Es gärte schon lange unter den deutschen Bauern. Sie litten neben den Rittern und kleineren Bürgern am stärksten unter der Entwertung des Geldes und der landwirtschaftlichen Produkte (. . .). Ihre persönliche* Rechtsstellung *hatte sich dagegen in den vergangenen Jahrhunderten langsam, aber stetig verbessert. Viele waren* persönlich frei *geworden, und an die Stelle des jährlich oder beim Tode des Herrn oder des Bauern kündbaren Leibrechts war die* Erbleihe *getreten. Der Vater konnte den Hof seinem Sohn vererben, der dafür dem Grundherrn eine bestimmte Abgabe leistete.*

Das Neue und das Alte Recht. *Diese Unterschiede waren vor allem den Landesherren ein Dorn im Auge. Sie wollten ein einheitliches Recht. Ihre rechtskundigen Beamten brachten von den Universitäten das* Römische Recht *mit, das vor rund 1000 Jahren im Römerreich gegolten und dort eine* Rechtseinheit *geschaffen hatte (. . .). Im Spätmittelalter lebte es wieder auf und fand Eingang in fast allen europäischen Staaten. Es machte die Herren zu Obereigentümern an Grund und Boden und stufte die Bauern einheitlich als* „Sklaven" *ein.*

Demgegenüber war das germanische Recht *nach Stämmen, Territorien, Grund- und Gerichtsherrschaften verschieden, gewachsen aus dem örtlich gebundenen Recht. Die Bemühungen der Landesherren, das Römische Recht einzuführen, stießen auf den erbitterten Widerstand der Bauern, die um das* Alte *(germanische)* Recht *kämpften. In ihm sahen sie das göttliche Recht, das sich aus der Bibel herleite, für die Luther ein neues Verständnis geweckt hatte. In den Bauernunruhen ging es also neben wirtschaftlichen oder finanziellen Fragen besonders um das Alte Recht.*

Der große Bauernkrieg. *Erst im* Bauernkrieg *(1524/1525) entstand eine Massenbewegung, die weite Teile Deutschlands in kürzester Frist ergriff, ohne daß eine einheitliche Führung dahinterstand. An der Spitze standen nicht die armen, sondern die wohlhabenden und angesehenen Bauern, bisweilen auch Bürger, Adlige und Geistliche:* Florian Geyer *aus Giebelstadt bei Würzburg,* Götz von Berlichingen *„mit der eisernen Hand"*, Thomas Müntzer (. . .), *ja sogar der von den Habsburgern vertriebene Herzog* Ulrich von Württemberg.

In Flugschriften *und zündenden* Reden *wurden die Forderungen der Bauern verkündet. Dem Kürschnergesellen* Sebastian Lotzer *aus Memmingen gelang es, die örtlich begrenzten und vielfach widersprüchlichen Forderungen in* „Zwölf Artikeln" *zusammenzufassen.*

Vom Wort zur Tat. *Als den Reden und papierenen Forderungen nichts folgte, schlugen die Bauern mit Dreschflegeln und Sensen los. Sie brannten die Häuser, Klöster und Schlösser der verhaßten geistlichen und weltlichen Obrigkeit nieder. Vom Südwesten des Reiches, vom* Schwarzwald- und Bodenseegebiet, *griff der Krieg auf* Oberschwaben *über und verbreitete sich nach* Franken, *dem* Odenwald, Thüringen *und* Sachsen. *Nur in Bayern, Böhmen und Norddeutschland blieb es ruhig.*

Angesichts der Verwüstungen in den deutschen Landen stellte sich Luther *mit seiner Schrift* „Wider die mörderischen und räuberischen

Rotten der Bauern" *gegen die Bauern. Viele wandten sich verbittert ab und beschimpften ihn als Fürstenknecht, der sie mit seinem Aufruf „Von der Freiheit des Christenmenschen" zur Freiheit gerufen, jetzt aber verraten habe.*
Die Obrigkeit schlug mit harter Faust zu. Überall endeten die Kämpfe mit Niederlagen der Bauern, *deren ungeordnete Haufen den fürstlichen Reiter- und Söldnerheeren nicht gewachsen waren. 100000 Bauern sollen erschlagen worden sein. Die Überlebenden gingen einer bitteren Zukunft entgegen. Sie verloren viele der in Generationen mühsam erworbenen Rechte und wurden für drei Jahrhunderte politisch bedeutungslos, gefangen in der persönlichen Unfreiheit der* Leibeigenschaft.
Die Landesfürsten *festigten ihre Stellung auch gegenüber Kaiser und Reich; sie allein hatten die Aufstände niedergeschlagen und damit bewiesen, daß sie nicht auf kaiserliche Hilfe angewiesen waren.*

Arbeitsvorschläge
1. *Was verstanden die Bauern unter dem „Alten" und dem „Neuen Recht"?*
2. *Es gibt einen „Hunger nach Brot" und einen „Hunger nach Recht". Welcher war bei den Bauern stärker?*
3. *Der „Herr" übte über die Bauern verschiedene Herrschaftsrechte aus. Bestimme sie aus den „Zwölf Artikeln".*
4. *Du kannst erklären, warum die Grundherren ihre Bauern zu Frondiensten zwangen, wenn diese auf ihren Feldern selbst am meisten Arbeit hatten.*
5. *Beschreibe die Bewaffnung der Bauern an Hand einer Zeichnung.*

(Spiegel der Zeiten, Bd. 2, 1973, S. 188 ff.)

Der erste Satz in der von mir vorgenommenen Zusammenstellung, „Es gärte schon lange unter den deutschen Bauern", ist nicht zuletzt deshalb interessant, weil er so bekannt ist: natürlich darf man die Metapher vom Gären benutzen, aber eine andere Frage ist es, ob ihr hier nicht, in bestimmtem Kontext, eine systematische Funktion zukommt: widersprüchliche Entwicklungen, sperrige Verhaltensweisen werden „naturalisiert", vielleicht auch aus der Vogelschau-Perspektive nicht mehr ernst genommen; die Formel „schon lange" enthebt von der Untersuchung der konkreten Vorgeschichten, ihre Allgemeinheit verdeckt Frageansätze.
Gegenüber dem Argument, daß die Frage nach Gründen verhindert würde, kann gesagt werden, daß schließlich der nächste Satz die Nennung sogar „ökonomischer Bedingungen" für die konstatierte „Gä-

rung" enthält. Die Entwertung des Geldes und der Erlöse für landwirtschaftliche Produkte werden als Ursache angegeben. Allerdings: nicht nur die Bauern haben unter dieser ökonomischen Entwicklung zu leiden, sondern auch die „Ritter" und „kleinere Bürger". Das Ausmaß einer möglichen Berechtigung der Empörung von Bauern wird also von vornherein verwischt dadurch, daß ihr „Leiden" geteilt wird von gesellschaftlichen Gruppierungen, die partiell gegenteilige Interessen verfolgen. Hinzu kommt eine längere Passage über die Verbesserung der persönlichen Rechtsstellung: daß in der Sicht der Verfasser des Lehrbuchs die Rechtsstellung größere Bedeutung hätte als die ökonomische Situation, kann zwar nicht nachgewiesen werden, jedoch würde eine solche Präferenz „rechtsstaatlichem Denken" durchaus analog sein. „Der Vater konnte", man stelle sich vor!, „den Hof seinem Sohn vererben, der zwar dem Grundherrn eine bestimmte Abgabe leistete", aber dafür schließlich „persönlich frei" geworden war. Ohne daß man in den Wirrungen der bunten Abhängigkeitsverhältnisse des späten Mittelalters Experte sein muß, müßte doch auffallen, in welcher Weise von seiten dieses Lehrbuchs Akzente gesetzt werden, und es kann deutlich werden, wie man sich hier bemüht, Abhängigkeitsverhältnisse in ihrer Bedeutung zu mindern: „Der Vater konnte . . ."

„In den Bauernunruhen ging es also neben wirtschaftlichen oder finanziellen Fragen besonders um das Alte Recht." Dies ist eine durchaus übliche und in der bürgerlichen Geschichtswissenschaft weit verbreitete Interpretation. Allerdings: es ist eine bestimmte Sicht, die man nicht unbedingt mit den realen Streitpunkten oder deren Entwicklungsbedingungen verwechseln muß. Ihre theoretische und politische Implikation ist die Abwehr der Ableitung von Konflikten aus ökonomischen Verhältnissen und die Verlagerung von Auseinandersetzungen in „geistige" Entwicklungen.

Die Verwunderung des Lehrbuchs, die sich im ersten Satz des nächsten Abschnittes ankündigt, daß nämlich diese Massenbewegung sich ausbreitete, „ohne daß eine einheitliche Führung dahinter stand", ist wahrscheinlich auch bezeichnend: diese Verwunderung dürfte echt sein, die Vorstellung von einer Massenbewegung fremd, die Auffassung von der Notwendigkeit „einheitlicher Führung" in gewisser Weise dominant. Dennoch gab es wohlhabende und angesehene Bauern, bisweilen auch Bürger, Adlige und Geistliche, die „an der Spitze standen". Götz von Berlichingen wird ausdrücklich erwähnt, seine Eigenschaft ist jedoch nicht die, daß er eine durchaus zwielichtige Rolle spielte, sondern erwähnt wird in den kostbaren Zeilen des Lehrbuchs, daß er der „mit der eisernen Hand" sei. Den zwölf Artikeln

Abb. 1: Bauern mit der Bundschuhfahne bedrohen einen Ritter. Holzschnitt aus der Zeit des Bauernkrieges im „Trostspiegel“ von Hans Schäufelin.

wird bescheinigt, daß sie örtlich begrenzte und vielfach widersprüchliche Forderungen enthalten hätten. Die Grundlage dieser relativ weitreichenden Behauptung wird wissenschaftlich kontrovers gesehen, jedoch ist dies keine Anforderung an ein Geschichtsbuch: die Schüler werden es schon nicht merken. (Zur Diskussion um die politische Bedeutung der 12 Artikel vgl. in diesem Band den Bericht von W. Raitz.)
Schließlich kam, was kommen mußte: die Bauern schlugen mit Dreschflegeln und Sensen los, sie brannten Häuser, Klöster und Schlösser ab, bis sich dann Luther „angesichts der Verwüstungen" gegen die Bauern stellte. Recht hatte er!, ebenso die Obrigkeit, die mit harter Faust zuschlug. Nun, wie dem auch sei, das Resümee des Bauernkriegs erfolgt durch das Lehrbuch, die Schüler dürfen dann Arbeitsvorschläge bewältigen: manche dieser Fragen können die Schüler nicht beantworten; vor allem kaum die Frage: „Es gibt einen ‚Hunger nach Brot' und einen ‚Hunger nach Recht'. Welcher war bei den Bauern stärker?" Woher sollen die Schüler das eigentlich wissen? Dennoch: die Antwort liegt nahe. Es war der ‚Hunger nach Recht', der bei den Bauern stärker war.

Man wird unterstellen können, daß die Bilder, die dieser Darstellung des Bauernkriegs zugeordnet sind, mit Absicht ausgewählt wurden und in Beziehung zu dem Text stehen:

Abb. 1:
Bauern – viele Bauern – bedrohen einen einzelnen Ritter; wie reagieren Schüler auf dieses Bild? Ich nehme an, daß sie die Partei des Einzelnen, des Ritters ergreifen: die Bauern sind in der Masse gewalttätig!

Abb. 2:
Ein Kloster wird von gewalttätigen Bauern geplündert und ausgeraubt. Die Aufforderung ergeht an die Schüler, die dargestellten Szenen zu schildern (vgl. Bildunterschrift). Die Schüler dürfen also des längeren die einzelnen „Übergriffe" auswalzen, aus der Sicht ihrer Gegner: denn bekanntlich stammt die Zeichnung aus der Handschrift Jakob Murers, des Abtes des Klosters Weißenau, der diese Schrift nach dem Bauernkrieg verfaßt hat.

Abb. 3:
Die Präsentation des Titelblatts von Luthers Schrift zieht die Konsequenz: die zentralen Inhalte der beiden Bilder mit Bauern in Aktion sind in dem Titel selbst enthalten. Vermutlich sind die Bilder gerade-

Abb. 2: Plünderung des Klosters Weißenau in Oberschwaben. Federzeichnung aus der Handschrift Jakob Murers über den Bauernkrieg. Schildere die dargestellten Szenen.

Abb. 3: Titelblatt von Luthers Schrift gegen die Bauern.
(Spiegel der Zeiten, Bd. 2, S. 188 ff.)

zu nach dem Titel von Luthers Schrift ausgesucht: die Bauern sind „mordisch" und „räubisch", „rotten" allzumal. Die syntaktische Struktur der Bildabfolge vermittelt ein Urteil. Aus den Bildern in Kombination mit den Bildunterschriften kann – und zwar unter Einbeziehung des Textes, der sich Schülervoreinstellungen einpassen läßt bzw. sich an gängigen Mustern von Vorstellungen orientiert – nur ein Urteil resultieren: Luther hat Recht, die Bauern wählen unrechtmäßige Mittel zur Durchsetzung ihrer Interessen und haben damit ihr „Schicksal", die Niederlage, selbst verschuldet. Mit anderen Worten: Die Bauern sind lauter Michael Kohlhase, die zwar anfangs irgendwie Recht hatten, dann aber immer mehr auf abschüssige Bahnen gerieten. Daraus folgt die wesentliche Botschaft des Schulbuches: Gewaltanwendung ist kein Mittel der politischen Auseinandersetzung, legitime Gewaltanwendung, in ihrer jeweiligen historischen

Konstellation und Verteilung, ist per se gerechtfertigt. Und: politische, gesellschaftliche Auseinandersetzungen werden „vergeistigt", damit wird ihnen ihre Substanz abgenommen.
Unsere erste, verwunderte Frage war gerichtet auf das Problem, wie es gelingen kann, einen „Gegenstand", der konflikthafte Züge trägt, in harmonisierende Lernziele einzupassen, wie sie etwa aus den hessischen Bildungsplänen von 1957 destilliert wurden (vgl. oben). Die Auszüge aus einem Lehrbuch enthalten eine ganze Reihe von Mitteln dazu. Im Falle des „Bauernkriegs" läßt sich ein spezifisches Problem festhalten (spezifisch deshalb, weil eine Harmonisierung des Konflikts nicht endgültig gelingen kann): neben den impliziten Lernzielen, von denen einige oben genannt sind, fällt die Schwierigkeit an, den „Bauernkrieg" als „Vergangenheit" beschreiben zu müssen, d. h. die relative Relevanz für politisches Lernen zu signalisieren, und andererseits Schüler für eine Beschäftigung mit diesem „langweilig" gewordenen Gegenstand motivieren zu müssen. Gegenwärtiges Interesse – so jedenfalls hier – läßt ein Ereignis so zurichten, daß die Einstellung in einen historisch vermittelten Identifikationsprozeß Oktroyierung von Daten und Deutungen bedeutet. Die Relevanz eines Gegenstandes wird sozusagen heimlich bestimmt: die Einpassung in gängige politische Einstellungsmuster scheint gesichert werden zu können, muß allerdings auch eine „erleuchtende" Durchschaubarkeit befürchten, die in Diskreditierung der Möglichkeiten umschlagen kann, die gegenwärtig qualitativ und quantitativ bezüglich der Beschäftigung mit Geschichte praktizierbar sind. Die verheimlichte Parteilichkeit kann als ein Beleg gelten.
Der Blick in ein Schulgeschichtsbuch aus der DDR kann vielleicht helfen, die Fragestellung zu differenzieren:

(Text 9)

Den Bauern in Südwest- und Mitteldeutschland war es in der Zeit um 1500 von Jahr zu Jahr schlechter ergangen. Sie mußten den Adligen größere Abgaben leisten als früher; die Ausbeutung nahm zu. Die Bauern verarmten, die Willkür der Herren steigerte sich.
Nach dem Auftreten Martin Luthers waren neue günstige Bedingungen für den Kampf der Bauern entstanden. Luther hatte gelehrt: „Ein Christenmensch ist ein freier Herr über alle Ding und niemand untertan." Diese Lehre wollten die Bauern verwirklichen. Sie setzten sich deshalb für die Reformation ein. Sie hofften, die Reformation würde auch ihnen ein besseres Leben bringen. Unter Reformation

verstanden sie nicht nur die Vertreibung der Mönche, Abschaffung der Klöster, Gottesdienst in deutscher Sprache und andere kirchliche Neuerungen; sie dachten dabei vor allem an die Abschaffung der feudalen Lasten und die Beseitigung der Adelsburgen. Sie wollten die Allmende zurückhaben, die ihnen die Feudalherren geraubt hatten. Ungehindert wollten sie jagen und fischen dürfen und sich Holz aus dem Walde holen, ohne darum beim Feudalherrn betteln zu müssen. So schöpften die Bauern aus der Reformation neuen Mut. Ihre Aktionen wurden energischer.

Im Sommer 1524 brach der Sturm los. Die Bauern erhoben sich im südlichen Schwarzwald. Sie verweigerten die Frondienste und den Zehnten. Die Kunde vom Aufstand verbreitete sich rasch. Immer mehr Bauern griffen zu den Waffen, ein Dorf nach dem anderen schloß sich dem Aufstand an.

Die Feudalherren waren zunächst machtlos. In den ersten Monaten des Aufstandes konnten sie den Bauern keine Truppen gegenüberstellen, denn der Kaiser führte Krieg gegen Frankreich und brauchte die Truppen im Felde. So stellten sich die Feudalherren meist zum Scheine freundlich gegenüber den Bauern und versprachen, alle Beschwerden der Bauern zu berücksichtigen. In Wirklichkeit wollten sie dadurch aber nur Zeit gewinnen, bis sie genügend Truppen beisammen hatten, um die Bauern vernichten zu können.

Inzwischen waren aber die Bauern nicht untätig. Sie eroberten eine Adelsburg nach der anderen und stürmten ein Kloster nach dem anderen.

Vor allem aber berieten sie, was zu tun sei, welche Veränderungen vorzunehmen seien, wie man eine gerechte Ordnung einführen könne. Die Aufständischen stellten ihre Forderungen auf. Der Feldschreiber des Baltringer Haufens faßte sie in „Zwölf Artikeln“ zusammen.

Doch die Bauern kamen nicht mehr dazu, in Heilbronn zu beraten. Sie mußten sich zum Kampfe stellen. Inzwischen hatten die Feudalherren ihre Rüstungen beendet, Truppen aufgestellt und die Kampfhandlungen eröffnet. Die Truppen waren vom „Schwäbischen Bund“, einer Vereinigung süddeutscher Feudalherren und Städte, angeworben worden. An der Spitze dieser Truppen stand Truchseß von Waldburg, ein verschlagener und grausamer Feind der Bauern. Am 4. April 1525 schlug er bei Leipheim den Baltringer Haufen. Dies war ihm gelungen, da die Allgäuer und die Seebauern ihren Brüdern nicht zu Hilfe gekommen waren. Das war ein schwerwiegender Fehler. Vereint waren die Bauernhaufen mächtig, aber getrennt konnten sie leicht geschlagen werden.

Nach dem Sieg über die Baltringer griff der gerissene Truchseß nicht sofort die Allgäuer und die Seebauern an, sondern er verwickelte sie in Verhandlungen. Er versprach ihnen, ihre Forderungen zu erfüllen, wenn sie die Waffen niederlegen und nach Hause gehen. Die Bauern fielen darauf herein. Sie glaubten den Herren aufs Wort und wurden betrogen. Kaum hatten die Bauern die Waffen niedergelegt und waren nach Hause gegangen, da ließ sie der Truchseß in ihren Dörfern überfallen und bestrafen. So rächten sich die Gutgläubigkeit und die Vertrauensseligkeit der Bauern.
Die Bauern wurden jedoch vor allen Dingen geschlagen, weil sie von den Städten zuwenig unterstützt wurden. Die Bürger in den Städten ließen die aufständischen Bauern meist im Stich. Wenn ein Bauernhaufe vor der Stadt lagerte, stellten sie sich freundlich und versprachen Hilfe. Sobald aber ein fürstliches Heer nahte, wollten sie mit den Bauern nichts mehr zu tun haben und öffneten den Fürsten die Tore. Das Bürgertum trat für Luthers Reformation der Kirche ein, fürchtete aber den gewaltsamen Kampf. Letzten Endes mußte die frühbürgerliche Revolution scheitern, weil das Bürgertum in Deutschland noch nicht in der Lage war, die Macht im Staate zu übernehmen. Der Kapitalismus war zuwenig entwickelt.
(Günther 1967, S. 181 ff.)

Die einfache Andersartigkeit der Texte fällt sofort auf; diese einfachen Merkmale dürften auch von Schülern der Sekundarstufe I erkennbar und verwertbar sein:
- Das DDR-Geschichtsbuch behauptet, daß es den Bauern zunehmend „schlechter ergangen" sei. Die behauptete Verschlechterung wird ganz eindeutig formuliert.
- Es werden – bereits im ersten Absatz der von mir vorgenommenen Zusammenstellung – Begriffe verwandt wie: „Ausbeutung", „Willkür der Herren".
- Die Bedingungen für den Kampf der Bauern waren „günstig"; nicht: die Herren verhielten sich falsch.
- Die Bauern wollten Luthers Lehre verwirklichen, und zwar durch die Realisierung ihrer Interessen.
- Die „Feudalherren" verhielten sich hinterlistig: sie gingen nur zum Schein auf die Beschwerden der Bauern ein, wollten jedoch lediglich Zeit gewinnen, um genügend Truppen beisammen zu haben. (Solche Hinweise fehlen im BRD-Geschichtsbuch völlig.)
- Daß die Bauern nicht untätig blieben, wird positiv dargestellt; auch, daß sie Adelsburgen und Klöster eroberten und erstürmten.
- Die Bauern berieten, wie man eine „gerechte Ordnung" einführen

könne: es wird sozusagen akzeptiert, daß die damalige Ordnung „ungerecht" war.

- Es waren die Bauern, die sich zum Kampf stellen mußten, nicht umgekehrt, die Fürsten.
- Der Truchseß von Waldburg wird als „verschlagen und grausam" charakterisiert.
- Es wird bedauert („schwerwiegender Fehler"), daß die Bauern nicht vereint kämpften, sondern der Truchseß die jeweiligen Haufen getrennt schlagen, bzw. sie isolieren konnte.
- Die „Gutgläubigkeit und die Vertrauensseligkeit" der Bauern wird als Fehler hingestellt, denn dadurch wird ihre Niederlage befördert.
- Im BRD-Geschichtsbuch wird die „Ungeordnetheit" der bäuerlichen Haufen als ein wesentlicher, vielleicht sogar mitentscheidender Faktor der bäuerlichen Niederlage bestimmt, im DDR-Geschichtsbuch dagegen wird vor allem auf die Rolle des Bürgertums verwiesen: die Bürger ließen die aufständischen Bauern im Stich oder sie stellten sich nur anfangs freundlich, fürchteten aber letztlich eine gewaltsame Auseinandersetzung.
- Daß der Stand der Entwicklung von „Kapitalismus" im Bauernkrieg irgendeine Rolle gespielt haben könnte, ist im BRD-Geschichtsbuch (selbstverständlich?) außerhalb jeglicher Ahnung.
- Die Zusammenfassung der Unterschiede ergibt sich daraus, daß eine explizite Parteinahme für die Sache der Bauern anzutreffen ist und eine Theorie den Bezugsrahmen für die Darstellung des Bauernkriegs bildet, in der Parteinahme und Einschätzungen konvergieren.

Gemeinsam ist beiden Lehrbüchern das Fehlen curricularer Überlegungen – jedenfalls im emphatischen Sinne –, die Integration methodischer Konzeptionen, die Entwicklung von Problemlösungsverhalten, selbständigem Nachfragen, Formulierung eigener Fragen usw.; gar von Fragen, die auf die Ermittlung von Beziehungen zwischen „Lebenssituationen" und eigener Qualifikation, auf die Vermittlung von „Methodenbewußtsein" hinausliefen. Ergebnisse werden präsentiert – man kann sich ohne weiteres vorstellen, daß sie jeweils (auswendig) gelernt werden müssen.

Was können Schüler (dennoch) aus dem Vergleich beider Lehrbuchtexte lernen: es wird sich lohnen, die „Härte" von Fakten aufzulösen und zu lernen, nach den Gründen für die Anwendung von Selektionskriterien und für die Festschreibung bestimmter Elemente von Darstellungen zu fragen. Man könnte lernen, sowohl Momente eines Textes zu bezeichnen, anhand deren sich die Meinungen und die

Richtungen herausfinden lassen, als auch Fragen zu entwickeln und Methoden zu überlegen, wie es möglich sein könnte, bestimmte, widersprüchlich gefaßte Behauptungen und Darstellungen aufzuarbeiten (z. B.: Wie läßt sich die jeweilige Eingangsbehauptung zur Lage der Bauern klären; läßt sie sich klären?). Und schließlich könnte allgemeiner gelernt werden, nach der Bedeutung von „Geschichte" zu fragen, exemplarisch festgemacht an einem bestimmten Gegenstand.

Programme

Die programmatischen Äußerungen und Vorstellungen der Bauern, der einzelnen Haufen oder der Träger der „frühbürgerlichen Revolution" sind vielfach umstritten: der Behauptung eines umfassenden, vernünftigen Reichsreformprogramms mit erheblicher Reichweite stehen Überlegungen gegenüber, die die Konsistenz, die Reichweite, die Bedeutung und die Einheitlichkeit eines Programms, wenn nicht überhaupt in Frage stellen, so doch in erheblichem Umfang relativieren. Eine andere Ebene solcher Auseinandersetzungen kann als „inhaltliche" gekennzeichnet werden: hier geht es darum, die Richtigkeit der Forderungen der Bauern ebenso als Argumentationszusammenhang zu klären, wie die behaupteten Sachverhalte zu erforschen. Einige wenige Möglichkeiten der Beschäftigung mit solchen Fragen sollen angedeutet werden.
In Unterrichtsvorschlägen zu den Bauernkriegen dürfen die sogenannten *Zwölf Artikel* nicht fehlen. Zugeordnet werden einem Auszug aus diesem Text (11) einige *Beschwerden von Dörfern des Baltringer Haufens* (Text 10). Den im Textauszug angesprochenen Problemen (Gehorsam gegen die Obrigkeit) entspricht die Kritik durch Melanchthon, die dazu dienen kann, die sozusagen „ideologischen" Auseinandersetzungen an einem Kernpunkt zu beleuchten (Text 12). Ein kurzer Einblick in das Zustandekommen der programmatischen Schrift kann Aufschlüsse geben über die Allgemeinheit von Forderungen und deren Bedeutung vor dem Hintergrund der Einzelbeschwerden von Dörfern; der Vergleich mit einer zeitgenössischen Stellungnahme kann einen Einblick in die Bedeutung möglicher Konsequenzen der programmatischen Forderungen der Bauern geben. (Daß die Stellungnahme in der Geschichtswissenschaft zu beiden Fragekomplexen nicht unbeeinflußt ist von „Theorien", braucht hier lediglich erwähnt zu werden; man könnte auch hier so vorgehen, daß man Stellungnahmen verschiedener Autoren untersucht; etwa die „Haltungen" von Buszello, Franz oder Steinmetz, die „Belege" für ihre Urteile etc.)

(Text 10)

Beschwerden von Dörfern des Baltringer Haufens

Die Beschwerden wurden am 16. Februar den Gesandten des Schwäbischen Bundes übergeben. Von den mehr als 300 Beschwerdeschriften ist nur ein kleiner Teil erhalten. Er ist gedruckt bei Artzt und bei Franz, Akten Nr. 26. Auf Grund der Baltringer Beschwerden hat Sebastian Lotzer als Schreiber dieses Bauernhaufens die „Zwölf Artikel" verfaßt.

a) Achstetten
Item und unser anligent Beschwernus, die wir von Achstetten gegen unseren Heren haben, mit Nomen zu deim edlen und vesten Junkher Adam von Fryberg und Getzen Mathey Lube zu Ulm und zu der Frauen vom Guttenzel.
Item zu dem 1., so beger wir, daß wir versaret (versorgt) *werde mit ene Pfarer, der uns brege das luder, klar Gotzwart.*
2. *So beger wir, daß wir ken Lipheren sol han, dan Got alen.*
3. *Beger wir, daß wir selen deinst fri sen* (sollen dienstfrei sein).
4. *Wan Got sen Straf über uns sent mit Hagel, sol dem Heren sen Anzal dan an der Gilt abgan.*
5. *So beger wir, daß mir ken klenen Zehend selen geben.*
6. *Beger wir, daß man uns das Holz um ein zimlich Gelt geb wie var Altherkumen.*
7. *So beger wir, daß man uns die Mißbrich abdie, es si durch Geiderstagen oder Nuebrich* (Neubruch, Geiderstagen fraglich. Anscheinend hat die Herrschaft der Gemeinde Land durch Neurodung und Zäune entzogen), *darmit mir beschwert seind.*
8. *So beger wir, daß man uns laß bener* (bei einer) *zümlichen Gilt laß beliben.*
[9] *Me daß uns beschwert mit deim Veßen, die eim Bunt send.*
[10] *Wider so haben mir en Gmen* (Allmende), *daß ist en gmen Waßer, das mecheim* (manch einem) *Man noch wißen ist, deß ist uns durch Gewalt entwert warden, ist ouch die Herschaft.*
[11] *Witte beger mir, daß er mit uns halt Hert, Schäfer, Wodgelt* (Weidegeld) *wie die andern.*

b) Gemeinde Attenweiler gegen den Abt von Weingarten
Die seint beschwert mit der Lübaigenschaft, wann sie wellent kain andern Her haben, dann anlain Gott den Allmechtigen, wann der hat uns erschaffen. Wann mir vermainden auch, das die gotlich Geschrift,

das nit auswiße, das kain Hern kain Aigenmensch haben soll, wann Gott ist der recht Her.
Aber mir seint herlich (offenbar) *beschwert mit der Vaßnachthenne, auch mit dem Vall- und Hauptrecht, auch wider wann ainer stierb, so kumt dann er und tailt mit der Frou oder mit Man. Wann mir mainden, es sie wüder die gotlich Gerechtickait, das er unsere Kinder erben soll. Das erbarm Gott in deim ewigen Reich und darum liebe Brieder, das seint unsere Beschwert.*
(Franz 1963, S. 152 f.)

(Text 11)

Die grundlichen und rechten Hauptartikel aller Baurschaft und Hindersessen der gaistlichen und weltlichen Oberkaiten, von wölchen si sich beschwert vermeinen [12 Artikel].

Dem christlichen Leeser Frid und Gnad Gottes durch Christum. Es sein vil Widerchristen, die jetzund von wegen der versammleten Baurschaft das Evangelion zu schmehn Ursach nemen, sagent, das sein die Frücht des neuen Evangelions: Niemant gehorsam sein, an allen Orten sich empor heben und aufpömen, mit großem Gewalt zuhauf laufen und sich rotten, gaistlich und weltliche Oberkaiten zu reformieren, auszureiten, ja villeücht gar zu erschlagen? Allen disen gotlosen, frevenlichen Urtailern antwurten dise nachgeschribne Artikel. Am ersten, das sie dise Schmach des Wort Gotes aufheben. Zum andern die Ungehorsamikait, ja die Empörung aller Bauren christenlich entschuldigen: Zum ersten ist das Evangelion nit ain Ursach der Empörungen oder Aufruren, dieweil es ain Rede ist von Christo dem verhaißnen Messia, welchs Wort und Leben nichts dann Liebe, Fride, Geduld und Ainigkaiten lernet, also das alle, die in disen Christum glauben, lieplich, fridlich, gedultig und ainig werden; so dann der Grund aller Artikel der Bauren (wie dann klar gesehen wirt) das Evangelion zu hören und demgemeß zu leben, dahin gericht ist. Wie mügen dann die Widerchristen das Evangelion ain Ursach der Embörung und des Ungehorsams nennen? Das aber etlich Widerchristen und Feind des Evangelii wider sölliche Anmuttung und Begerung sich lönen und aufbömen, ist das Evangelion nit Ursach, sonder der Teüfel, der schedlichst Feind des Evangelii, der solches durch den Unglauben in den Seinen erweckt, hiemitte das das Wort Gotes (Liebe, Frid und Ainigkait lernent) undergetruckt und weggenommen wurde. Zum andern dann klar lauter volget, das die Bauren in iren Artikeln solches Evangelion zur Leer und Leben begerend, nit mügen

ungehorsam, aufrürisch genennt werden. Ob aber Got die Pauren (nach seinem Wort zu leben ängstlich rufent) erhören will, wer will den Willen Gotes tadlen? Wer will in sein Gericht greifen? Ja wer will seiner Mayestet widerstreben? Hat er die Kinder Israhel zu im schreiend erhöret und aus der Hand Pharaonis erlediget, mag er nit noch heut die Seinen erretten? Ja er wirts erretten! Und in ainer Kürz! Derhalben christlicher Leser, solliche nachvolgend Artikel lise mit Fleiß, und nachmals urtail.
(Franz 1963, S. 174 f.)

(Text 12)

Philipp Melachthons Gutachten über die 12 Artikel

Ein Schrift Philippi Melanchthon wider die Artikel der Baurschaft. Kurfürst Ludwig von der Pfalz hatte am 18. Mai sein Landeskind Melachthon um ein Gutachten gebeten, das dieser bald darauf geschrieben und in Druck gegeben hat. Es ist also nach Luthers Stellungnahme und nach der Niederwerfung der Thüringer Bauern geschrieben. (. . .)

Von der Oberkeit
Und sonderlich foddert das Evangelium Gehorsam gegen der Oberkeit; und dieweil der Artikel so gar verachtet wurt, von denen, die sich evangelisch nennen, wollen wir das Evangelium, und Gottes Wort ihnen furhalten, darinn sie sehen, wie hart sie wider Gott fechten, unterm Schein des Evangelii [. . .]. (Es folgen ausführliche Erörterungen anhand von Bibelstellen über den Gehorsam gegen die Obrigkeit.)
Aus disem allem schliessen wir nun, das dieweil das Evangelium foddert Gehorsam gegen der Oberkeit und Aufrur verbeut, ob schon Fursten ubel tuen, und auch sunst foddert, das man Unrecht leid, handeln sie widder das Evangelium, darinnen das sie sich aufleinen widder ihr Oberkeit, und Gewalt und Frevel widder sie furnemen, und brauchen und machen sich selb zu Lügner, daran, das sie schreiben, sie begern dem Evangelio gemeß zu leben. Und handeln doch also offentlich widder Gott, das man greifen mag, das sie der Teufel treibt und furhat, sie umb Leib und Seel zu bringen; dann es geratt, wie es wolle, so wurt doch zuletst diser Frevel gestrafft werden, wie Paulus sagt (Römer 13,2): *Wer sich aufleinet widder die Oberkeit, wurt gestrafft. Und wie man sicht, das kein Mort ongestrafft bleibt,*

dann Gott helt ob seiner Ordnung, die er gemacht hat. Gen. 9 (1. Moses 9,6). *Wer Blut vergeusst, des Blut wurd auch vergossen. Also wurt auch diser Frevel nicht ongestrafft bleiben, denn ein Aufrur ist villfeltige Morderei.*

Darumb: Wenn schon alle Artikel der Baurschaft gebotten weren im Evangelio, dennoch tetten sie widder Gott, das sies mit Gewalt und Aufrüren wollen erzwingen, noch sind sie so frevel, und treiben solchen Muttwillen unter gottlichs Namens Schein. Es spricht aber Gott (5. Moses 5,11): *Wer sein Namen mißbrauch, der wirt nicht ungestrafft bleiben. Wer nu Gott furcht, und aus Torheit gewilliget het mit dem Haufen zu ziehen, der stehe ab davon und bedenk Seel und Leib, Weib und Kind, denn es wurt doch nicht ungestrafft bleiben.*

Dis sei in gemein von der Baurn Handlung geredt. Nu wollen wir von den Artikeln reden.

Erstlich wollt ich, das der die Artikel geschriben hat und so vil Schrift falschlich anzogen, das derselbig sein Namen hinzu geschriben hette; das were im Liecht gehandelt. Es hat sehr ein bösen Schein, sich solcher blinder Streich wollen behelfen, den armen, einfeltigen Leuten ein Schein machen, als weren solch Artikel so wol gegrundet in der Schrift, so doch an vil Orten die Schrift gefelscht. Ob aber solche Lügen aus Gott oder aus dem Teufel sei, ist wol zu ermessen, denn es sind greulich Lügen, die Schrift also felschlich anziehen.

(Franz 1963, S. 179 f.)

Die Texte 10 bis 12 haben selbstverständlich ihren Eigenwert; man kann sich vorstellen, daß die Einleitung zu den Zwölf Artikeln einen erheblichen Zeitraum in Anspruch nimmt, um Einsichten in die Argumentationsweise und den Problemhorizont des Verfassers (und damit der „Bewegung", die er repräsentiert) zu gewinnen. Die „individuelle" Leistung des Verfassers (eines Handwerksgesellen und nicht eines Gelehrten) kann ebenso festgehalten werden, wie die Verankerung der Zwölf Artikel in den Bedürfnissen und Forderungen der bäuerlichen Bevölkerung, die in ihrer „ursprünglichen" Form (ohne die Bearbeitung durch Sebastian Lotzer) mit eingebracht werden. Gemeinsamkeiten der Argumentation ebenso wie spezifische Verschiedenheiten im Verhältnis zu Melanchthon müßten vor dem Hintergrund der jeweiligen „Bezugsgruppe" (Auftraggeber) analysiert werden.

Grundsätzlich ist Auflehnung gegen die Obrigkeit Unrecht: Das Evangelium fordert, wie Melanchthon mit Zitaten belegt, „Gehorsam gegen die Oberkeit". Wer sich auflehnt, setzt sich ins Unrecht, zu Recht wird er gestraft. Wenn die Zwölf Artikel sich auf das Evangelium berufen – sie tun es fälschlicherweise. Wir können ergänzen: selbst wenn die Zwölf Artikel mit ihren Forderungen Recht hätten, wenn diese Forderungen gebilligt werden könnten – dadurch, daß die Bauern die falschen, unrechtmäßigen Mittel wählen, werden die Bauern zu „Frevlern". Aufruhr und Empörung sind nicht akzeptabel, auch nicht, wenn es berechtigte Anlässe zu Klagen gäbe oder wenn die Ziele auf die Wiederherstellung von unrechtmäßigen Verhältnissen abgestellt wären.

Die Wiederaufnahme eines vergleichbaren Arguments in „öffentlichen" Bemerkungen über den Bauernkrieg interessiert hier. So schreibt Clara Menck in einem Bericht über eine Bauernkriegsausstellung im Stuttgarter Hauptstaatsarchiv 1975 in der FAZ vom 18. Juni 1975 über die Beschwerdeschriften der Bauern: „Merkwürdig, geradezu reißend schnell werden aus den Beschwerden Aufforderungen: (. . .) Schnell eskalieren dabei auch durchaus vernünftige und diskutable Forderungen, nicht überall, aber an so vielen Stellen, daß aus dem Bauern für die anderen der Feind wird."

Wie listig ist das Augenzwinkern, das sich verständigt: wir haben das gleiche Ziel (soziale Gerechtigkeit), aber über die Methoden sind wir uns nicht einig. Die Verständigung über Inhalte wird ebenso ersetzt werden können durch den Konsens über Methoden, wenn ein konsensfähiges Handlungsreservoir gefährdet zu sein scheint und abgegrenzt werden muß. Die Verlängerung solcher prinzipieller Verständigungen in die „Geschichte" könnte als Indikator für gegenwärtigen Konsens („Gemeinsames") analysiert werden, dessen Herrschaftsbezug es zu analysieren gelte (einmal abgesehen von der Problematik, die sich aus Fragen nach „Erlaubnis" und Legitimation solcher Analyse ergeben).

Ein solcher Konsens könnte auch in der Zuschreibung bestimmter Eigenschaften stecken, die sozialen Gruppen, hier den Bauern, zugeordnet und in der Schule vermittelt werden. Im Falle der „unteren Schichten" werden – das ist indirekt schon des öfteren angedeutet worden – solche Eigenschaften entwickelt, entdeckt, erforscht und zugeordnet, die es erlauben, programmatische Vorstellungen nicht „ernstzunehmen" und die entwickelten Organisationsformen zur Durchsetzung politischer Ziele zu diskreditieren. (Z. B. „Eine radikal revolutionäre Unterströmung tritt in fast jeder vom Bauernkrieg betroffenen Stadt zu Tage. Darin möchten wir meistens aber mehr wütende Gier als den Ausdruck einer politischen Gesinnung sehen." Buszello 1974, S. 127) Von einem anderen Ansatz-

punkt her soll noch einmal versucht werden, diese Fragestellung durch folgende Überlegungen zu differenzieren.
Es ist mit einigem Recht anzunehmen, daß Vorstellungen über die bäuerlichen Haufen meist so aussehen: es gibt keine einheitliche Führung, die Organisation ist grundsätzlich chaotisch, die einzelnen Mitglieder verabschieden sich je nach Notwendigkeit und Gefühlslage usw. Diese Deutung wird z. B. von den landläufigen Lehrwerken für Geschichte nahegelegt. Sie steckt aber ebenfalls in der Bedeutungsverschiebung, die der Begriff „Haufen" (und „Rotte") genommen hat. Es wird angenommen werden können, daß die Bauern selbst diese Bezeichnung deshalb gewählt haben, um anzudeuten, daß die jeweiligen „Abteilungen" als selbständige militärische Einheiten angesehen werden („Haufe" und „Rotte" sind Gliederungen aus den zeitgenössischen Landsknechtsheeren). Der genaue Bedeutungswandel braucht hier nicht im einzelnen untersucht zu werden, für unseren Zweck genügt diese Information, die natürlich im krassen Widerspruch zu den Bedeutungen steht, die wir heutzutage beiden Begriffen zuschreiben.
Hinweise auf diesen Bedeutungswandel sind mir aus den gängigen Lehrbüchern nicht bekannt. Da in einem solchen Versäumnis – ich vermute – die Interpretation steht, daß die bäuerlichen Heere unorganisiert gewesen seien, scheint es mir sinnvoll zu sein, einmal aufgrund eines längeren Textes (13) den Entwurf für eine solche Ordnung zu untersuchen und über den Vergleich bisheriger Vorstellungen die Funktion des Verschweigens „anderer" Organisationsformen ins Blickfeld zu rücken.

(Text 13)

Die Feldordnung der Fränkischen Bauern. Bericht des Lorenz Fries.

(. . .) Es hat sich auch der Hauf daselbst bis in die 1000 Man gemeret. Derwegen sie iren Rat erweitert und das Regiment geendert. Nemlich ist Jacob Col von Eyvelstat (Kohl aus Eibelstadt) *oberster Hauptmann, Michel Hasenbart von Mergetheim zu Letinant, Cuntz Bayr von Otelfingen* (Edelfingen) *zu Schultaisen und Pfennigmaister gemacht worden.*
Und haben sich dieselbigen von Stund an ires Ampts und Regiments unterzogen, auch an die Zoller, umb sie sitzend, geschriben, das sie hinfur kain Zol nemen, sonder die Furleut und andere unbeswert furziehen liessen. Wa sie auch volle Chasten und Keller wisten, der

Obrickait zustendig, dahin schickten sie und liesen die zu irer Verwaltung annemen. Tetten Bevelhe, die Slösser zu plunderen und zu verbrennen. Sie richteten auch alsbald ain neue Ordnung uf, wie hernach volgt:
Gott dem Almechtigen zu Lob und Ehr und dan gemainem ganzen Haufen der versamleten Baurschaft zu Gut ist diese Ordnung und Regiment furgenomen:
Erstlich will sich Gestalt diser bruderlichen, christlichen Ainigung nach Geburen, das das Wort Gottes, welchs ain Speis der Selen ist, täglich, so oft es die Gelegenhait zugibt, rain und lauter dem Volk verkundt und gepredigt werden solle, das ist auch also zu geschehen beratschlagt, fur not und billich angesehen.
Zum 2. sollen im hellen Haufen alle Gotslesterung und frevenliche Schwüre zu meiden verbotten werden.
Zum 3. soll auch allen in dieser loblichen christlichen Bruderschaft Zutrinken und andere uberflussige unordenlicher Weis [von] *Essen und Trinken verbotten sein.*
Zum 4. solle kainer kain Spil tun.
Zum 5. unzuchtige Frauen soll man im Läger nit gedulden.
Der Obrist Veldhauptman solle von gemainem hellen Haufen erwelt werden, uber alles Volk Gewalt zu haben. Dem auch ain jeder untertenig und gevolgich sein solle, doch mit dem Beschaid, das derselb Obrist Veldhauptman für sein Person nichts furnemen noch handlen solle on Wissen und Willen der geordenten Hauptleut und Räte, die von dem ganzen Haufen geordent sein oder werden.
Und derselb Obrist Veldhauptman solle auch kain Brief, er kome von Fursten, Herren oder andern, annemen oder ufbrechen, auch kain Brief durch sich oder sein Gescheft von sich schicken, dan mit Wissen der verordenten Hauptleute und Räte, so die vorhanden weren. Wa aber die nit alle vorhanden weren, solle er doch die zukomen Brief nit eröffen, auch kain Brief hinschicken, es seien dan trei oder vier aus den Reten und Hauptleuten entgegen.
Und nachdem sich aus zufallenden Gescheften begeben mogt, das der oberst Veldhauptman fur sich die Gescheft irer Gelegenhait nach nit handlen kont oder mogt, derhalben ist von Notten, auch fur gut angesehen, das ainer zu und nach ime verordent werden solle, der Leutinger (Leutnant) *genant, also das derselb von gemainem Haufen erwelt und uf den Beschaid des obersten Veldhauptmans warten solle.*
Und zu Hanthabung solcher beder obersten Ampte gegen den Mutwilligen und Entpörischen ist fur gut angesehen, das dem obersten Hauptman vier und dem Leutinger zwein Trabanten zugeordent wer-

den sollen, Tag und Nacht uf sie zu warten und ihrem Bevelhe und Gehais treulich Volg zu tun.
Dieselben zwen, oberster Veldhaubtmann und Leutinger, sollen vor ganzem hellen Haufen ire Pflicht (Verpflichtung) *tun, der Gestalt, dem ganzen hellen Haufen nach Ervorderung cristlicher, bruderlicher Liebe treulich und ehrlich vorzustehn und alles dasjenig furzunemen und zu handlen, das Got dem Almechtigen zuvorderst zu Lob und Ere und dan gemainer Versamlung zu Nutz, Er und Wolfart ersprieslich und zu Guttem komen mag, und in dem allem ir aigen selbst Ere und Nutz nit zu suchen, auch gegen nimant kainerlai Neids oder Geverds zu gebrauchen, sonder allain christlicher brüderlicher Lieb nach handlen.*
Es sollen auch obrister Veldhaubtmann und Leutinger ir Losiment oder Gezelt allenechst bei dem Geschutz haben, damit sie bei Tag und Nacht zur Not zu funden sein.
Gemainer Hauf behelte ime bevor, solche Ämpter zu besetzen und zu entsetzen (. . .).
(Franz 1963, S. 347 ff.)

Es gibt wohl so etwas wie eine Einigung darüber, daß Vorurteile (oder Voreinstellungen) durch berichtigende Informationen abgebaut werden können. Die bäuerlichen Versuche, in Anlehnung an Vorbilder Ordnungsvorstellungen zu präzisieren und durchzusetzen, könnten in Relation zu den „üblichen" Informationen eine solche Korrektur ermöglichen. Nicht gedacht ist daran, daß nunmehr unterstellt würde, diese Vorstellungen hätten sich – über welchen Zeitraum auch immer – durchsetzen können. Es käme vielmehr durchaus darauf an, verschiedene Informationen/Standpunkte selbst zu solchen Detailfragen zu sichten und überhaupt heranzuziehen; nicht um einer unhintergehbaren Pluralität und Unentscheidbarkeit das Wort zu reden, sondern um Anlässe für Fragestellungen zu entwikkeln, die sich auf die Bedingungen der Wirksamkeit von Propaganda ebenso beziehen lassen, wie auf Interessen, die ein feststehendes Urteil in die Beobachtung geschichtlicher Vorgänge einbringen.

Erinnerung

Es ist ganz sicher, daß die vorstehenden Überlegungen keine Unterrichtsplanung, sondern lediglich Anregungen zu Fragestellungen und zur Verwendung bestimmter Unterrichtsmaterialien, verbunden mit Interpretationsvorschlägen sind. Die vorstehenden Überlegungen sind

auch keine didaktischen Überlegungen, sondern sie versuchen lediglich, einige wenige Entscheidungen, die als didaktische oder curriculare gekennzeichnet werden können, in Bezug auf einen bestimmten Gegenstand anzuwenden und dadurch gleichzeitig transparenter zu machen. Sicher ist auch, daß diese Angaben nicht eine Erschöpfung der Aspekte oder auch der Gesichtspunkte erbringen, unter denen der Bauernkrieg für den Unterricht in allgemeinbildenden und öffentlichen Schulen relevant werden könnte. Es handelt sich um den Versuch der Konkretisierung einer Perspektive, die ganz allgemein so gekennzeichnet werden kann: Formen und Inhalte der Beschäftigung mit Geschichte, die Motivation zur Analyse bestimmter Teilbereiche, Vorgänge und Entwicklungen stehen in Zusammenhang mit der Struktur von Problemen und Bewußtseinsformen, die kennzeichnend sind für eine bestimmte gesellschaftlich-politische Situation: „Auch die Historiker sind als Zeitgenossen und Bürger von politischen und pädagogischen Interessen ihrer Zeit oder bestimmten Gruppen, Klassen oder Parteien beeinflußt, ja geleitet, die Historiker reproduzieren nicht die Vergangenheit, sondern sie vollziehen in ihrer Darstellung eine Begegnung zwischen Vergangenheit und Gegenwart. Gegenstände der Forschung werden aus aktuellen Interessen gewählt, neue Kategorien und Perspektiven entstehen aus solchen Interessen, das kann jede Untersuchung der Geschichte und der Geschichtswissenschaft oder des Geschichtsbewußtseins erweisen." (Nipperdey 1972, S. 587f.)
Nichts leichter also, bestätigt Nipperdey, als der Nachweis, daß es diese „außerwissenschaftlichen" Einflüsse auf die Darstellung und Erforschung historischer „Gegenstände" gibt, daß sie deren Analyse und Interpretation beeinflussen (wenn nicht gelegentlich „sogar" bestimmen). Die Vermutung liegt nahe, daß, wenn solche Beobachtungen für die Historiographie gelten, sie erst recht in „normalen" Lehrwerken und schließlich im Geschichtsunterricht ihren Niederschlag finden. Diese Zusammenhänge sollen noch einmal aufgegriffen werden, indem die einleitenden Bemerkungen über die aus den hessischen Lehrplänen von 1957 gewonnenen „Lernziele" nach dem Durchgang durch Probleme der Beschäftigung mit dem Bauernkrieg, wie wir ihn hier vorgenommen haben, gesichtet werden.
Wie sieht das also aus: anhand der Untersuchung des Bauernkriegs soll der Schüler seine „innige Verbundenheit" mit dem Schicksal der Gemeinschaft erkennen – wie eines der oben ermittelten Lernziele lauten würde? Die erste Möglichkeit wäre, daß der Eindruck erweckt würde, es sei schade oder falsch, daß es dieses Ereignis überhaupt gegeben habe, die Gemeinschaft sei gestört worden; die implizite Aufforderung erginge, daß die Gemeinschaft nicht gestört werden dürfe.

Eine andere Möglichkeit wäre es, einfach einmal genauer zu fragen, welche Gemeinschaft gemeint sei: die Deutschen? Das würde eine unzulässige Herstellung einer Identität von heutigem Staatswesen und mittelalterlichen Gemeinwesen bedeuten. Oder die Identität in der sozialen Situation, die sich eher herstellen ließe, jedoch den Blick auf gesellschaftliche Gruppierungen eröffnete? Mir scheint, diese Möglichkeit scheidet als Absicht des Textes aus. Die Beschäftigung mit der deutschen Geschichte hätte die Funktion, die Tradition so umzudeuten, daß gesellschaftliche Konflikte eliminiert werden, indem die Tradition solcher Konflikte nicht nur verharmlost, sondern durch Appelle („innige Verbundenheit") prinzipiell übergangen wird und eine Aufforderung zur Teilnahme für die Ordnungsmacht ergeht – immer vorausgesetzt, man könnte sich vorstellen, daß überhaupt das ermittelte Lernziel an diesen Gegenstand „operationalisiert" werden könnte.
Nun soll der Schüler anhand der Untersuchung und Beschäftigung mit dem Bauernkrieg außerdem erkennen, wie wir oben gesagt hatten, „daß er in eine Gemeinschaft gestellt ist". Die passivische Konstruktion ist eine Übernahme aus dem ursprünglichen Text: Der Eindruck, daß „Schicksal" gemeint ist, läßt sich natürlich nicht unmittelbar belegen, liegt jedoch nahe. Die Stellung in der Gemeinschaft – das ist eine ziemlich alte Anmerkung zur Partnerschaftsideologie – ist unabänderlich.
In diesem Kontext gewinnt unser nächstes Lernziel, nämlich daß Schüler anhand der Beschäftigung mit dem Bauernkrieg den Willen entwickeln sollten, im öffentlichen Leben verantwortlich mitzuwirken, seinen Stellenwert: verantwortlich meint ganz einfach die Reproduktion der eigenen Stellung in der Gemeinschaft. Es sei denn, es würden – als allgemeine Fragestellung – Beziehungen zwischen politischen Verhaltensweisen in Vergangenheit und Gegenwart als Möglichkeit analysiert und begründet.
Daß der Bauernkrieg zu den wichtigsten Ereignissen der Geschichte gehört, die die Schüler kennen sollen, liegt auf der Hand; fraglich bleibt, welche Merkmale und einzelnen Ereignisse wichtig werden. Denn nur so könnte man eigentlich lernen („spüren lernen"), wie sich auch in der Gegenwart Geschichte vollzieht – das war unser nächstes Lernziel. Auseinandersetzungen wie die des Bauernkriegs vollziehen sich, könnte man meinen, auch in der Gegenwart? Oder: implizite Appelle, die man anhand einer bestimmten Untersuchung von geschichtlichen Ereignissen bewirkt, sollen auch in der Gegenwart wirksam werden? Man denke an die Begeisterung über die „harte Faust", mit der die Obrigkeit sich zur Wehr setzt. Die Schüler sol-

len sicher nicht lernen, daß es auch in der Gegenwart legitim sein kann, daß Unterdrückte, Abhängige sich „solidarisieren" und zur Wehr setzen, bestimmt nicht über einen vorgegebenen, rechtmäßigen Rahmen hinaus. Vielmehr dürfte richtig sein, daß sie lernen sollen, daß es legitim ist, Forderungen zu stellen, aber nicht in jedem Fall, sie durchzusetzen. Wenn man annimmt, daß unsere beiden letzten „Lernziele", nämlich, daß Schüler lernen sollen, nüchtern und objektiv zu sein und nicht „Ressentiments und Ideologien zum Opfer" (vgl. oben, S. 148) zu fallen, als positive bzw. negative Umschreibung einer einzigen Bildungsaufgabe zu sehen seien, müßte man feststellen können, was unter „Objektivität" und „Abwesenheit von Ideologien" zu verstehen sei; die obigen Untersuchungen von Lehrwerken für den Unterricht in Geschichte wie der anderen untersuchten Primär- oder Sekundärtexte sollten daran erinnern, daß die einfache Versicherung einer sogenannten „Objektivität" nicht ausreicht.
Die Parteilichkeit der Quellen ist ebenso auffällig wie die der Darstellung. (Es „mußte den Herren daran gelegen sein, die auf eine Neugestaltung des ganzen politischen Lebens drängenden Reformpläne der Bauern und ihrer Bundesgenossen zu unterdrücken oder wenigstens als unbedeutend und eng erscheinen lassen", so Waas 1964, S. 42; man vergleiche – nur als Gegenstück – die Argumentation Buszellos, der in eng gefaßter philologischer Auslegung die in Texten geäußerte Reichweite bäuerlicher Reformvorstellungen als Beleg für „reale" Reformkonzepte nimmt.) Die Analyse von Lehrwerken gibt zu der Warnung Anlaß, daß, indem nicht einmal mehr ein Bewußtsein von der Standortabhängigkeit etwa sich in der Darstellung niederschlägt und im Unterricht nicht die Möglichkeit der Entwicklung entsprechender Aufgaben und Fragestellungen angeregt wird, sondern lediglich angebliche Fakten sich als reproduzierbare präsentieren, sich „Realität", Probleme ihrer Rekonstruktion einerseits und Interessen andererseits endgültig miteinander auswechseln. Die Bemühung um die Klärung der Beziehungen zwischen „Betrachter" und dem „historischen Ereignis" – dies wäre eine zweite allgemeine Perspektive unserer Vorschläge für Unterricht – und die Reflexion ihrer Bedingungen kann nicht abgeheftet und still gestellt werden. Die Einbeziehung solcher Aufgaben braucht weder das Interesse an Geschichte zu zerstören noch die Entfaltung von „Spannung" zu verhindern, die angeblich der Geschichtserzählung (wieder) zukommen soll. Der einfache Vergleich von Quellen (!) und der Zurichtung von Vorgängen in Lehrwerken, die angeblich von der Stoffülle gebeugt seien, sollte verdeutlichen helfen, daß „Nüchternheit" und die Abwesenheit von „Ressentiments" keineswegs gepaart sind. Jedenfalls, eine angemes-

sene Beurteilung des Bauernkriegs muß die möglichen Komplikationen beim Versuch, sich Konfliktkonstellationen zu nähern, aufgreifen und auch mit Schülern produktiv nutzen.
Unsere „Lernziele" aus dem Jahre 1957, so attraktiv sie sich auch wieder erweisen mögen, können durch die Beschäftigung mit dem „Bauernkrieg" nicht eingelöst werden; es sei denn, wir unterstellten die Beliebigkeit *der* Geschichte vor einem Selektionsbedürfnis, dessen allseitige Absicherung und plurale Verbeugung die institutionalisierte Belanglosigkeit „generierten": Sanktionierung des Transports von Ideologie (als „falsches Bewußtsein" nicht als „sozialistische Theorie" verstanden) als wesentliche Aufgabe von Schule und des Geschichtsunterrichts. Was könnte problemorientierter Geschichtsunterricht wirklich leisten? Bleiben wir vorsichtig: nicht die Bestätigung dafür, daß deutsche Geschichte für Unterricht allgemein und im Detail konsensfähig gemacht werden kann.
Die „Rolle eines Kollektivgedächtnisses", die der Geschichte und der Geschichtswissenschaft immer wieder zugewiesen wird (Mommsen 1972, S. 30), macht die Funktion eines Geschichtsunterrichts auch deshalb fragwürdig, wenn von vornherein zugestanden wird, daß „die Vermittlung geschichtlicher Tatsachen an die Gesamtheit der Mitglieder der Gesellschaft nur in beschränktem Umfang und in popularisierter Form möglich ist." (Mommsen 1972, S. 31) Darin ist einmal zusammengefaßt, daß eine intensive Auseinandersetzung um die Erinnerung einer Gesellschaft, die durch den Terminus „Kollektivgedächtnis" leicht zur Gemeinschaft, zur Einheit hätte stilisiert werden können, stattfindet. Es gibt, wie wir auch am Bauernkrieg sehen konnten, nicht nur eine öffentlich akzeptierte, sondern auch eine offiziell genehmigte Version des gesellschaftlichen Erinnerungsvermögens – als Abstand von Diskurs und sanktionierten, populären Lehren. Dies meint eine eher formale Differenz, die jedoch einige erhebliche Konsequenzen, zumindest für die Methode des Geschichtsunterrichts hat. Entscheidender sind die inhaltlichen Momente solcher Auseinandersetzungen: am Beispiel des „Bauernkriegs" waren die Verlängerungen gegenwärtiger Auseinandersetzungen, wenn auch in verkappter Erscheinungsweise, zu belegen und zu diskutieren.
„Die Geschichte wurde potentiell mit ihrer entwickelten Methode des Verstehens ein Element der Versöhnung im Kampf der Geister. So hat es noch einer der großen Historiker unserer Zeit, Herbert Butterfield einprägsam formuliert, wenn er sagt, es komme bei der Geschichte nicht darauf an festzustellen, wer recht habe, sondern zu verstehen, wie es kommt, daß die Menschen so verschieden sind. An dieser Leistung des Historismus ist festzuhalten. Dahinter können

und dürfen wir nicht zurück. Es ist die eigentliche geistige Gegenpotenz gegenüber den dogmatisch-ideologischen Geschichtskonstruktionen." (Erdmann 1972, S. 50) Wir dürfen auf eine mögliche Umdeutung einer solchen „Leistung" unter Heranziehung eines letzten Zitats verweisen: „Nur wird auch so von mancherlei gesagt, am bequemsten von obenher, daß es recht sei, und dann ist's nicht so. Der kleine Mann merkte stets, da geht etwas nicht auf. Der größere kann sich den Gang richten, wie bisher." (Bloch 1961, S. 15)
Man könnte sich einigen, an den Bruchstellen der Darstellung historischer Ereignisse und Entwicklungen weiterzuarbeiten; der Bekanntheitsgrad der genannten Anforderungen dürfte selbst als Beleg dafür gelten, daß es gelingen kann, die einfache Vermittlung „falschen Bewußtseins" zu irritieren.

Literatur

Bensing, Manfred/Siegfried Hoyer, Der deutsche Bauernkrieg 1524–1526, Berlin (Ost) [3]1975.

Bildungspläne für die allgemeinbildenden Schulen im Lande Hessen (II D: Das Bildungsgut des Gymnasiums), in: Amtsblatt des Hessischen Ministers für Erziehung und Volksbildung, Wiesbaden 1957.

Bloch, Ernst, Naturrecht und menschliche Würde, Frankfurt/M. 1961.

Busley, Hejo, Vom Frankenreich bis zum Westfälischen Frieden (Spiegel der Zeiten, Bd. 2), Frankfurt/M. [5]1973.

Buszello, Horst, Der deutsche Bauernkrieg als politische Bewegung, Berlin 1974.

Engels, Friedrich, Der deutsche Bauernkrieg, Berlin (Ost) [8]1965.

Erdmann, Karl Dietrich, Entwurf einer historischen Gegenwartskunde, in: Süssmuth, Hans (Hrsg.), Geschichtsunterricht ohne Zukunft?, Stuttgart 1972.

Franz, Günther, Der deutsche Bauernkrieg, Darmstadt [10]1975.

– (Hrsg.), Quellen zur Geschichte des Bauernkrieges, Darmstadt 1963.

Günther, Rigobert, u. a., Geschichte. Lehrbuch für Klasse 6, Berlin (Ost) [9]1967.

Lübbe, Hermann, Was heißt: „Das kann man nur historisch erklären?", in: Koselleck/Stempel (Hrsg.), Geschichte – Ereignis und Struktur, München 1973.

Menck, Clara, Lange Schatten einer kurzen Gewalt, in: Frankfurter Allgemeine Zeitung vom 20. 10. 1973.

Mommsen, Wolfgang J., Die Geschichtswissenschaft jenseits des Historismus, Düsseldorf [2]1972.

Nipperdey, Thomas, Über Relevanz, in: Geschichte in Wissenschaft und Unterricht [10]1972.

Ritter, Gerhard, Die Neugestaltung Deutschlands und Europas im 16. Jahrhundert, Frankfurt/M.-Berlin 1967.

Waas, Adolf, Die Bauern im Kampf um Gerechtigkeit, München 1964.

Zimmermann, Wilhelm, Der große deutsche Bauernkrieg, Berlin (Ost) 1975, (Neudruck der Ausgabe von 1891).

Klaus Siblewski

Martin Walsers „Sauspiel"

Martin Walsers Drama *Das Sauspiel* ist das dritte der in kurzer zeitlicher Abfolge in der Bundesrepublik erschienenen Dramen, die die historischen Ereignisse um Reformation und Bauernkrieg zum Gegenstand haben. Gleichwohl unterscheidet sich Walsers Drama auffallend sowohl von Fortes *Martin Luther und Thomas Müntzer* als auch von Yaak Karsunkes *Bauernoper*. Diese beiden Stücke knüpfen *direkt* an die historischen Auseinandersetzungen zwischen römisch-katholischer Kirche und protestantischem Anspruch auf Erneuerung dieser Glaubenslehre, zwischen dem Machtstreben der Territorialfürsten und dem Aufbegehren der Bauern, ihrem Versuch der Befreiung von feudaler Repression, an. Sie spielen, insbesondere Karsunke, in einzelnen Szenen authentische Ereignisse – aufbereitet für unser aktuelles Verständnis – nach. Walser findet dagegen an den bäuerlichen Erhebungen kein unmittelbares Interesse, sondern erachtet es als lohnender, jene politischen Maßnahmen, die als Reaktion auf die Bauernerhebungen folgten, dem heutigen Theaterpublikum zu präsentieren. Erklärtes Ziel Walsers ist es, uns die „Stimmung der Jahre *nach* dem Bauernkrieg" dramatisch zugänglich zu machen, die „Stimmung also nach einer niedergeschlagenen Revolution" (Walser, Das Sauspiel. Szenen aus dem 16. Jahrhundert, Frankfurt/M. 1975, S. 159).
Dies aus der Sicht Walsers mit gutem Grund: seine Intention besteht weniger darin, ein Stück verdrängter deutscher Geschichte dem aktuellen historischen Bewußtsein wieder einzugliedern, vielmehr fahndet er, wie im besonderen Fall der Niederlage der Bauern, nach den politischen Entwicklungen, die maßgeblich an diesem Verdrängungsprozeß beteiligt waren. Diese Intention ist von der Überzeugung getragen, daß auch das gegenwärtige politische Klima im wesentlichen durch Maßnahmen geprägt ist, die gegen Emanzipationsbewegungen gerichtet sind – deswegen besteht eine hohe Affinität zwischen den historischen Ereignissen nach dem Bauernkrieg und der aktuellen politischen Situation. An anderer Stelle verdeutlicht Walser, wie er sich ein kritisches historisches Bewußtsein, ein emanzipatives gegenwartsbezogenes politisches Engagement und die Synthese dieser beiden Bereiche vorstellt: „Ich wohne in einem Land, das seit den Zeiten Luthers so gut wie keine Revolution mehr hatte. Bei uns löste jeder

Ansatz zu revolutionärer Bewegung gleich eine lang anhaltende Gegenrevolution aus. Unsere Geschichte ist bestimmt von Gegenrevolutionen. Offenbar liegt es uns nicht, mit den Folgen dieser Gegenrevolutionen im Handumdrehen fertig zu werden. Wir müssen die Anachronismen abtragen wie Trachten aus zähem Tuch." (Walser, Ein sehr bescheidener Vorschlag, Kürbiskern, Heft 4, 1967, S. 92). Walser bezeichnet sich zwar als „unfreiwilligen Erben" dieser in der deutschen Geschichte dominierenden Entwicklung; um sich aber mit dieser aufgezwungenen Rolle kritisch auseinanderzusetzen, genügt es ihm nicht, hinter dieser beständig den Fortschritt hemmenden Tradition nach zukunftsträchtigen historischen Ereignissen zu suchen; er versucht vielmehr, diesen zwanghaften Mechanismus in der deutschen Geschichte aufzudecken und sieht darin einen ersten notwendigen Beitrag zu dessen Überwindung. Damit die Denunzierung der gegenrevolutionären Kräfte das von Walser gewünschte Ziel erreicht, bindet er sein Konzept an eine zweite Bedingung: er vertraut auf die Lernfähigkeit seines Publikums, sie ist ihm Ziel und Voraussetzung seiner Arbeit zugleich. Diese Lernprozesse verlaufen dann in der gewünschten Richtung, wenn sie auf der Kritik an den system-stabilisierenden Handlungen der gegenrevolutionären Kräfte fußen, wenn „beim sogenannten Gegner in die Schule" gegangen wird (Walser 1967, S. 92). Damit schließt sich für Walser der Kreis zwischen kritisch-historischem Bewußtsein und gegenwartsbezogenem politischem Engagement in der Initierung von Lernprozessen, die von der Einsicht in die Bedingungen von Entstehung und Befestigung gegenrevolutionärer Macht ausgehen und dadurch resistent machen gegen Einbrüche gegenrevolutionärer Verhaltensweisen.
Diese Perspektive Walsers bestimmt seine besondere Auswahl historischer Ereignisse aus der Phase der Bauernkriege: die Wahl Nürnbergs als Zentrum der dramatischen Handlungen rechtfertigt sich gerade deswegen, weil Walser glaubt, die Stadtentwicklung gebe ihm einen exemplarischen Einblick in die Konstitutionsbedingungen der Restaurierung von Herrschaft und die Analyse dieser Entwicklung fördere Gründe ans Licht, die in derselben exemplarischen Weise das Scheitern einer revolutionären Bewegung verdeutlichen. Konsequent beschäftigt sich keine Szene mit dem Schicksal der geschlagenen Bauern, denn historisch gesehen befinden sie sich nach der Niederlage dort, wo ihre lokalen Revolten ihren Ausgang nahmen, subsumiert unter eine ständisch gegliederte Herrschaft, ohne Anspruch oder Aussicht auf auch nur eine minimale politische Beteiligung in diesem Herrschaftsgefüge. Das Patriziat beherrscht die historische wie dramatische Szenerie, samt der intellektuellen Clique, deren materielle

Interessen – ohnehin eng verwoben mit denen des den Rat der Stadt Nürnberg beherrschenden Patriziats – sie darauf bedacht sein lassen, dessen politisches Handeln durch Bereitstellung bestandswichtiger, ideologisch gerechtfertigter Verhaltensnormen zu legitimieren. Hiermit gelangen wir zu Walsers zentralem Thema: dem Versuch, aus kritisch-denunzierender Perspektive das *Verhältnis der Intellektuellen zu den gesellschaftlichen Machthabern* und ihre systemtragende Funktion darzustellen.

Doch bevor wir diese Thematik in Walsers Drama weiter verfolgen, drängen sich einige generelle Fragen zum Verhältnis von historischer Thematik und Walsers praxisorientiertem Gegenwartsbezug auf: liegt es nicht in der Konsequenz von Walsers Konzept, trotz seiner Betonung der Differenz zwischen unserer Epoche und derjenigen, aus der das Material zu seinem Drama stammt, die aktuellen politischen Verhältnisse auf die historische Vorlage zu übertragen und damit die historische Differenz einzuebnen? Diese Frage verweist auf eine zweite: liegt es nicht in der Konsequenz von Walsers Vorstellung von der Entwicklung der deutschen Geschichte als einer permanenten Variation eines ostinaten Themas, der gegenrevolutionären Sicherung gefährdeter Herrschaftspositionen, daß der Blick für die jeweils besonderen historischen Bedingungen und deren objektive Folgen getrübt wird? Zusammenfassend gefragt: erlaubt es Walsers Konzept, Nürnberg in seiner historischen Besonderheit darzustellen und vermag darüber hinaus diese Darstellung jene kritischen Impulse dem gegenwärtigen Bewußtsein zu vermitteln, die Walser intendiert?

Nürnberg erregt deshalb Walsers Aufmerksamkeit, weil seine historische Entwicklung, die politisch im wesentlichen getragen wird von den bürgerlichen Schichten, ihm zu beweisen scheint, daß das Bürgertum schon zum Zeitpunkt seines ersten politischen Auftretens dazu gezwungen ist, mit repressiven Mitteln seine politische Handlungsfähigkeit gegen weiterreichende Forderungen anderer städtischer Gruppen durchzusetzen, mithin das bürgerliche Interesse an der Institutionalisierung eines störungsfreien politischen Systems in offenen Gegensatz zu den Bedürfnissen der nicht-bürgerlichen Interessen tritt. In diesem Zusammenhang besteht Walsers Darstellungsinteresse vornehmlich nicht in der Inszenierung drastischer Handlungen zum Zweck bürgerlicher Existenzsicherung, vielmehr bewegt ihn die Frage nach Funktionsweise und Struktur der Normen bürgerlichen Denkens, das sich daran beteiligt, die Errichtung eines solchen politischen Systems zu rechtfertigen; im Verlaufe seines Dramas stellt Walser die Formen intellektueller Verarbeitung derjenigen bürgerlichen Motivationsstruktur dar, die ihre Basis ausschließlich in der

Sicherung und Aufrechterhaltung von bürgerlicher Macht besitzt, die extremste Form von bürgerlich-affirmativem Bewußtsein also, das herrschaftsträchtige und zur Sicherung der Herrschaft verwertbare Potential intellektuell-bürgerlicher Arbeit und deren soziale Konsequenzen für die von der bürgerlichen Schicht abhängigen anderen Gruppen. Eingebettet in den historischen Abschnitt zwischen 1525 und 1535 versucht Walser, dies in der aufeinander bezogenen Darstellung von drei Personengruppen zu verdeutlichen: der Gruppe des Patriziats – sie setzt sich hier zusammen aus Künstlern, Gelehrten und Ratsmitgliedern; sodann der Gruppe der sozial Abhängigen – vertreten durch die Sänger Graf, Grünwalder, Lorenz und den von der städtischen Justiz verfolgten Markus, zuletzt der Gruppe der Strafgefangenen Wiedertäufer; an ihnen demonstriert Walser am unmittelbarsten die Wirkungsweise der Normen bürgerlichen Denkens, denn jeder Verstoß gegen einen für die Herrschaft des Patriziats bestandswichtigen Teil entzieht diesem die Möglichkeit zu selbständigem Handeln und bedroht es in seiner physischen Integrität.
Anhand von Dürers Maxime: „Der Künstler macht aus dem, was anfällt, das, was übrigbleibt" (S. 13), erläutert Walser den Modus, mit dem das Bürgertum in der Öffentlichkeit mit dem Bauernproblem umgeht und zeigt damit zugleich, wie das Bürgertum und die restlichen städtischen Gruppen dieses Problem zu verarbeiten haben. Dürer ist nicht länger bereit, sich mit den Forderungen der Bauern, die, bei aller Rücksicht auf die lokalen Besonderheiten und auf das unterschiedliche Niveau an Radikalität, tendenziell auf eine Demokratisierung der gesellschaftlichen Macht zielten, auseinanderzusetzen. Für ihn haben sich offensichtlich mit dem Zeitpunkt der Niederlage der Bauern ihre Forderungen als unrechtmäßig erwiesen. Damit reduziert sich für ihn das ästhetische Problem der Darstellung dieser Niederlage auf ein fast arithmetisches: es gilt die angemessenen Proportionen zu finden, um, für niemanden mißverständlich, die Niederlage der Bauern zu illustrieren – so, wie Walser es Dürer formulieren läßt, „daß oben an der Spitze das durchstochene Bäuerlein nicht zu klein erscheine" (S. 14). Walser ist, konsequent seine Konzeption verfolgend, nicht daran interessiert, den Kampf zwischen bäuerlicher Emanzipationsbewegung und gegenrevolutionären Kräften darzustellen. Sein Drama beginnt dort, wo sich die Gegenrevolution dem Freiheitskampf als überlegen erwiesen hat: bei der Darstellung der Methoden, mit der die gegenrevolutionäre Bewegung ihren Sieg zu befestigen beginnt. Dies geschieht vermittels der öffentlichen Manifestierung der Niederlage, die eine Warnung für alle Gleichgesonnenen bereithält, eine ähnlich aussichtslose Unternehmung nicht nochmals an-

zuzetteln. Die ‚Zur-Schau-Stellung‘ der Macht intendiert eine Einschüchterung derjenigen Gruppen, deren soziale Interessen im Widerspruch zu denen der Herrschenden stehen und betreibt ihre Demoralisierung. Die sich mit der gegenrevolutionären Bewegung solidarisierende Kunst übernimmt die Aufgabe, den revolutionären Kräften die gesellschaftliche Aussichtslosigkeit ihrer Forderungen zu suggerieren und damit eine nochmalige Organisierung ihrer Interessen zu verhindern. Walser bleibt nicht bei der Darstellung der herrschafts-affirmativen Funktionalisierung der Kunst stehen. Er zeigt den Weg, auf dem die Kunst die Konsolidierung der gegenrevolutionären Gewalt von einem Stadium relativer Instabilität hin zu einem Stadium relativer Stabilität begleitet und sich dabei an der Konservierung der bürgerlichen Lebenswelt maßgeblich beteiligt.

Während des Nachspiels bei Dürer stellt dieser den Anwesenden seine Befestigungslehre vor, die auch den Plan für den Bau einer Art von Kastell enthält; kommentierend fügt Dürer hinzu: „Nachdem sich zu unseren Zeiten viel Beunruhigendes begeben hat, scheint es mir nötig zu sein, zu überlegen, wie Befestigungen gebaut werden.“ (S. 142) Die Bürger fühlen sich uneingeschränkt mächtig, diesen Zustand möchten sie für alle Ewigkeit festschreiben, dennoch sehen sie, daß auf die Dauer konflikt-produzierende soziale Interessen nicht gedämpft werden können. Nach Walser erreicht die herrschafts-affirmative Kunst in dieser besonderen politischen Konstellation ihre höchste Ausprägung: durch die Demoralisierung der organisierten Artikulation von emanzipativen Interessen ist sie bestrebt, den Bürgern Formen von kollektivem Zusammenleben bereitzustellen, die sie in aller Zukunft gegen Angriffe wappnen. Ihnen das Gefühl zu vermitteln als lebten sie in einem Bollwerk, erscheint aus der Sicht Walsers die Aufgabe der herrschafts-affirmativen Kunst zu sein.

Die sich in der Kunst ausdrückende und in den Institutionen (vgl. Die Einweihung des ersten deutschen Gymnasiums und das Vorgehen der Justiz) verwirklichende bürgerliche Mentalität personalisiert Walser in der Figur Pirckheimers. Der Protagonist Pirckheimer fühlt sich, als Mann der Mitte, zugleich mit römisch-katholischer und lutherischer Kritik konfrontiert. Obwohl die revolutionären Kräfte geschlagen sind, besteht für ihn eine unabdingbare Notwendigkeit, den geistigen Kampf weiterzuführen, um der einkalkulierbaren Gefahr eines Erstarkens einer Müntzer verwandten Bewegung vorzubeugen. Die Funktion der Beschwörung einer revolutionären Gefahr in Pirckheimers Weltbild besteht nicht so sehr darin, auf die Realität einer solchen Gefahr aufmerksam zu machen, sondern sie bestimmt sich aus der politischen Wirkung, die eine solche Beschwörung impliziert. Pirckheimers Weltbild besitzt ein zusätzliches zweites Fundament: „Und das bestätigt genau, was ich vom Menschen denke. Nur Unglück steigert ihn." (S. 78) In dieser zynischen Überzeugung über die Entfaltung der menschlichen Anlagen legitimiert Pirckheimer nicht nur die Herrschaft des Menschen über den Menschen, er stellt sie sogar als eine geeignete Methode dar, den Menschen in seinem Streben nach Verwirklichung seiner selbst zu unterstützen. Auf der Basis dieser beiden Überzeugungen läßt Walser Pirckheimer sein Gesellschafts- und sein Geschichtsbild formulieren: „(. . .) wir, die ein Bild ans andere fügend, Geschichte festhalten, und, immerzu nach hinten schauend, weitergehen." (S. 12) Das erfüllt die drei notwendigen Voraussetzungen, die ein Weltbild enthalten muß, das interessiert ist an dem Fortbestehen der in konstanter Gefahr sich befindenden bürgerlichen Gesellschaft. Die Fixierung des Weltbildes auf die Vergangenheit rechtfertigt den Einsatz der politischen Macht gegen alle, die sich mit ihrer bisherigen, sozial unterprivilegierten Stellung nicht abfinden, darüber hinaus legitimiert sie die Herrschaft des Menschen über den Menschen, da alle bisherigen Gesellschaftsformen ihren Bestand durch Ausbeutung sicherten, zuletzt verpflichtet es jeden auf ein konservatives Verständnis von Geschichte und beraubt ihn damit der Möglichkeit, ein zukunftsträchtiges, alternatives Bild der Organisierung der gesellschaftlichen Gewalt zu entwerfen.

Mit diesem auf die Vergangenheit fixierten Weltbild wird der Kampf gegen die müntzerische Opposition aufgenommen, verstärkt durch den manipulatorischen Gebrauch der öffentlichen Meinung. Walser läßt Faust bei einer Beratung mit Spengler, ob ein Gutachten über die gesundheitliche Gefährlichkeit von Grubenarbeit veröffentlicht werden soll, zu folgendem Schluß kommen: „Je schrecklicher die Information, desto mehr Hoffnung braucht der Kumpel, desto verzweifelter wird er sich an die Montangesellschaft klammern (. . .). Sobald der Verursacher des Übels das Übel deutlicher ausspricht als jeder andere, kann ihm nichts mehr passieren (. . .). Meinungsfreiheit leistet mehr als Unterdrückung (. . .)." (S. 52) So verstandene Meinungsfreiheit entleert sie sämtlicher demokratischer Inhalte, sie ist nicht länger politisches Instrument, das darüber entscheidet, was nach dem Willen der Allgemeinheit im Interesse dieser Allgemeinheit geschehen soll, sondern Faust deutet sie um zu einer Freiheit, Meinungen nach Maßgabe individuellen Nutzens zu manipulieren.

Mit dieser konservativen, auf Stabilisierung des status quo bedachten bürgerlichen Ideologie und der damit verbundenen manipulierten Steuerung gesellschaftlichen Bewußtseins, ist der patrizische Intellektuelle konfrontiert. Melanchthon, der dieser herrschenden Ideologie ausgeliefert ist, kommt nicht umhin, und dies mehr unter Druck als aus wirklicher Einsicht, den radikalen Wiedertäufern deshalb selbst das Recht auf Verbreitung ihrer Überzeugungen abzuerkennen, weil er durch sie das Fundament der bürgerlichen Lebenswelt gefährdet sieht. Damit deckt er zugleich auf, durch welche Normen bürgerlich-intellektuelle Arbeit begrenzt ist: er stimmt dann der Verwendung von politischer Gewalt durch die Herrschenden zu, „1. wenn welche das Eigentum abschaffen wollen; 2. wenn welche den Eid abschaffen wollen; 3. wenn welche die Lehre (gemeint ist Luthers Lehre, K. S.) abschaffen wollen.“ (S. 95)

Damit sind wir zum Zentrum von Walsers Drama vorgestoßen: der Darstellung der Abhängigkeit Intellektueller vom bürgerlichen Interesse, die angestammten Eigentumsverhältnisse, die damit korrelierenden, ökonomisch bestimmten, Verkehrsformen aufrecht zu erhalten und ihnen durch eine in ihrem Kern konservative, in ihrer gesellschaftlichen Wirklichkeit manipulative Ideologie auch in Zukunft Bestand zu verleihen. Walser kritisiert die Rolle, in der sich der bürgerliche Intellektuelle befindet dadurch, daß er die gesellschaftliche Wirkung seiner Unfähigkeit, seine Abhängigkeit zu erkennen, nachzeichnet und die individuellen Schwierigkeiten illustriert, unter denen diese Intellektuellen leiden. Dies veranschaulicht am nachhaltigsten die soziale Identitätslosigkeit, die Melanchthon zwischen den Fronten lavieren läßt und seine stetige untergründige Angst vor einem politischen Engagement, das die bürgerlichen Sanktionsgewalten auslösen würde.“ Wie ich mich halte und drehe und spalte und in die Höhe hebe und verfeinere und verkleinere, und wie ich mich partikularisiere, mich verbesondere, bis ich unfaßbar bin . . . Wer bin ich? Einer der genug hat. Oder: Einer der genug HAT?“ (S. 94 f.) Auf der selbst noch gesellschaftlich bestimmten Ebene der Erfahrung der eigenen Identitätslosigkeit manifestiert sich die Abhängigkeit seiner intellektuellen Arbeit von den Normen der bürgerlichen Lebenswelt. Gezeigt wird, daß Melanchthons Arbeit des Moments der Selbständigkeit verlustig geht, daß sie ohnmächtig gegenüber der Indienstnahme durch das Bürgertum ist, daß sie mißbraucht wird um das politische Handeln der Herrschenden zu rechtfertigen, daß Melanchthon unfähig gehalten wird, die soziale Abhängigkeit seines eigenen Unvermögens zu sehen und zu einem kritischen Bewußtsein über die soziale Gerichtetheit der konservativen Denkstrukturen zu gelangen. Damit unternimmt Walser den Versuch, negativ die Bedingungen zu formulieren, unter denen es dem bürgerlichen Intellektuellen gelingen könnte, sich aus dieser Abhängigkeit zu befreien. Denunzierte Walser bisher die herrschafts-affirmative Funktionalisierung von Kunst, beschrieb

er die institutionelle Absicherung der Macht durch die Errichtung eines Gymnasiums und durch die Einigung über die Aufgabe der Justiz, stellte er das die bisherige Struktur der Gesellschaft konservierende bürgerliche Bewußtsein und dessen manipulative Verbreitung in der Öffentlichkeit vor, so setzte er jetzt in Szene, mit welchem Geflecht von Normen bürgerliche Produktionsstruktur und bürgerliche Verkehrsformen von Kritik abgeschirmt werden.
Mit der Darstellung der aus undurchschauter Abhängigkeit resultierenden ideologischen Rechtfertigung der zum Bestand der bürgerlichen Produktionsstruktur und der bürgerlichen Verkehrsformen notwendigen Verhaltensdispositionen erreicht Walser eine zweite Ebene in seinem Drama: neben der Perfektionierung der Methoden der ideologischen Aufrechterhaltung und Verteidigung bürgerlicher Herrschaft stellt er deren gesellschaftliche Wirkweise dar anhand des Verhaltens der im Drama auftretenden anderen Gruppen, vornehmlich repräsentiert durch die Figur des Sängers Graf.
Die gesellschaftliche Wirkung der ideologisch gerechtfertigten Sicherung gesellschaftlicher Macht durch das Nürnberger Patriziat ist ablesbar an dem unterschiedlichen Handlungsspielraum, der Graf zu Anfang und zu Ende des *Sauspiels* zusteht. In der einleitenden Szene, vor Beginn einer Vernissage im Atelier Dürer singt Graf das Lied von der Unruhe:

Was haben sie für ein Gefühl im Bauch, mein Herr,
trinken sie noch ein Glas?
Oder wär Nüchternsein besser
im Falle es passiert gleich was?
Welch eine Unruhe
und wie wenig man weiß,
rühren sich hundert oder zehntausend,
wird's gleich kalt jetzt oder wird es heiß. (S. 10)

Dieses an die Mächtigen der Stadt gerichtete Lied ironisiert die Wachsamkeit der ‚Herren' im Falle eines Aufstandes und gleichzeitig deren Unsicherheit, abzuschätzen, zu welchem Zeitpunkt ein Aufstand wahrscheinlich ist und mit welcher Stärke er vorgetragen werden könnte. In dieser Situation kann Graf sich die Freiheit nehmen, aggressiv die Instabilität der Herrschaftsposition der Patrizier zu besingen. In der vorletzten Szene, im Arbeitslager, nachdem Graf und Grünwalder wegen ihrer Regelübertretung während des Sauspiels inhaftiert worden sind, ist Inhalt und Funktion ihrer Lieder eindeutig festgelegt: sie dienen der Beschleunigung der Arbeit und der atmosphärischen Entschärfung der Arbeitssituation.

Die große Reise ist das Leben
und die führt immer übers Meer
nie darf der Mensch sich selbst aufgeben
weil er sonst glatt verloren wär
Chor:
Oh wie schön ist die Welt
wenn sie auch nicht jedem gefällt
oh wie schön, wie schön ist die Welt. (S. 139)

Graf und Grünwalder besitzen keine weiteren sozialen Ambitionen, außer daß sie ihre nackte physische Existenz retten wollen. Diesen minimalen Anspruch reichen sie als einzig erreichbaren an ihre Mithäftlinge weiter; der Chor ergeht sich darin, die Schönheit der Welt immer und immer wieder zu beteuern, trotz der nicht mehr überbietbaren Ausbeutungssituation, in der sie sich befinden.

In diesem äußeren Verlauf des Dramas beschreibt Walser die sozialen Folgen der Stabilisierung bürgerlicher Herrschaft: sie ist identisch mit der Steigerung der Abhängigkeit der restlichen sozialen Gruppen. Diesen Tatbestand verdeutlicht Walser in unmittelbar sinnlich wahrnehmbarer Weise; war es zum Zeitpunkt der Instabilität der Herrschaft des Bürgertums Graf vergönnt, wenn auch mit falschen Zielen und Methoden, seine eigenen Interessen zu verfolgen, so hat sich seine Abhängigkeit so umfassend gesteigert, daß er vollständig unter die Interessen des Bürgertums subsumiert ist.

In der Folge demonstriert Walser, welche Faktoren ausschlaggebend waren für diesen Prozeß der totalen Anpassung Grafs an die sozialen Unterdrückungsmechanismen, die die Normen der bürgerlichen Lebenswelt freisetzen. In diesem Zusammenhang legt Walser besonderen Wert auf die Darstellung der sozial demobilisierenden Folgen der von den Herrschenden verfochtenen und von den Intellektuellen gerechtfertigten Ideologie: Vergleichbar ist das von den Patriziern der Stadt Nürnberg erstrebte Ziel mit dem individuellen Ziel Grafs: beide beabsichtigen, ihre gesellschaftliche Existenz materiell abzusichern dadurch, daß sie privates Eigentum akkumulieren. Graf: „Noch zwei, drei Jahre, Rosi, dann kaufen wir das Gütchen in Dachsbach zurück" (S. 18). Graf ist, da sein individuelles Interesse mit dem des Patriziats zu korrelieren scheint, gezwungen, die Formen strategischen Handelns zur Verteidigung der bürgerlichen Eigentumsstruktur zu kopieren, ohne daß er sich der unterschiedlichen sozialen Voraussetzungen, die ihn vom Patriziat trennen, bewußt ist. Das Patriziat verteidigt aus seiner privilegierten Stellung ein auf privates Eigentum sich gründendes politisches System. Graf will, von einer unterprivilegierten sozialen Position aus, seine Unabhängigkeit durch den Erwerb

von Eigentum erreichen. Graf ist bereit zu denunzieren (vgl. erstes Zusammentreffen mit Markus), mit dem Patriziat zu kollaborieren (vgl. Bespitzelung der Strafgefangenen) und zu seinen Gunsten zu manipulieren (vgl. Versuch einer Absprache mit Grünwalder).
Walser konfrontiert Graf auch mit einem entgegengesetzten sozialen Erfahrungsbereich: er hat sich zu der Tatsache der Verfolgung von Müntzers Anhängern zu verhalten. Obwohl er eine gewisse Affinität zu den Verfolgten verspürt, ist er aufgrund der internalisierten patrizischen Wertvorstellungen nicht fähig zu solidarischem Handeln.
Walsers Kritik an Grafs Unfähigkeit zu solidarischem Handeln gibt den Blick frei nicht nur auf seine Affinität zur historischen Vorlage, sondern sie verdeutlicht auch den Anspruch mit dem er diese historische Vorlage dramatisch verarbeitet; dies bringt uns der Beantwortung der eingangs gestellten Frage näher. Walsers Empfehlung, beim Gegner in die Schule zu gehen, enthält sein ästhetisches Konzept. Es besteht aus der Verklammerung von denunzierender Darstellung (im *Sauspiel* erreicht er dies durch die Veranschaulichung des Prozesses der Stabilisierung der politischen Handlungsfähigkeit des Bürgertums) mit der Initiierung von emanzipatorischen Lernprozessen bei den Rezipienten. Dies soll die kritische Verarbeitung der gesellschaftlichen Wirkweise der für den bürgerlichen Konsolidierungsprozeß mitkonstitutiven Rechtfertigungsideologie leisten, demonstriert an Grafs gesellschaftlich verursachten unsolidarischen Handlungen. Da Walser sein ästhetisches Konzept auf ein die deutsche Geschichte bestimmendes Strukturmuster gründet, kann er seinen Anspruch der Initiierung von emanzipativen Lernprozessen deshalb direkt einlösen, denn die in kritischer Absicht denunzierende Verarbeitung der historischen Vorlage dramatisiert nicht nur historisch verjährte soziale Auseinandersetzungen, sondern sie soll und dies auf charakteristische Weise, das gegenwärtige politische System treffen. Im folgenden ist zu prüfen, ob die historische Situation nach der Niederlage der Bauern und die gegenwärtigen politischen Verhältnisse aufeinander übertragbar sind oder welchen Modus Walser findet, historisch fixierte dramatische Arbeit und gegenwartsbezogenes politisches Engagement zu vermitteln.
Das Ziel, seiner Existenz durch den Erwerb von Eigentum Unabhängigkeit zu verleihen und seine Unfähigkeit zu sozialem Handeln zwingen Graf zur Verschleierung seiner Ziele und Methoden, deren er sich bedient, es zu erreichen. Graf sieht sich mit zwei kontroversen sozialen Normengefügen konfrontiert: zum einen könnte er sich mit den Aufständischen solidarisieren, dies wäre gleichbedeutend damit, daß er seine Zielsetzung radikal verändern müßte, zum anderen fühlt

er sich mit den politischen Interessen des Patriziats verbunden, obwohl er Bedenken hat in bezug auf seine Standfähigkeit, wenn es gilt, mit ihnen zu konkurrieren. Walser läßt Graf, konfrontiert mit dem Schicksal einer Frau, deren Mann der Sympathisierung mit der Müntzerpartei verdächtigt wird, formulieren: „Das verkehrteste ist, ihr weder zu helfen, noch sie zu melden (S. 32)."

Nach Walser kann Graf sein Lebensziel nur dann aufrechterhalten, wenn er sowohl seine tendenzielle Affinität zu den wegen ihrer oppositionellen politischen Haltung Verfolgten verleugnet, als auch gegenüber den politischen Machthabern seine Interessen verbirgt. Selbstverleugnung ist der Modus, mit dem er sich zugleich den Ansprüchen, die die Unterdrückten an ihn richten und dem Konkurrenzdruck, der auf Seiten des Patriziats herrscht, entziehen kann.

Diese zur Abwehr der alternativen sozialen Verhaltensweisen dienende Selbstverleugnung manifestiert sich in Grafs Flucht in die Existenzweise eines Blinden. Diese besondere Form der Existenzverleugnung ist jedoch nicht selbständig von Graf gewählt, es zeigt sich, daß sie tief verwurzelt ist in dem konservativen Charakter der patrizischen Rechtfertigungsideologie. Zunächst ist Graf tatsächlich blind in Bezug auf seine eigenen Interessen, er übersieht die sozialen Konsequenzen, die die Mittel, deren er sich bedient, für ihn haben. Er verhält sich blind gegenüber seinen eigenen lebensgeschichtlichen Erfahrungen, er täuscht sich über die Skrupellosigkeit, mit denen die Herrschenden sich für den Bestand ihrer Normen einsetzen, er ermangelt der Einsicht in die Zukunftsträchtigkeit der sozialen Widerstandsbewegungen.

Walsers Intention soll sich nun dort verwirklichen, wo er zeigt, daß Grafs zum Selbstschutz betriebene Selbstverleugnung sich notwendig in ihr Gegenteil verkehrt, in die Destruktion der eigenen Existenz, daß dies kein singuläres gesellschaftliches Phänomen ist, sondern daß gerade die Destruktion der eigenen Existenz aus der undurchschauten Wirkweise der während des Prozesses der politischen Sicherung der eigenen Macht durch das Bürgertum ausgebildeten ideologisch gerechtfertigten Verhaltensnormen resultiert. In der Folge gelingt es Walser, zu zeigen, wie sehr Grafs Fähigkeit, soziale Erfahrungen zu machen, eine durch seine soziale Position bedingte Variation der bürgerlichen Rechtfertigungsideologie ist.

Zunächst veranschaulicht Walser die für Graf sich destruktiv auswirkenden patrizischen Verhaltensnormen an seiner Unfähigkeit, sich außerhalb der Verhaltensnormen der herrschenden Schicht definieren zu können. Bestand der konservative Charakter von Pirckheimers Weltbild darin, den sozialen Fortschritt aus der Vergangenheit abzuleiten, so bewirkt diese Fixierung der sozialen Erfahrung auf die Ver-

gangenheit bei den abhängigen sozialen Gruppen die Unfähigkeit, sich eine Gesellschaft vorstellen zu können, die frei von Unterdrükkung wäre. Deshalb unterliegen sie dem Zwang, ihre Identität im Rahmen der Verhaltenserwartungen der Bürger zu finden, da alle weiterreichenden sozialen Forderungen ihnen unglaubwürdig erscheinen müssen. Die vergangene Geschichte gibt ihnen keinen Hinweis darauf, daß sie in absehbarer Zeit realisierbar wären. Zugleich demonstriert Walser die für Graf sich destruktiv auswirkenden patrizischen Verhaltensnormen an seiner äußerst beschränkten Fähigkeit zu sozialem Lernen. Die bürgerlich-konservative Fixierung seines Weltbildes beweist hier erneut ihre hohe politische Funktionalität: zwanghaft wiederholt Graf sein erfolgloses Handeln, auch seine Tochter Maria und Markus verändern, selbst nach der Verurteilung Grafs, Ziel und Methode ihres sozialen Handelns nicht entscheidend. Da soziales Lernen für die abhängigen sozialen Schichten im wesentlichen innovatives Erlernen von kooperativen Assoziationsformen bedeuten müßte, insbesondere durch die Verarbeitung von Niederlagen, programmiert die Beschränkung des zu Erlernenden auf die Vergangenheit sie darauf vor, ihre Niederlagen als unüberwindbares Strukturmerkmal von Geschichte überhaupt zu akzeptieren.
Damit haben wir das Zentrum von Walsers Kritik gefunden: an Grafs um den Preis der Selbstverleugnung versuchten Existenzsicherung und aus seiner mangelhaft entwickelten Fähigkeit zu sozialem Lernen weist Walser die systemstabilisierende Funktion der bürgerlich-intellektuellen Arbeit nach. Denn besäße Graf die Fähigkeit zu systemtranszendierender Identitätsbildung und könnte er sich in letzter Konsequenz systemtranszendierenden Lernprozessen anschließen, dann würde er die Destruktivität und Perspektivelosigkeit seines Geschichts- und Gesellschaftsbildes durchschauen als Produkt der gesellschaftlichen Wirkweise der patrizischen Rechtfertigungsideologie und wäre dadurch in die Lage versetzt, zumindest den Prozeß der politischen Konsolidierung der Macht der Patrizier zu stören anstatt wie bisher sich willfährig anzupassen und zum Opfer zu werden.
Die Frage, die jetzt zu beantworten ist, betrifft die Gegenwartsbezogenheit der kritischen Dimension der Werkintention. Es ist zu prüfen, welche Form von Gegenwartsbezogenheit die historische Vorlage, die sich Walser gewählt hat, zuläßt. Walsers ästhetische Konzeption beruht, wie bereits ausgeführt, auf der Annahme einer identischen und die deutsche Geschichte bestimmenden Struktur, an die die kritisch-denunzierende Verarbeitung der historischen Gegenstände die Hoffnung auf Stimulierung emanzipativer Lernprozes-

se knüpfen konnte. Es ist jedoch fraglich, ob im Sinne Walsers von einer Strukturidentität zwischen der historische Vorlage, der politischen Situation nach der Niederlage der Bauern, und der gegenwärtigen Situation, die ebenfalls durch eine Zurückdrängung von sozialen Ansprüchen gekennzeichnet ist, gesprochen werden kann.
Verdeutlichen wir uns zur Beantwortung dieser Frage die geschichtliche Lage, gegen die die Bauern revoltierten und das politische Klima, das nach ihrer Niederwerfung herrschte. Ausgangspunkt der bäuerlichen Aufstandsbewegung ist ihre unerträgliche materielle Notlage, der sie u. a. durch die Forderung nach Abschaffung der Leibeigenschaft, nach Milderung der Frondienste, nach freier Pfarrerwahl begegnen wollten, insgesamt durch die Forderung nach Aufhebung der Willkürlichkeit der Rechtspraxis, dies die Folge der Territorialisierung der Herrschaftsbereiche, die die kontinuierliche Steigerung ihrer Unfreiheit und Abhängigkeit bedeutete, entgegenwirken. Zunächst begnügen sich die Bauern gegenüber den Rechtsbrüchen der Herren, das alte Recht einzuklagen, um die willkürlichen Rechtspraktiken, mit denen die Herrschenden ihren Machtbereich auszudehnen trachteten, zurückzudrängen. In der Folge aber begnügen sie sich nicht länger, ihre Rechte auf dieser weltlichen Basis zu legitimieren, sie rufen die höchste Instanz an, das göttliche Recht. Dies hat mehrere Gründe: zum einen war die seit Jahrhunderten betriebene Bibelauslegung das Fundament, auf das sich die unerträglich gewordenen Gewaltverhältnisse stützten, zudem war das bäuerliche Leben umfassend sinnbestimmt durch die religiösen Glaubensregeln, weswegen die Artikulation ihrer Kritik an der Ausweitung der Macht durch die Herrschenden besonders begünstigt wurde durch die neuen religiösen Erfahrungen, wie sie sich während der Reformation herausgebildet hatten. So gehen altes Recht und göttliches Recht in den Forderungen der Bauern eine enge Synthese ein: das Streben nach einem ehemals gültigen, den Bauern partielle gesellschaftliche Autonomie zugestehenden alten Recht, – diese sozialen Forderungen waren zudem Teil eines durch die neuen religiösen Erfahrungen bewirkten veränderten Verständnisses von gesellschaftlichem Leben überhaupt –, rechtfertigte sich aus dem göttlichen Recht; deswegen waren die Bauern jederzeit bereit, von ihren Forderungen abzuweichen, sollte ihnen anhand der Bibel deren Unrechtmäßigkeit nachgewiesen werden. Selbst die Erhebung gegen die Obrigkeit rechtfertigte sich aus dem göttlichen Recht, denn es sollten die Verstöße gegen das, was als göttliches Recht anzuerkennen ist, in Zukunft unterbunden werden. Müntzer verändert dieses Legitimationssystem qualitativ, indem er zur Errichtung des Gottesreiches auf Erden aufruft; die Gläubigen

sollen von den Nicht-Gläubigen geschieden werden. Er erkannte in den sozialen Interessengegensätzen ursächlich den Grund für die der Ausbeutung dienende soziale Verfeindung. Sein Entwurf einer gemeindlich-demokratischen Ordnung war das theologisch-eschatologisch begründete utopische Gegenmodell zu den bestehenden, biblisch ungerechtfertigten Gewaltverhältnissen; in diesem Sinne geht Müntzer durch den Entwurf einer auf soziale Gleichberechtigung abzielende demokratisch verfaßte Gesellschaft in qualitativ neuer Weise über das übliche Streben nach dem alten Herkommen hinaus. Die politische Reaktion, die diese lokal zersplitterten und mit unterschiedlichen Zielsetzungen vorgetragenen bäuerlichen Erhebungen hervorrief, war verheerend: die Bauern konnten zu dem bestehenden Gewaltzusammenhang keine entsprechende Gegengewalt organisieren, sie wurden gewaltsam reintegriert in die ständisch verfaßte Gesellschaft. Nicht nur die Anführer der Bauernhaufen, vor allem auch deren ideologische Träger, insbesondere die über das Land fahrenden Prädikanten, wurden unnachgiebig hingerichtet und dort, wo sie sich der Gefangennahme entziehen konnten, waren sie einer systematischen Verfolgung ausgesetzt. So unter die ständisch gegliederte hierarchische Ordnung subsumiert, wird den Bauern umfassend das Recht aberkannt zur politischen Artikulation von sozialen Interessen, die das herrschende System nicht befriedigte. Verstand es bisher Nürnberg geschickt, ein politisches Engagement sowohl für die Bauern als auch für die Fürsten zu umgehen, stimmte man nach dem Sieg des ‚Schwäbischen Bundes' in die allgemeine Ablehnung der sozialen Forderungen der Bauern nach größerer Rechtssicherheit und/oder egalitärer Organisierung der gesellschaftlichen Macht ein.

Auf den ersten Blick scheint Walsers Annahme der Strukturidentität zwischen diesen historischen Abläufen und der gegenwärtigen politischen Situation zuzutreffen. Walsers Hoffnung ist offensichtlich soweit berechtigt, als mit der literarischen Rezeption einer systemstabilisierenden historischen Rechtfertigungsideologie und der Kritik ihrer gesellschaftlichen Wirkweise emanzipative Lernprozesse deshalb initiierbar sind, weil sie zugleich die gesellschaftliche Wirkweise heutiger Rechtfertigungsideologien transparent werden lassen. Zutreffend an Walsers Annahme ist, und dies geht aus der Beschreibung der historischen Zustände hervor, daß das nürnberger Patriziat mit allen Mitteln ein Übergreifen der Aufstandsbewegung auf ihr Stadtgebiet verhindern wollte und daß ihm zur Disziplinierung der potentiell aufständischen Kräfte in ihrer Stadt die Ausbildung eines die Obrigkeit stützenden Legitimationssystems gelegen kam; daß sie sich, mit einem

Wort, gesellschaftlich repressiv gegenüber weiterreichenden sozialen Forderungen durchsetzen mußten. Parallelisierbar erscheint die Struktur der Privilegien sichernden Verteidigungsstellung, in der sich das nürnberger Patriziat befunden hat in Bezug auf gegenwärtige Zustände. Fragt man jedoch nach den besonderen historischen Bedingungen dieser Verteidigungsposition, so erscheint eine Übertragung wenig berechtigt. Denn weder können die religiöse Struktur der sozialen Forderungen, die in ihnen angelegten Vorstellungen von der Form ihrer politischen Organisierung, noch die revolutionsstrategisch zu begreifenden Methoden ihrer Durchsetzung, weder können die konkreten bäuerlichen Organisationsformen des Widerstandes noch die Methoden, die die Obrigkeit verwendete zum Zwecke ihrer Zerschlagung, mit aktuellen Widerstandsformen und deren Bekämpfung parallelisiert werden. Ebenfalls korrelieren politische Zielsetzungen und deren repressive Durchsetzung auf Seiten der Herrschenden nicht mit aktueller politischer Repression; die in ihrer Struktur lutherisch-reformatorische Rechtfertigung einer ständisch gegliederten Herrschaft, samt des offenen Gebrauchs von Gewalt findet in der sozialstaatlichen Organisierung von gesellschaftlicher Macht und deren sozial-harmonistischen Vorstellungen keine Entsprechung. Obwohl das strukturelle Moment der repressiven gesellschaftlichen Wirkweise von Rechtfertigungsideologien aufgrund einer analogen politischen Situation, der Verteidigung des privilegierten sozialen Status durch die Obrigkeit, übertragbar erscheint, findet sowohl das revolutionäre Subjekt der Bauernkriege keine historische Wiederholung in der Gegenwart, noch kann die gewaltsame Annektierung von gesellschaftlicher Macht zum Zwecke der Durchsetzung von bürgerlichen Produktions- und Verkehrsformen die gesellschaftliche Wirkweise einer legitimationsgefährdeten und zunehmend motivationslos werdenden Ideologie darstellen, deren sich das spätkapitalistische Krisenmanagement bedient. Die aus den besonderen gesellschaftlichen Bedingungen folgende historische Differenz zwischen der Situation nach der Niederlage der Bauern und der gegenwärtigen besteht wohl darin, daß das Patriziat gerade durch seine Rechtfertigungsideologie sich letztlich *offensiv* an der Konstitution der bürgerlichen Gesellschaft beteiligte, während gegenwärtig *defensiv* bürgerliche Produktions- und Verkehrsformen, auch da, wo der Anschein des Aktiven bewirkt wird, letztlich vor ihrem durch zyklische ökonomische Krisen beschleunigten Zerfall bewahrt werden sollen.

Diesem Defizit an historischer Konkretisierung der besonderen Bedingungen – von Strukturanalogie läßt sich nur dann sprechen, wenn von den jeweiligen besonderen historischen Konstitutionsbedingungen abstrahiert wird – korrespondiert eine Tendenz in Walsers ästhetischem Konzept, die uns die Richtung weist, aus der Walser ebenfalls Material zur Dramatisierung seiner historischen Vorlage bezieht. An anderer Stelle fordert Walser von dem gegenwärtigen Schriftsteller: „Ein deutscher Autor hat heute ausschließlich mit Figuren zu handeln, die die Zeit von 33 bis 45 entweder verschweigen oder zum Ausdruck bringen. Die die deutsche Ost-West-Lage verschweigen oder zum Ausdruck bringen. Jeder Satz eines deutschen Autors, der von dieser geschichtlichen Wirklichkeit schweigt, verschweigt etwas." (M. Walser: Vom erwarteten Theater, in: Erfahrungen und Leseerfahrungen, Frankfurt/M. 1969, S. 64.) Obwohl sich ohne Zweifel die tagespolitisch brisanten Themen gewandelt haben, wird die schriftstellerische Arbeit, will sie ihren kritisch-denunzierenden Aufgaben gerecht werden, unter eine eindeutige Funktionszuweisung subsumiert: ihr primärer Gegenstand besteht aus aktuellen Themen. Aus dieser apodiktischen Setzung ist Walsers Interesse und das Prinzip, nach der die in der historischen Vorlage enthaltene Struktur dramatisch aufbereitet und, wo nötig, geändert wird, ableitbar. „Aber soweit es sich um historische Figuren handelt, habe ich doch versucht, den Umriß des Originals nicht zu verletzen." (S. 159) Wo es das ästhetische Konzept Walsers jedoch erforderlich machte, die in der historischen Vorlage enthaltene Struktur näher zu illustrieren oder wo keine Identität zwischen historischer Vorlage und Gegenwart zu erzielen war, ist es für Walser entschieden, in welcher Weise er das historische Material verändert: „Wenn das doch geschehen sein sollte, dann, weil die aktuelle Problematik den Ausschlag gab." (S. 159)

Damit kristallisiert sich heraus, welchen Vermittlungsmodus Walser wählt, um die Widersprüchlichkeit zu schlichten zwischen den besonderen historisch-soziologisch beschriebenen Konstitutionsbedingungen des von ihm gewählten historischen Materials und der ästhetischen Forderung, die Walser an sein Drama stellt und die sich bis zur Wahl des zu verarbeitenden Materials auswirkt. Diese praktische Leistung, die dem *Sauspiel* gelingen soll, erreicht Walser dadurch, daß er die auf die Niederlage der Bauern folgende patrizische Sicherung der politischen Macht in Nürnberg auf der Ebene der ideologischen Rechtfertigung dieser Herrschaftssicherung, konsequent als eine ***konservative*** politische Bewegung interpretiert und dargestellt. Und dies aus gutem Grund, denn: „erst in der Atmosphäre verwirklichter oder drohender Revolution gibt es den Konservativismus" (H. Grebing: Liberalismus, Konservativismus, Marxismus – ein Überblick –, in: Politikwissenschaft, eine Einführung in ihre Probleme, hrsg. von G. Kress und D. Senghaas, Frankfurt/M. 1969, S. 82). In der Folge beschreibt Grebing die Struktur konservativen Denkens als „defensiv", das „mit der notwendigen Bewußtseinsverzögerung auf die Herausforderung des revolutionären linken Denkens" (S. 82) reagiert und sie beschreibt dann auf historisch-soziologisch allgemeiner Ebene diese politische Bewegung der Sicherung der jeweiligen gesellschaftlich privilegierten Machtposition ganz in Übereinstimmung mit Walsers Konzeption: „Konservativ wären dann (. . .) politische Bestrebungen, die zur Erhaltung verbliebener ökonomischer, sozialer und politischer Herrschaftspositionen oder zur Rückeroberung verlorener sich wenden gegen den als revolutionär verstandenen Demokratisierungsprozeß (. . .)." (Grebing, S. 82)

Dieser die dramatische Anlage des *Sauspiels* bestimmende Vermittlungsmodus hat in Bezug auf die Unübertragbarkeit der besonderen historischen Entwicklung in Walsers ästhetischem Konzept dort seine problematische Seite, wo die Dramatisierung der politischen und intellektuellen Situation in Nürnberg nach den abgewehrten Bauernerhebungen nicht unmittelbar zu einer Anhebung des gegenwärtigen politischen Bewußtseins beitragen kann. Sachs kommentiert den Verlauf des Sauspiels.

Mögen die reichen Leute bedenken
wie Arme sich den Hals verrenken
bis sie etwas zum Essen haben
Der Reiche wende seine Gaben
nur zum Wohle von allen an
weil ich ihn sonst nicht loben kann. (S. 126)

In die Figur des Hans Sachs fließen Vorstellungen eines unter dem Druck der politischen Machtkonstellation sich eher liberal legitimierenden Konservativen ein; seine ideologische Rechtfertigung der repressiven Sicherung der politischen Herrschaft entstammt, wie dieses Zitat beweist, liberalen Gemeinwohlvorstellungen – private Akkumulation von Eigentum steigert das kollektive gesellschaftliche Wohlergehen – und verdeckt die autoritär, ständisch-patriarchalischen Verhaltensnormen, mit denen das historische Patriziat in Nürnberg seine politische Herrschaft befestigen konnte. Damit nähert sich Walser jedoch auffällig der Beschreibung des aktuellen Legitimationshorizontes des gegenwärtigen Konservativismuses an: „Die Konservativen erkennen *heute* (Hervorhebung K. S.) im allgemeinen der Demokratie historische Notwendigkeit zu, aber ihre Demokratie-Vorstellungen sind entweder an den Demokratie-Begriff gebunden, der in der vorindustriellen kapitalistischen englischen Gesellschaft des 16./17. Jahrhunderts entstand, oder sie sind orientiert am konstitutionellen parlamentarischen Rechtsstaat des 19. Jahrhunderts; . . . " (Grebing, S. 84)

Dort wo eine Bewußtmachung der historischen Gründe des Scheiterns der Bauernkriege, wenn auch auf vermittelte Weise, dem heutigen Rezipienten den Blick dafür geöffnet hätte, daß eine Phase deutscher Geschichte von dem aktuellen Traditionsbewußtsein systematisch entstellt und teilweise vollständig verdrängt wird, und dies gerade durch die Herausarbeitung der historischen Differenz zwischen den Vorgängen nach den Bauernkriegen und den bundesrepublikanischen politischen Verhältnissen transparent geworden wäre, blendet Walser die besonderen historischen Konturen aus dem Bild, das in seiner historischen Vorlage verschlossen liegt, aus und füllt dieses Defizit durch die Darstellung des heutigen politisch wirksamen Konservativismus aus. Neben der kritischen Darstellung der historischen Kontinuität würde aber auch die Betonung der historischen Distanz die aktuelle Rezeption des Bauernkriegs vor vorschneller und teilweise falscher Vereinnahmung schützen und den Blick für die historischen Folgen der Niederlage der Bauern schärfen. Damit jedoch haben wir eine Ebene erreicht, die nach der Funktion der Rezeption des Bauernkriegs in einer spätkapitalistisch verfaßten Gesellschaft fragt, deren Beantwortung aber nur auf der Basis der Verbreiterung bisheriger literarischer Rezeptionen gelingen kann sowie des Aufbaus eines kategorialen Apparates, der fähig ist, diese komplexen Zusammenhänge spätkapitalistischer literarischer Bauernkriegsrezeption in systematischer Absicht aufzunehmen.

Information und Kritik

Walter Raitz

Die politischen Ziele des Bauernkriegs – reformistisch, konservativ-revolutionär, revolutionär?

Der deutsche Bauernkrieg war und ist kein bevorzugter Gegenstand bürgerlicher deutscher Geschichtsschreibung. Deutsche Revolutionen boten keinen Anlaß zur Apologie, zu schreiben war keine „Geschichte der Sieger". Wären nicht die wenigen, aber intensiven Bemühungen der Historiographie des 19. Jahrhunderts, die ihre Motivationen aus den bürgerlichen Emanzipationsbestrebungen der Zeit erhielten (z. B. Zimmermann, Baumann, Oechsle, Bensen, auch Ranke – der aber mit anderen Intentionen) und aus den intensivierten landesgeschichtlichen Forschungen, so könnte man den Bauernkrieg heute fast als Domäne sozialistischer Geschichtsschreibung ansehen.
Umso bemerkenswerter sind daher die wenigen neueren Arbeiten bürgerlicher Historiker, allen voran Günther Franz, dem das uneingeschränkte Verdienst zukommt, als Nestor der modernen Bauernkriegsforschung zu gelten. Sein 1933 erstmals, 1975 in der 10. Auflage erschienenes Buch *„Der deutsche Bauernkrieg" (Darmstadt, Wissenschaftliche Buchgesellschaft)* darf – zumal im Zusammenhang mit dem 1935 der Erstauflage beigegebenen Aktenband *(G. Franz, Der deutsche Bauernkrieg, Aktenband, 1. Aufl. 1935, 3. Aufl., Darmstadt 1968 ff.)* und der 1963 erschienenen Quellensammlung *(G. Franz, Quellen zur Geschichte des Bauernkriegs, München und Darmstadt 1963)* – getrost als Pionierleistung neuerer Bauernkriegsforschung angesehen werden. Dies gilt sowohl für den methodischen Ansatz als auch ganz besonders für die Darstellungsleistung, da es Franz gelang, einen zugleich chronologisch geordneten, regional differenzierenden, quellenbezogenen und problemorientierten – also narratives, analytisches und quellenkritisches Prinzip einsetzenden – Gesamtüberblick, einschließlich der „Vorläufer", zu geben. So ist es angesichts dieser Leistung und der ohnehin notorischen Bauernkriegsabstinenz der bürgerlichen Geschichtswissenschaft nicht verwunderlich, daß Franz' Thesen und Ergebnisse nahezu 40 Jahre lang „memoriert" (Blickle) wurden.
Erst in jüngster Zeit, sieht man einmal von der sozialistischen Bauernkriegsforschung ab – was hier getan werden soll –, machen sich Versuche bemerkbar, die Thesen von Franz über Ursachen, Bedingungen, politische Bedeutung und historische Folgen des Bauern-

kriegs besonders auf der Grundlage und mit Hilfe eines durch historisch-soziologische, gesellschafts-, geschichts- und revolutionstheoretische Fragestellungen und Methoden erweiterten historiographischen Instrumentariums zu korrigieren.

Ausgehend von Franz soll im folgenden versucht werden, diese Korrekturversuche im Überblick darzustellen. Dabei kann der Versuch einer Gesamtdarstellung des Bauernkriegs und der Geschichte des Bauernstandes seit 1300 von *Adolf Waas, Die Bauern im Kampf um Gerechtigkeit 1300–1525, München 1964*, vernachlässigt werden indem wir uns in der Einschätzung seines geringen innovativen Wertes dem Urteil von G. Vogler und G. Franz (vgl. Franz [10]1975, S. 319) anschließen, wenn sie meinen, Waas' Arbeit sei „weniger durch neue Ansichten als durch ihre reiche Bebilderung bemerkenswert". Im Tenor ähnlich urteilt über Waas auch Blickle, der meint, daß Waas „über weite Passagen seines Buches die Ergebnisse von Franz nachschreibt" (Blickle, vgl. w. u., S. 17).

Für Franz ist der Bauernkrieg primär ein Kampf um unterschiedliche Rechtsauffassungen und Rechtssysteme, der sich aber notwendig zu einem Kampf um politische Ordnungen entwickelte. „Er richtete sich gegen den Territorialstaat, der an die Stelle des alten Lehnsstaates zu treten begann" (S. 2) und mußte, da mit diesem historischen Entwicklungsprozeß die Durchsetzung des Römischen Rechts im Interesse der Fürsten und Teilen des Bürgertums einherging, anfänglich wesentlich ein Kampf um altes Recht und Herkommen sein. Franz scheint sich nicht schlüssig zu sein über den politischen Charakter dieser Forderungen – macht auch keine Aussagen darüber, ob die Forderungen nach Altem Recht auch eine Forderung nach der alten politischen Ordnung, dem Lehnsstaat also, implizierten. Allerdings spricht er den Bauern am Anfang ihrer Erhebung ein revolutionäres politisches Bewußtsein ab. Wenn sich die Bauern „gegen das Römische Recht, gegen den modernen Territorialstaat erhoben, um ihr altes Recht und Herkommen zu verteidigen, um für ihre altüberkommene Selbstverwaltung zu kämpfen, dann fühlten sie sich nicht als Empörer, sondern als Kämpfer für das Recht. Revolutionär, Rechtsbrecher war der Staat, nicht sie" (S. 3).

Dieser Versuch von Franz, die Bauern vor einem politischen Bewußtsein in Schutz zu nehmen, das sie in der weiteren Entwicklung ihres Kampfes dann deutlich zum Ausdruck gebracht haben, macht den Mangel seines Ansatzes an soziologisch, gesellschafts-, geschichts- und besonders revolutionstheoretischer Reflektiertheit deutlich und markiert den „Standpunkt", da durch die blanke Ineinssetzung von Revolution und Rechtsbruch eine apriorische Kriminalisierung revolutionären Handelns angezeigt wird – mögen die Sympathien auch auf Seiten der Aufständischen sein – oder besser: gerade weil sie es sind.

Die Einschätzung der Kämpfe um soziale Gerechtigkeit und der damit verbundenen politischen Intentionen kann daher von Franz nur im Rahmen legalistischer Argumentation und vor dem Hintergrund historisch konkurrierender Staatsrechts- und Verfassungsnormen – Lehnsstaatsprinzipien/Territorialstaatlichkeit/Reichsreformen – geleistet werden und muß sich deshalb weitgehend der theoretisch begründeten Einsicht in die sozio-ökonomischen Strukturveränderungen entziehen, die diese konkurrierenden Prinzipien staatlicher Herrschaft ebenso bedingten wie die materielle Verelendung der Bauern und die herrschaftlichen Rechtsbrüche – aber auch das revolutionäre Bewußtsein der Bauern, das sich die Legitimationsgrundlagen seiner in revolutionäres Handeln umgeschlagenen gesellschaftspraktischen Intentionen erst neu schaffen muß. Es findet sie schließlich im Begründungszusammenhang des „Göttlichen Rechts". Für Franz ist dies kein notwendiger revolutionärer Zusammenhang, der von Anfang an nur unterschiedliche Entwicklungsstände repräsentiert, sondern einfach nur der Ausdruck vorhandener und adaptierter unterschiedlicher Zielsetzungen von bereits dem Bauernkrieg vorausgehenden Aufstandsbewegungen. „Doch neben den Aufständen, die auf diesem Gedanken (dem altrechtlichen, W. R.) fußten, findet sich im ausgehenden Mittelalter eine zweite Gruppe von Unruhen, die sich ausschließlich zum Göttlichen Rechte bekannten und ihm einen neuen revolutionären Klang gaben." (S. 41) Erst unter dem Einfluß der Reformation, der Zerstörung der institutionalisierten religiösen Autorität und durch die evangelischen Postulate kam es zur Verbindung beider Aufstandstypen: „So wurde der Grundsatz der Göttlichen Gerechtigkeit, der im Bundschuh trotz allem nur die Angelegenheit weniger hundert oder tausend Verschworener war, zum Massen mitreißenden Schlagwort. In ihm einte sich der soziale Erneuerungswille im Bauernstand mit der neuen reformatorischen Gesinnung und dem Streben nach einer neuen Ordnung. Die Göttliche Gerechtigkeit in ihrer evangelischen Ausdeutung wurde die Brücke, über die auch die Bauern, die sich bisher nur zum alten Recht bekannt hatten, den Weg zur Revolution fanden." (S. 90)

Franz läßt zunächst offen, welcher Art diese neuen Ordnungsvorstellungen waren – außer daß er sie gegen „Territorialisierung" gerichtet sieht – ohne die Frage zu diskutieren, ob hinter dem Widerspruch zwischen neuem Legitimationsanspruch und bestehenden, wenn auch konkurrierenden Legalitätsprinzipien nicht über die Rechtsempfindlichkeit hinausgehende substantielle politische Ordnungsvorstellungen jenseits aller Reichsreformvorstellungen, auf die Franz' Argumentation dann hinausläuft, sich abzeichnen, wie sie in den biblisch begründeten sozialen Gleichheitsansprüchen und basisdemokratisch-kommunistisch gedachten und bei der Organisation der kämpfenden Haufen teilweise praktizierten Regelungen zum Ausdruck kommen – unterschiedlich weitreichend, unterschiedlich präzise, unterschiedlich radikal und schließlich reformistisch verwässert im Zusammenhang von Kampf und Niederlage und eindringender bürgerlicher „Rationalität".

Da indessen die unterschiedlich formulierten politischen Programmatiken, im Spektrum etwa zwischen Müntzer und Weigandt/Hipler, sich der regional differenzierenden Untersuchung anbieten, ist diese Problematik der Franz'schen Darstellung nicht gänzlich entzogen. In den resümierenden Schlußkapiteln des Buches wird das deutlich, wenn politische Programmatik und politisches Handeln der Bauern in ihren unterschiedlich weitreichenden Tendenzen und Intentionen und die unterschiedliche Radikalität der Vorgehensweisen der einzelnen regionalen Erhebungen im Zusammenhang der Ereignisse als überregionalem Phänomen gesehen werden sollen.

Hier dringt die – bürgerlichem Bewußtsein strukturelle und für die bürgerliche deutsche Historiographie so kennzeichnende – „Revolutionsangst" ausschlaggebend in die Analyse ein und wirkt restriktiv auf die Interpretation, indem sie den revolutionären Gehalt bäuerlich-politischer Programmatik reformistisch umdeutet und revolutionäre Implikationen wie revolutionäres Handeln inkriminiert: „Hätte sich die Bauernbewegung auf die Zwölf Artikel beschränkt, so wäre sie eine religiös-soziale Erhebung geblieben, deren Ziel gewesen wäre, die Grundsätze des Evangeliums in der bäuerlichen Wirtschaftsordnung zum Durchbruch zu bringen. Doch in dieser reinsten und unbedingtesten Form konnte sich das Göttliche Recht nicht durchsetzen. Es blieb die Angelegenheit eines einzelnen Haufens, der Baltringer, ja nur ihrer Führer. Für die übrigen Haufen war das Göttliche Recht nur der Mantel für weitergehende Forderungen. Sie dachten trotz aller Beteuerungen nicht daran, auf irgendwelche Begehren zugunsten des Evangeliums zu verzichten. Sie waren nicht friedlich gesonnen, sondern appellierten an das Schwert." (S. 286) Selbst wenn man einmal davon absieht, daß hier die revolutionären Implikate der Zwölf Artikel äußerst restriktiv interpretiert sind (vgl. dazu w. u. bei Blickle), so erhebt sich noch die Frage, was Franz veranlaßt haben mag, nur die Auffassung einer verschwindenden Minderheit – der Führer des Baltringer Haufens – für die authentische Interpreta-

tion des Göttlichen Rechts zu halten? Im folgenden Abschnitt geht Franz konkret auf die politischen Ordnungsvorstellungen der einzelnen Bauernhaufen ein, die sich durch ihre Interpretation des Göttlichen Rechts legitimierten: „Schon die Christliche Vereinigung in Oberschwaben ging dazu über, über die Zwölf Artikel hinaus eine neue politische Ordnung aufzurichten, in der alle Gewalt bei den Bauern und ihren Führern lag und die bisherigen Obrigkeiten zur völligen Machtlosigkeit verurteilt wurden (. . .). Die Franken wollten einen neuen Staat aufrichten, in dem Adel, Geistlichkeit und Bürgertum sich nach gemeinen Bürger- und Bauernrechten halten sollten und der Landesfürst als einziger Herr über einen freien, zu mäßigen Abgaben verpflichteten Bauernstand herrschen sollte. Die Elsässer wollten sogar nur den Kaiser als Herrn gelten lassen. Und die Markgräfler (. . .) wollten einen reinen Bauernstaat aufrichten, in dem jedes Amt von Bauern besetzt und der Markgraf selbst ein Bauer werden sollte. Noch weiter gingen die Kraichgauer, die offen eine Bauernrepublik erstrebten. Sie forderten nicht mehr Gleichberechtigung, sondern Alleinherrschaft und Entrechtung der anderen Stände. Am unbedingtesten zog aus diesen Grundgedanken der gesamten Bauernbewegung Michael Gaismair in seiner ‚Tiroler Landesordnung' die Folgerung. Er wollte selbst die Städte einebnen und Handel und Handwerk auf das Notwendigste beschränken." (S. 286 f.) Müntzers politisches Programm wird nicht erwähnt! Aus all dem zieht Franz den Schluß, dem wir zustimmen: „Deutlich zeigen diese Ziele, daß sich die Bauernbewegung vom Boden des alten wie des Göttlichen Rechts hinweg zu einer wirklichen politischen Revolution entwickelt hatte, deren Träger der deutsche Bauer war." (S. 287)
Die Frage bleibt nur, was sich inhaltlich mit der bei Franz häufigen Rede von der Revolution verbindet? Für Franz: „Hinter all diesen Plänen stand nicht (das muß, um Mißverständnisse zu vermeiden, gesagt werden) der Gedanke an eine Demokratie, einen Volksstaat im Sinne des 19. Jahrhunderts. So wie in dem Heilbronner Bauernparlament und der Christlichen Vereinigung in Oberschwaben nicht die Vertreter der einzelnen Bauern, sondern Abgesandte der verschiedenen Bauernhaufen zusammenkamen, so sollte überhaupt Staat und Reich von der Grundlage der kleinen genossenschaftlichen Verbände aus neu aufgebaut werden. Gerade hierin zeigt sich, wie sehr der Bauernkrieg eine Besinnung auf ursprüngliches deutsches Staatsdenken war, gegenüber dem römisch-rechtlich geprägten Territorialstaat." (S. 287) Damit aber werden nun ganz wesentliche politische Elemente der Bauernerhebung verleugnet, z. B. die Elemente egalitärer Gesellschaftsauffassung, zugunsten einer Unterstellung rückwärtsge-

wandten Staatsdenkens – und dies aufgrund einer Franz offensichtlich einzig sich anbietenden Vergleichsmöglichkeit mit der repräsentativen bürgerlichen Demokratie. Ob die revolutionären Erfahrungen der Bauern und ihr revolutionäres Bewußtsein – gewonnen immerhin in der Auseinandersetzung sowohl mit den Ordnungsprinzipien des feudalen Lehnsstaates als auch mit den sich abzeichnenden frühmodernen – sprich frühbürgerlichen – politischen Vergesellschaftungsprinzipien der Territorialisierungs- und Reichsreformbestrebungen – nicht politische Lösungen vorzeichneten, die an diesen Konzeptionen vorbeizielten auf präsozialistische oder syndikalistische Organisationsformen – diese Fragestellung hingegen wird von Franz dezidiert abgelehnt. Die vom historischen Material angebotenen Argumente für eine solche Fragestellung müssen deshalb diskriminiert werden: „Auch kommunistische Gedankengänge wurden stets nur von einzelnen Schreiern, wie sie sich in allen Revolutionen finden, geäußert." (S. 287) So gesehen kann der Bauernkrieg dann begriffen werden nicht als Versuch einer Revolution gegen die sich abzeichnenden historischen Tendenzen, in der zumindest als programmatische politische Forderungen basisdemokratische und kommunistische Momente sich – wenn auch notwendig unterentwikkelt – artikulieren (Oberschwaben, Elsaß, Markgräfler Land, Kraichgau, Thüringen) – sondern lediglich als bäuerliche, ständestaatliche, reformistische Alternative in den Auseinandersetzungen um die Reichsreform. „Der Bauernkrieg ist ein Glied in dem Kampf der Deutschen um das Reich." (S. 288) Für Franz ein problematisches Glied zudem, da es für ihn die Frage bleibt, „ob nicht die harte, aber nützliche Schule des Territorialstaates (zumal des preußischen) nötig war, ehe wir zur staatlichen Einheit gelangen konnten". (S. 288) Dem nun ließe sich mit einer Gegenfrage erwidern: nützlich für wen? Kaum wohl für die Bauern und wohl auch nicht für das dann entstehende Proletariat. Also für wen? Das deutsche Bürgertum hat jedenfalls nach dem Bauernkrieg noch gute 350 Jahre mit dem absolutistischen Territorialstaat gelebt – und, wenn auch zähneknirschend, im Klassenkompromiß mit den feudal-absolutistischen politischen Herrschaftsträgern. Und es wußte warum – ebenso, wie seine Historiker, die im 19. Jahrhundert zum Begriff des Klassenkampfes noch reale gesellschaftliche Erfahrungen hatten und, obwohl selbst meist national gesinnt, deshalb lieber zur abwehrenden Kritik am Bauernkrieg kamen als zu lobenden Urteilen über selbst noch reformistisch interpretierte politische Ziele. Immerhin halten ihre Urteile noch ungewollt fest, was Franz schlicht als belanglos beiseite schiebt. Zur Erinnerung: Leopold von Ranke sah in der Erhebung „unabsehbare Möglichkeiten einer neuen Gestaltung der Dinge in der Ferne", hielt die Heilbronner Reichsreformpläne für „Pläne einer neuen Einrichtung des Reiches von unten her" und stellt sie der „schwärmerischen Umbildung der Welt" durch Müntzer an die Seite. Johannes Janssen vermutete im Bauernkrieg eine „auf völligen Umsturz, Raub und Zerstörung" abzielende Bewegung mit dem Ziel einer „demokratisch-sozialistischen Republik". Karl Lamprecht meint noch für Franken, daß dort die „Pläne territorialer Reformen durch den Gedanken einer großen politischen Reichsreform überholt" wurden als Werk der „revolutionären Elemente" (alle Zitate nach Buszello, vg. w. u., S. 11).

Von dieser geängstigt festgehaltenen politischen Programmatik der Bauernerhebung will Franz nichts mehr wissen – so wenig wie *Horst Buszello (Der deutsche Bauernkrieg von 1525 als politische Bewegung, Berlin 1969)*, der nach Franz – und d. h. nach gut 30 Jahren – erstmals wieder den Versuch einer Gesamtdarstellung gewagt hat – zudem mit dem erklärten Ziel, den Bauernkrieg zu analysieren als „politische Bewegung", speziell mit dem Schwerpunkt auf den „bei Bauern und Bürgern – wenn auch oft nur unvollkommen artikulierten – Vorstellungen einer zukünftigen neuen Ordnung (. . .)." (S. 8) Buszello geht dabei von der gegen *Angermeier (Die Vorstellung des „gemeinen Mannes" von Staat und Reich im deutschen Bauernkrieg, VSWG 53, 1966, S. 329–343)* gerichteten Absicht aus, nicht die Elemente zu suchen, die „trotz aller Verschiedenheiten in den Staatsvorstellungen der einzelnen Bauernführer (. . .) von einer bestimmten Grundauffassung des gemeinen Mannes im Hinblick auf einen zu erstrebenden Staat zeugen" (Angermeier nach Buszello, S. 15), sondern „die politischen Ordnungskonzeptionen gerade in ihrer Verschiedenheit dar(zu)stellen und (zu) fragen, woher sich diese Verschiedenheit motiviert (. . .)". (S. 15) Er versucht dies zu erreichen, indem er die Aufstandsbewegung regional untersucht, zu typologischen Klassifizierungen greift und danach unterscheidet in „territorial begrenzte" und „überterritoriale" Aufstandsbewegungen in den, wie es bei ihm auch – in gefährlicher Nähe zur Schädlingsmetapher – heißt, „befallenen Gebieten" (S. 8). Gemeinsam seien beiden Formen bestimmte soziale und politische Ausgangsforderungen, am deutlichsten faßbar in den Beschwerdeschriften – einschließlich der 12 Artikel! Daraus gehe hervor: „einmal das Verlangen nach *persönlicher Freiheit und Gleichwertigkeit* (nicht Gleichheit, denn die ständische Gliederung, auch als Berufsdifferenzierung, bleibt unangetastet), zum anderen das nach Bewahrung und Ausweitung der *innerdörflichen Autonomie*". (S. 16)

Darin nun zeigen sich bereits die restriktiven Voraussetzungen des Ansatzes von Buszello – zuerst mit der Konsequenz, daß die allgemeinen, über die Einzelforderungen der Beschwerdeschriften hinausgehenden politisch-revolutionären Intentionen der 12 Artikel übersehen werden, diese selbst nur als soziales Reformprogramm gewertet und die allerdings regional unterschiedlichen politischen Programmatiken dann als Ausweitungen, nicht aber als Präzisierungen oder Deformierungen gesehen werden. So gesehen sind die 12 Artikel kein revolutionär-politisches, sondern nur ein sozial-reformerisches Programm: „Die Forderung nach sozialer Aufwertung der Person und nach genossenschaftlicher, d. h. herrschaftsfreier Regelung der innerdörferlichen Angelegenheiten bleibt somit innerhalb der gegebenen Herrschafts- und „Staats"-Formen" (S. 19). Die zweite Konsequenz aus Buszellos restriktivem Interpretationsansatz ist die, daß mit der apodiktischen Interpretation des politischen Geltungsanspruchs der Bauern als eines nach „Gleichwertigkeit", diesen nur ein moralisches Egalitätsverlangen zuerkannt wird, nicht aber ein nur revolutionär begründbarer gesellschaftlich-politischer Emanzipationsanspruch. Charakteristischerweise fallen der Thüringer Aufstand und Thomas Müntzer völlig aus Buszellos Sicht. Diese im Grunde aus dem methodischen Ansatz Buszellos, der Untersuchung des Bauernkriegs lediglich aufgrund der politischen Programmschriften, resultierenden Restriktionen der Interpretationsreichweite im Bezug auf Entstehung (sozialreformerische Bewegung) und Verlauf (Politisierung mit regional unterschiedlicher Programmatik aufgrund unterschiedlicher sozialer und politischer Voraussetzungen) des Bauernkriegs führt dazu, daß für Buszello der Bauernkrieg letztlich nur noch als Sammelsurium gleichzeitiger, aber politisch äußerst differenter regionaler Aufstandsbewegungen besteht. Doch ist als Verdienst Buszellos festzuhalten, daß er auf die starke Differenzierung der politischen Vorstellungen der einzelnen Bauernbewegungen erneut und nachdrücklich aufmerksam gemacht hat. Freilich von Voraussetzungen (Restriktionen des Ansatzes) ausgehend und mit Ergebnissen (vgl. w. u.), denen man nicht zustimmen kann, da eine Fülle von Fragen eliminiert oder einfach nicht mehr beantwortbar werden. So z. B. ist der Bauernkrieg als politisches Gesamtphänomen mit überregionaler Bedeutung nicht mehr erklärbar – eine grundsätzliche Differenz zwischen überregionaler Sozialreform und regionalen politischen Programmatiken entsteht; nicht erklärbar ist das *allgemeine* Desinteresse an Reichsreformfragen, auf das Buszello hinweist; als nicht erklärbar oder nur als unbedeutend wirrköpfig müssen die radikal-revolutionären Bewegungen innerhalb der einzelnen Haufen angesehen werden (B. über die plebejischen Stadtbewegungen. „Eine radikal-revolutionäre Unterströmung tritt in fast jeder vom Bauernkrieg betroffenen (!) Stadt zu Tage. Darin möchten wir aber meistens mehr wütende Gier als den Ausdruck einer politischen Gesinnung sehen" (S. 127); Müntzer und der Thüringer Aufstand werden als untypisch vernachlässigt). Nicht erklärt werden kann schließlich von Buszellos Voraussetzungen aus das komplexe Verhältnis zwischen bürgerlichen und bäuerlichen Emanzipationswünschen; und für eine Bestimmung des Verhältnisses von Bauernkrieg und Reformation hat Buszello ebenfalls kein Instrumentarium. So blieben ihm die politisch-programmatischen Differenzen zwischen den und innerhalb der einzelnen Bewegungen, die ja nicht geleugnet werden sollen (wenngleich offen bleiben muß, ob Buszellos Interpretationen im einzelnen zugestimmt werden kann), letztlich unabhängig bestehende Parallelerscheinungen. Und nur auf dieser Grundlage konnte er glauben, als Ergebnis seiner Untersuchung festgestellt zu haben: „Die politischen Bestrebungen im deutschen Bauernkrieg von 1525: gemeindliche Selbstverwaltung und Beseitigung adliger und klerikaler Sonderrechte, die Bildung einer überterritorialen Eidgenossenschaft von Bürgern und Bauern, die Erringung der Reichsunmittelbarkeit sowie die Beschränkung der landesherrlichen Macht durch ein ständisches Regiment" – so nach B. die unterschiedlichen politischen Ziele –, „haben alle ihre Vorbilder bereits in früheren Jahrhunderten. Durch die bloße Übernahme oder Weiterführung schon vorhandener politischer Ideen, die zum Teil auch schon praktiziert worden waren, bleibt der deutsche Bauernkrieg als politische Bewegung ganz dem Spätmittelalter verhaftet, ohne auf politischem Gebiet schöpferisch darüber hinauszuführen. Insoweit gehört der deutsche Bauernkrieg von 1525 noch ganz in den Rahmen spätmittelalterlicher Verfassungsentwicklung" (S. 148 f.). Eine konservative Revolution, läßt sich folgern.

An diesem Ergebnis, der umstandslosen Einordnung des Bauernkriegs in einen traditionalen politischen Zusammenhang, wird der gravierende Mangel des gegenüber politisch-ökonomischer Analyse völlig abstinenten Ansatzes von Buszello besonders deutlich. Buszello hat davon bewußt Abstand genommen, weil er meinte, damit eine DDR-marxistische Position kritisieren zu können (vgl. S. *8*). Darauf nun dezidiert einzugehen erübrigt sich aus verschiedenen Gründen: einmal, weil die Defizite seiner Arbeit nachdrücklich deutlich machen, daß man nicht ungestraft komplexe theoretische Voraussetzung einfach negiert; dann, weil Buszello den marxistischen Theorieansatz – oder besser, das, was er davon verstanden hat – auf so triviale Weise kritisiert, daß man die Betroffenen erst gar nicht davor in

Schutz zu nehmen braucht; und schließlich, weil mit der Arbeit von *Peter Blickle: Die Revolution von 1525, München und Wien 1975*, eine Arbeit vorliegt, die Buszello theoretisch und methodisch absolut überholt, obwohl Blickle selbst, was ihm nicht zu verdenken ist, auf Buszello nur peripher eingeht.

Blickles uns hier nur allein interessierenden Ergebnisses (seine Überlegungen über die historischen Folgen des Bauernkriegs, die explizit gegen Franz gerichtet sind und denen wir uns, das nebenbei, nicht anschließen können, müssen im folgenden unberücksichtigt bleiben) bauen auf zwei an die bisherige Forschung kritisch gerichtete Fragestellungen auf – sie unterscheiden seinen Ansatz markant von dem von Franz, Buszello und auch von der DDR-These von der frühbürgerlichen Revolution. Sie lauten:

„(1) Ist der Bauernkrieg mit der Ausbildung der Territorialstaatlichkeit, der Landesherrschaft, hinreichend erklärt. Genügt es, um es anders zu wenden, die konkret formulierten wirtschaftlichen Beschwerden der Bauern mit Franz auf Artikulationen des subjektiven Bewußtseins zu verkürzen.

(2) Ist der Bauernkrieg in der Zielsetzung regional so stark differenziert, daß nicht mehr an allgemeinverbindlichen Aussagen möglich ist, als der Wunsch nach mehr genossenschaftlich-gemeindlicher Autonomie. Damit verknüpft sich die Frage, was eigentlich dem Bauernkrieg seinen inneren Zusammenhang gibt, wenn es nicht die Ziele sind." (S. 19)

Antworten auf diese Fragen gibt Blickle bereits mit einer Interpretation der 12 Artikel, die er überschreibt: „Der revolutionäre Gehalt der Zwölf Artikel". Seine Thesen:

1. Die 12 Artikel nur als „zentrale", d. h. aus vielen lokalen Beschwerdeschriften zusammengestellte Beschwerdeschrift – nur als vereinheitlichtes sozialreformerisches Programm also zu sehen, wird ihnen nicht gerecht. Sie sind wesentlich mehr. Nämlich: Beschwerdeschrift, soziales Reformprogramm und politisch-revolutionäres Manifest zugleich.

2. Die 12 Artikel griffen die feudale Gesellschafts- und Herrschaftsordnung an, die überregional in verwandten Strukturen im agrarischen Bereich am besten erhalten geblieben waren. Versteht man Agrarverfassung als Beziehungsgefüge zwischen Berechtigungen der Feudalherren im grund-, leib- und (nieder)gerichtsherrlichen Bereich einerseits und den genossenschaftlich-gemeindlichen Rechten im Rahmen des Dorfes andererseits, so zielen die 12 Artikel politisch-revolutionär auf

- die Feudalherren als Grundherren (Reduzierung der Gülten und Dienste),

- die Feudalherren als Leibherren (Beseitigung der Leibeigenschaft und daraus abgeleiteter Dienste und Todfälle),
- die Feudalherren als Gerichtsherren (Forderung einer Rechtssprechung nach Gewohnheitsrecht),
- die Feudalherren als „Landesherren" (Ablehnung der aus grund-, leib- und gerichtsherrlichen Rechten abgeleiteten Gebotsautonomie der Herrschaften).

3. Die 12 Artikel erschöpfen sich nicht in der Negation, in der Abwehr und Zurückdrängung herrschaftlicher Ansprüche. Sie waren revolutionär in zweifacher Hinsicht: a) durch den *Leibeigenschafts-*, *Zehnt-* und *Pfarrerwahlartikel: Abschaffung der Leibeigenschaft* ist nicht nur eine, wie Buszello z. B. meint, Forderung nach Gleichwertigkeit; die Attackierung des Leibeigenschaftsgebots der Feudalherren hatte herrschaftliche Entmachtung zum politischen Ziel: Feudalherrschaft stütze sich als Dorf- und Ortsgerichtsbarkeit auf Leibeigenschaft, aus ihr konnte Steuerhoheit, Wehrhoheit, Gerichtshoheit abgeleitet werden. Die geforderte *Kommunisierung des Zehnten* hätte ökonomische Entmachtung bedeutet – der Zehnte machte teilweise ein Drittel bis die Hälfte der herrschaftlichen Einkünfte aus. Der *Pfarrerwahlartikel* zielte auf eine ideologische Entmachung feudaler Herrschaft, da er die Zertrümmerung der Reste der Eigenkirchen und die Übernahme des, weltliche wie jenseitige Ordnung interpretierenden Verkündigungsmonopols bedeutet hätte.

Blickle erläutert und bestätigt diese Thesen anschließend durch empirische Studien, die ihre Grundlagen der Interpretation historischer Fakten in der gesellschaftstheoretisch orientierten Analyse des sozioökonomischen Strukturwandels im ausgehenden Mittelalter finden. Ursachen wie politische Ziele des Bauerkrieges resultieren für ihn aus dem Spannungsfeld von „Krise des Feudalismus" und der „Kritik des frühmodernen Staates". Erst dadurch gelingt es, die „Verschlechterung der wirtschaftlichen Lage (der Bauern), Vertiefung der sozialen Spannungen, Verstärkung des herrschaftlichen Drucks" und eine Schärfung des „politische(n) Bewußtsein(s) der Bauern" (S. 127) in einen theoretisch begründeten und nicht einfach nur konstatierenden Zusammenhang zu bringen – den Bauernkrieg nicht nur Revolution zu nennen, sondern ihn auch als solche theoretisch zu begreifen. Erst dies auch macht den revolutionären Charakter der Berufung der Bauern auf das Göttliche Recht deutlich als Ausdruck revolutionär begründeter neuer Legitimität – nicht nur als Ausdruck traditionalen Rechtsempfindens, sondern als ökonomisch verursachte Notwendigkeit. Mit der Entwicklung des frühmodernen Staates, die sich nach Blickle in einer umgreifenden Territorialisierung abzeichnet und die letztlich sozial und ökonomisch auf Kosten der Bauern ging, war das Alte Recht dem sanktionierenden Einsatz des Römischen Rechts nicht mehr gewachsen um die politischen, ökonomischen und sozialen Ansprüche der Bauern gegen die Tendenzen des Strukturwandels zur Geltung zu bringen. „Das Durchsetzungsvermögen der Bauern erreichte seine Grenze am Alten Herkommen. Damit war viel, wenig und nichts zu erreichen – viel, wenn das alte Recht nachweisbar durch Neuerungen verletzt worden war; wenig, wenn es durch eine jahrzehntelange Überlagerung mit Neuerungen nicht mehr bewiesen werden konnte; nichts, wenn es angesichts neuer sozialer und wirtschaftlicher Probleme keine Ordnungsfunktion haben konnte". Und: „Der Legitimationszwang bestand für beide Seiten: die Herren kämpften mit dem „gemeinen kaiserlichen und geistlichen Recht", der Bauer verteidigte sich mit der stumpfgewordenen Waffe des Alten Herkommens. Die Kategorie der Rationalität stand gegen die Kategorie der Ethik. Gefesselt an sein eigenes Rechtsverständnis von Herkommen und Billigkeit konnte der Bauer nur fordern, was er rechtlich begründen konnte. Er benötigte ein Äquivalent zum „gemeinen kaiserlichen und geistlichen Recht"; er sollte es 1525 finden – im „göttlichen Recht" (S. 134). Die legitimierende Berufung auf das göttliche Recht war bereits revolutionäres Instrument vorgängiger revolutionärer Bauernbewegungen mindestens seit Wiclif. Daher gelang es den Bauern „das Legitimationsvakuum (. . .) in zehn Tagen" zu überwinden (S. 140). Doch dies war nicht, worauf Blickle nachdrücklich hinweist, primär Ausdruck legalistischen Rechtsbewußtseins, sondern Legitimation revolutionären Anspruchs. „Rechtliche Begründungen für Forderungen zu suchen war überflüssig, Beschwerden einzubringen entbehrlich, den Ausgleich mit jeder einzelnen Herrschaft anzustreben überflüssig. Der Aufstand hatte seine Legitimation, die Revolution ihr Ziel. Es galt allein dieses Ziel genauer zu umreißen, die wirtschaftlichen, sozialen und politischen Forderungen mit dem göttlichen Wort zu harmonisieren. Die Revolution brauchte ihr Manifest – sie fand es in den Zwölf Artikeln." (S. 140 f.) Erst von hier an und mit der Frage, mit welchen Mitteln die Durchsetzung des göttlichen Rechts erreicht werden konnte und sollte, beginnt politisch die Differenzierung. Mit dem göttlichen Recht aber und den 12 Artikeln als politischem Manifest hatte der Bauernkrieg seine gemeinsame politisch-revolutionäre Grundlage – wenngleich noch in unvollkommener Weise. „Das göttliche Recht war potentiell dynamisch in einem dreifachen Sinn: Nun konnten Forderungen jeder Art, die aus der Bibel deduzierbar waren, angemeldet werden. Nun waren die ständischen Schranken aufhebbar,

die Bauern und Städter bisher getrennt hatten. Nun wurde die künftige Sozial- und Herrschaftsordnung prinzipiell offen" (S. 141) – die kämpfenden Bauern, Bürger und Bergknappen (Blickle betont scharf diese beteiligten Gruppen, da es ein wichtiger Aspekt des Bauernkriegs ist und die analytische Perspektive erst richtig einstellt) haben nur unvollkommene Lösungen dafür gefunden und finden können. Aufgrund der historischen Möglichkeiten fehlte die erforderliche Kraft, die revolutionäre Programmatik voll durchzusetzen. Die Ergebnisse waren Kompromisse – erzwungene und vom politischen Vorstellungsvermögen traditional eingeschränkte, weitergehende Vorstellungen blieben Entwürfe, aber sie waren vorhanden.
Doch auch das, was sich, wenn auch nur zeitweilig, keimhaft als angestrebte Verfassungsordnung artikulieren konnte, ging noch über bislang bekannte Reformvorstellungen hinaus und deutete auf Alternativen zum frühmodernen Staat: als Form der „korporativ-bündische(n) Verfassung, die in Oberschwaben, dem deutschen Südwesten und dem Elsaß funktionierende ländliche und städtische Gemeinden in Haufen zusammenfaßte, diesen über ihre militärischen Aufgaben hinaus eine politische Funktion zuwies und sie schließlich föderativ im Bund der Christlichen Vereinigung zusammenführte. Konstruktiv war in diesem dreistufigen Staat die Konzeption des „Haufens", der überterritorialen militärisch-politischen Institution (. . .); die gemeindlich-genossenschaftliche Grundlage erwuchs aus lebendigen Traditionen, der bündische Gedanke war vorgeprägt in der Eidgenossenschaft, in den Städtebünden, im Schwäbischen Bund". (S. 193)
Diese Mischung von traditionalen und revolutionären Vorstellungen verrät Unsicherheit der Artikulationsfähigkeit politisch-revolutionären Willens und eine kompromißlerische Struktur, die nicht erst aus dem Zusammenhang von politischem Kampf und Niederlage resultieren, sondern strukturell gesehen werden müssen als Ausdruck der am Kampf beteiligten Interessen. „Verantwortlich für die Unsicherheit waren, wenn man Verantwortliche dingfest machen will, die Reformatoren und das Bürgertum, weil sie der Revolution das Schwert verweigerten und einen Kompromiß ansteuerten, wo es keinen Kompromiß geben konnte: die Schapplers, Lotzers, Zells, Butzers, Capitos, Hiplers und Weigandts säten, was sie nicht ernten sollten." (S. 195)
Dies ist aber nur die eine politische Perspektive des Bauernkriegs. Die andere wird repräsentiert durch die, die, um im Bilde Blickles zu bleiben, nicht ernten konnten, was sie säten: die Gaismair, Müntzer u. a. Dennoch können die Kompromißlösungen, die im Prinzip alle zu ständisch-landschaftlichen Verfassungen mit unterschiedlicher Prägnanz als Alternativen zum frühmodernen Staat ten-

dierten, in gewisser Weise noch als revolutionäre Konzeptionen angesehen werden, weil „der Ständestaat nicht mehr als das institutionelle Gerüst lieferte, der Staatsaufbau mit seiner ständespezifischen Zuordnung von politischen Rechten und Pflichten aber überwunden wurde. Der Landschaftsbegriff, bisher besetzt von den in den Landtagen vertretenen Ständen, wurde von den Untertanen im engeren Sinne, den Bauern, Bürgern und Knappen, annektiert. Das war der Hebel, das gesellschaftliche und herrschaftliche Gefüge umzustoßen, alles weitere war zwangsläufig Konsequenz dieses ersten Schrittes; die Beseitigung wirtschaftlicher und politischer Macht der Prälaten; die Integration des Adels und der Prälaten in die kommunalen Verbände als Teilkorporationen der Gesamtkorporation Landschaft und damit ihre politische Entprivilegierung; die veränderte Zusammensetzung der Landtage.“ (S. 204 f.)

Die wirkliche Alternative zum frühmodernen Staat – dem in der Tendenz bürgerlichen – und damit die Alternative zum Kompromiß, formulierten die radikaleren Programme Gaismairs, Hubmairs und Müntzers. Sie utopisch zu heißen, wie Blickle das tut, mag angehen noch aus heutiger Sicht auf die Perspektiven alternativer Gesellschaftsordnungen, sie als Entwürfe vom „totalen christlichen Staat“ zu charakterisieren aber heißt, die plebiszitären Vorstellungen darin einseitig zu vernachlässigen und die historische Notwendigkeit religiöser Legitimation radikal-revolutionären Anspruchs zu vergessen. Wenn Blickle mit Nipperdey zu den politischen Perspektiven Müntzers meint, „im Letzten kämpfte Müntzer für eine endzeitliche Welt nach dem Heilsplan Gottes“, so zerreißt das analytisch so wenig den historisch notwendigen religiösen Schleier vor dem politischen Geschehen wie den ideologischen bürgerlicher Geschichtsschreibung, – eher tut das schon das mit Bensing und Seibt fortsetzende Zitat, das präzisiert: „die in ihrer konkreten Formation kommunistisch, gemeindlich-demokratisch oder republikanisch-theokratisch sein mochte“ (S. 213).

Brigitte Raitz

Bauernkrieg im Kinder- und Jugendbuch – ein Monopol der DDR

‚Die Darstellung des Deutschen Bauernkriegs im deutschen Kinderbuch nach 1945' – so oder ähnlich sollte ursprünglich der Titel eines kurzen Literaturberichtes lauten und gedacht war dabei an eine Art vergleichender Betrachtung zwischen Titeln aus der BRD und solchen aus der DDR.

Doch es ergaben sich unvermutete Schwierigkeiten: im westdeutschen erzählenden Kinderbuch findet der Deutsche Bauernkrieg nämlich nicht statt, d. h. es scheint ihn nie gegeben zu haben: es gibt keine Erzählung, kein sogenanntes Sachbuch über den Deutschen Bauernkrieg, und die Lebensgeschichte von Männern wie Joß Fritz, Thomas Müntzer oder Florian Geyer wurde für Kinder nicht nacherzählt. Von Namen, die mit dem Bauernkrieg zusammenhängen, könnten sie höchstens Martin Luther oder Götz von Berlichingen kennenlernen: den ersteren allerdings nur in der Figur des gottgefälligen Reformators und Bibelübersetzers, den letzteren als den etwas rauhbeinigen, aber aufrechten Ritter mit der eisernen Hand und dem berühmten Ausspruch.

Das westdeutsche Kinderbuch bevorzugt eindeutig die Herrschenden, die Sieger, jene, die Macht, Gewalt und Unterdrückung legal und als von Gottes Gnaden Eingesetzte ausübten. Obwohl man als Laie der Meinung ist, daß Vorgeschichte und Verlauf des Deutschen Bauernkriegs ebenso wie die herausragenden Persönlichkeiten auf der Seite der Bauern sich als Stoff für geschichtliche Kinder- und Jugendbücher geradezu aufdrängen, scheint unter westdeutschen Kinderbuchautoren eine überaus große, fast an Berührungsangst grenzende Scheu davor zu bestehen, einmal die andere Seite zu zeigen – die Namenlosen, die Leidenden, die Ausgebeuteten mit ihren Versuchen, sich gegen die Mächtigen, gegen Kirche und Feudaladel aufzulehnen. Woher diese Angst? Warum zeigen die wenigen Bücher, die Kinder mit dem Kampf gegen ungerechte gesellschaftliche Verhältnisse vertraut machen wollen, immer Beispiele aus anderen Ländern? Warum werden Ereignisse wie die Französische Revolution von 1789 oder die Russische Oktoberrevolution dazu ausgewählt und Biographien über Martin Luther King, ja sogar Che Guevara geschrieben, das Beispiel aus der eigenen Geschichte, auf das man stolz sein könnte, aber ausgespart?

Etwas weniger wundert man sich über diese Tatsachen, wenn man in einem ganz neu erschienenen *Lexikon der Kinder- und Jugendliteratur* (Weinheim 1975) zum Stichwort „Geschichtliche Themen im Kinder- und Jugendbuch" u. a. folgenden Satz liest: „Gelingt es einem Schriftsteller, die äußeren Ereignisse, den kulissenhaften Rahmen zurückzudrängen und sich in die Atmosphäre, in das Wesen einer Zeit zu versetzen, dann ist die Idealform der historischen Erzählung bzw. des historischen Romans geschaffen." Wo ökonomische und gesellschaftliche Verhältnisse in ihren Auswirkungen auf den Fortgang der Geschichte nur als Kulisse, die möglichst blaß bleiben soll, aufgefaßt werden, da hat der Deutsche Bauernkrieg, bei dem gerade diese „äußeren Ereignisse" im Zentrum stehen müßten, natürlich keinen Platz. Eine weitere Erklärung für die Nichtexistenz dieses Themas im westdeutschen Kinderbuch läßt sich auch aus der Tatsache ableiten, daß diese Zeitspanne der deutschen Geschichte auch bei unseren Schriftstellern und Historikern bis vor kurzem nur selten Beachtung fand, so daß ihre Rezeption und Aufarbeitung noch in den Anfängen stecken.
Völlig gegensätzlich zur bundesrepublikanischen Situation sieht es in der DDR aus. Ich glaube, daß dafür hauptsächlich zwei Faktoren ausschlaggebend sind, nämlich einmal die fortgeschrittene allgemeine Rezeption des Deutschen Bauernkriegs in der DDR und zum zweiten der ganz andere Stellenwert, den Kinderliteratur dort hat. In der BRD wird Kinder- und Jugendliteratur gern etwas verächtlich abgetan und links liegen gelassen, eingeschätzt oft als eine Spielwiese für Autoren, bei denen es halt für die große, die ernste Literatur nicht langt (und die man dafür auch schlechter bezahlt); Beachtung findet sie nur in Fachkreisen oder zu Weihnachten, wenn sie zum Geschenkartikel avanciert. Die „seriöse" Literaturkritik und Literaturwissenschaft befaßt sich kaum mit ihr. Ganz anders die Einschätzung in der DDR: dort sind Jugendschriftsteller ihren Kollegen von der Erwachsenenliteratur im öffentlichen Ansehen und hinsichtlich der materiellen Förderung durchaus gleichgestellt. Und was bei uns noch relativ selten ist, daß nämlich bekannte Schriftsteller auch für Kinder schreiben, ist hier von jeher durchaus üblich (u. a. Renn, Strittmatter, Alex Wedding, Weiskopf-Henrich). Die Literaturwissenschaft der DDR betrachtet die Kinder- und Jugendliteratur als eng verflochten mit der Erwachsenenliteratur und als festen Bestandteil der deutschen Nationalliteratur. Einige Kinderbücher gehören als Ganzschriften zum verbindlichen Lehrstoff an Schulen.
Innerhalb der sozialistischen Pädagogik wird der Kinder- und Jugendliteratur ein wichtiger Stellenwert eingeräumt, sie wird als ein wichti-

ges Erziehungsmittel betrachtet und man erwartet von ihr, daß sie beim Leser die Entwicklung eines sozialistischen Bewußtseins fördert und unterstützt, indem sie den Typ des ‚positiven Helden', der sozialistischen Persönlichkeit zur Identifikation anbietet.

Diese Einschätzung der Kinder- und Jugendliteratur läßt auch Rückschlüsse auf ihre Inhalte zu – und hier kommt der zweite der oben angeführten Faktoren zum Tragen, der den Deutschen Bauernkrieg zu einem bevorzugten Thema im geschichtlichen Kinderbuch der DDR werden ließ. Er zählt zu jenen Ereignissen in der deutschen Geschichte, die die DDR als Erbe für sich reklamiert, von denen sie meint, daß die damals nicht verwirklichten Ziele nun in ihrem Staat erreicht wurden, abzulesen zum Beispiel an einer Schlagzeile im *Neuen Deutschland*: „Das Vermächtnis der Bauern und Plebejer von 1525 wurde in unserem Lande zur Wirklichkeit" (17. März 1975 anläßlich einer Festveranstaltung in Mühlhausen). Dieses Erbe, diese Tradition müssen an die Jugend weitergegeben werden, unter anderem über das Medium der für sie geschriebenen Literatur. So läßt sich auch die große Anzahl von historischen Erzählungen für Kinder und Jugendliche erklären, die den Deutschen Bauernkrieg zum Thema haben.

Ich habe dazu 15 Titel bibliographiert, wobei angenommen werden muß, daß damit nicht einmal die Hälfte der erschienenen erfaßt ist, da eine annähernd vollständige Übersicht für mich nur bis 1962 erreichbar war (in der Dissertation von *Joachim Schmidt: Die Darstellung des Bauernkrieges in der deutschen Kinderliteratur, Rostock 1962*); später erschienene Titel wurden nur zufällig gefunden und erfaßt. Selbst lesen konnte ich von den 15 nur 7, die restlichen waren in der Deutschen Bibliothek in Frankfurt/M. nicht vorhanden und auch über die Fernleihe der Bibliotheken nicht zu erhalten. So kann ich zu den folgenden Titeln nur kurze Annotationen geben, gestützt auf die Dissertation von Joachim Schmidt:

Hardel, Gerhard: Das Mädchen von Simsdorf, Berlin 1957. (Historisch nicht näher fixierte Schlacht zwischen Bauern und Adligen, in der letztere siegen.)

Jordan, M.: Die Nacht des Bären, Berlin 1955. (Rebellierender Bauernhaufe greift eine Burg an; Bauernkriegszeit nur Kolorit.)

Kruschel, Heinz: Rebell mit Kreuz und Schwert, Berlin 1972. (Müntzerbiographie)

Philipp, F. E.: Im Zeichen des roten H, Berlin 1955. (Als heimliche Bundschuh-Mitglieder helfen sich Bauern gegenseitig im Kampf gegen die Pressionen des Fronvogts.)

Schmidt, G.: Das Gericht von Weinsberg, Berlin ^{2}1959.

Settgast, Ann-Charlott: Martin Höst, Feldberg 1951. (Schlacht von Böblingen.)

Settgast, Ann-Charlott: Das Regenbogenfähnlein, Feldberg 1951. (Thomas Müntzer?)

Strahl, Rudi: Sturm auf Stollberg, Berlin 1955.

Neben Titeln, die sich explizit mit einem Ereignis aus der Zeit des Bauernkriegs befassen und der einen Biographie über Müntzer überwiegen in dieser Aufzählung Bücher, in denen die Bauernkriegszeit nur als Kulisse, als Hintergrund dient. Sie können im eigentlichen Wortsinn kaum als geschichtliche Erzählungen bezeichnet werden, denn Geschichte wird nicht zu ihrem Thema. Das Schicksal der handelnden Personen ist nicht mit gleichzeitig stattfindenden historischen Ereignissen verknüpft, es wird nicht von ihnen bestimmt, so wenig wie sie selbst durch ihr Verhalten Einfluß auf die Geschichte nehmen; es werden vielmehr Ereignisse, individuelle Schicksale erzählt, die mit geringen Modifizierungen so vor jedem anderen geschichtlichen Hintergrund ablaufen könnten. Zu dieser Art von Büchern wären auch die folgenden zwei Titel zu zählen:

Hans Robert Schröter: Kurfürst, Ritter und Küchen-Knecht, Weimar 1954; dess.: *Jakob Baumhardts Rache, Weimar 1956.*

Gerade das zuletzt genannte Buch ist ein Beispiel dafür, wie sich die Handlung mehr und mehr verselbständigt, Zeitgeschichte zum auswechselbaren Hintergrund wird. Die Handlung spielt in den Jahren 1514–1517. Jakob Baumhardt ist Bauer in einem südlich vom Harz gelegenen Dorf, er ist verheiratet und hat zwei Söhne. Weil er die Doggen des Grafen von seinem Hof vertreibt, wird er eingekerkert, gefoltert und zur Strafe zu den Hunden in den Zwinger gesperrt. Er entkommt, findet aber natürlich Haus und Hof verwüstet und verlassen vor. Er selbst wird gesucht. Von einem Versteck in den Bergen aus unternimmt er tollkühne Ausfälle und fügt dem verhaßten Grafen in einer Art persönlichem Kleinkrieg einigen Schaden zu. Dabei verleiht ihm der Autor Züge eines Robin Hood, denn Baumhardt läßt Teile seiner Beute den Bauern zukommen. Diese haben jedoch noch mehr als früher zu leiden, da der Graf seine Wut auf Baumhardt, den er nicht zu fassen bekommt, an ihnen ausläßt. Erst viel zu spät erkennt Jakob Baumhardt die Sinnlosigkeit seines Einzelkampfes und versucht, die Bauern zu agitieren, zu einigen, aber der Schlag gegen das gräfliche Gut und Schloß kommt dann zu früh, zu schlecht vorbereitet und mißlingt. Baumhardts Einsicht wird von Schröter nicht vorbereitet und entwickelt, sondern wenig überzeugend angehängt, die Erzählung konzentriert sich ganz aufs abenteuerliche Element: wilde Verfolgungsjagden, nächtliche Überfälle, gefährliche Streifzüge und halsbrecherische Unternehmungen, Errettungen in allerletzter Minute bestimmen den Handlungsablauf. Diese Dinge nehmen so viel

Raum ein, ziehen die Aufmerksamkeit des Lesers so stark auf sich, daß die Darstellung geschichtlicher Zusammenhänge sowie eine psychologisch begründete Entwicklung der Hauptperson nicht geleistet werden oder ganz peripher bleiben. Das Verhältnis von innerer und äußerer Spannung ist hier ganz zu Gunsten äußerlicher Effekte verschoben.

Daß es gerade der Alltag der Bauern im 15. Jahrhundert war, der durch zunehmende Ungerechtigkeit und Ausbeutung immer unerträglicher wurde, daß in ihm der sich anbahnende Konflikt angelegt war, so daß man vielleicht sagen könnte, gerade das Alltägliche, Undramatische war das eigentlich Dramatische, das zeigt sehr schön ein Buch von

Marianne Bruns: Der Junge mit den beiden Namen, Berlin 1958.

Dieser Junge, Conrad, ist ein Bastard des Burgherrn und wird in Ermangelung eines anderen Erben auf der Burg geduldet. Nachdem die Gräfin jedoch wider Erwarten doch noch einen Sohn zur Welt bringt, geht der ca. 12jährige Conrad absichtlich-unabsichtlich auf einer Jagd verloren. Er findet Zuflucht bei einer Waldbauernfamilie, gewöhnt sich langsam an deren karge Existenz und lehnt später ein Angebot, auf die Burg zurückzukehren (der Erbe hatte das Säuglingsalter nicht überlebt), ab. Die Handlung ist für die Leser gut überschaubar, wichtige Personen sind Conrad und der etwas jüngere Sohn des Waldbauern, mit denen sich Kinder leicht identifizieren können. Die Autorin schildert eine ganze Reihe außerordentlich spannender und aufregender Episoden, die aber ihren Anlaß, ihr auslösendes Moment immer in den gesellschaftlichen, den ökonomischen Bedingungen haben; wären diese Verhältnisse anders, so könnten sie sich überhaupt nicht ereignen, d. h. die Handlung ist ohne ihre Ansiedlung in der Zeit des Feudalismus nicht denkbar. Kinder werden nach der Lektüre viel über die erdrückenden Lebensbedingungen der Bauern in jener Zeit wissen. So nebenbei weist M. Bruns auch schon auf die Risse im Feudaladel selbst hin, indem sie in Conrads Vater einen Ritter der alten, nicht mehr zeitgemäßgen Sorte zeigt, der große Jagden veranstaltet, rauschende Feste feiert, seine Einkünfte verpraßt; er ist ewig in Geldnot und gerät dadurch immer tiefer in Abhängigkeit von seinen Schuldnern. Einen anderen, ‚modernen' Typ des Adligen verkörpert der Burgherr, zu dessen Leibeigenen die Waldbauernfamilie zählt. Er ist – unstandesgemäß, aber einträglich – mit einer Patrizierstochter verheiratet, hat sich rechtzeitig auf die Geldwirtschaft umgestellt, richtet sich in seinen Ausgaben nach den Einkünften, treibt Handel und kalkuliert auch die Ausbeutung seiner Bauern genau: wo z. B. weniger Druck mehr Ertrag verspricht, wird er auch gemildert. Ein Zug zum Kaufmännischen, zum Bürgerlichen ist unübersehbar.

In dem Buch von Marianne Bruns ist von Aufständen der Bauern noch nicht die Rede, wenn auch klar wird, daß die geschilderten Verhältnisse einmal zum Ausbruch führen müssen; es heißt nur an einer Stelle, es gäbe draußen im Lande unter den Bauern Unruhe, „Murmelunge". Daß es im weiteren Fortgang der Geschichte bei der ‚Murmelunge' nicht blieb, zeigen einige andere geschichtliche Erzählungen, die ganz bestimmte historische Ereignisse und Persönlichkeiten thematisieren. Eine kurze Episode direkt aus der Zeit der Aufstände schildert

Alexander Jesch: Des Müntzers Bote, Weimar 1973.

Thomas Müntzer und sein Feldhauptmann Jörg Matern suchen im Frühjahr 1525 verzweifelt einen Boten, der einen wichtigen Brief nach Eichsfeld bringt. Kunz von Breithut, ein Gerberlehrling aus Schwaben, der bei einem dortigen Aufstand Eltern und Meister verloren hat, erklärt sich dazu bereit. Trotz Verrates kann er seinen Auftrag durchführen, wird aber auf dem Heimweg noch eingeholt und erschlagen. Das ist knapp und einprägsam erzählt und zeigt, wie Verrat oft durch Mangel an Mißtrauen und Vorsicht ermöglicht wurde. Das bittere Ende wird für die Leser dadurch gemildert, daß Kunz durch Mut, List und auch körperliche Ausdauer doch diesen Verrat insofern besiegen konnte als er die Botschaft noch rechtzeitig überbrachte. Er hat der großen, gemeinsamen Sache gedient, sein Tod war nicht umsonst.

Während diese Erzählung Kenntnisse der damaligen Zeit voraussetzt, evtl. auch als Einstieg in das Thema „Bauernkrieg" dienen kann, versucht das Buch von

Hanna-Heide Kraze: Des Henkers Bruder, Berlin [7]1974

möglichst viel von den gesellschaftlich-ökonomischen Verhältnissen der damaligen Zeit zu vermitteln. Der 14jährige Bauernsohn Christoph Herlinger aus der Umgebung von Freiburg findet 1513 zu Joß Fritz, der ihn bei sich aufnimmt, ihn unterrichten läßt, ihn mit heimlichen Botengängen betraut und an dessen Seite er den zweiten Verrat des Bundschuh miterlebt. Die Handlung ist geschickt aufgebaut. Zunächst wird Christophs Familie in ihren unvorstellbar ärmlichen Verhältnissen gezeigt, aus denen Joß Fritz Christoph herausholt. Als dessen ‚Bub' begegnet er nun vielen anderen Personen aus den verschiedensten sozialen Schichten, die Handlung wird aufgefächert, verzweigt sich. Man lernt Bauern, kleine Kaufleute, Raubritter, Stadtbürger kennen, kann verfolgen, wie Joß Fritz sein Netz zum zweiten Mal knüpft, überall Verbündete sucht, den Bundschuh neu

organisiert, und sieht, wie Voreiligkeit und Ungeduld den zweiten Verrat ermöglichen. Die Identifikationsfigur für den Leser bleibt immer Christoph, dessen Hineinwachsen in die Rolle eines Mitstreiters, der den Kampf um Gerechtigkeit weiterführen will, beschrieben wird. H.-H. Kraze vernachlässigt in ihrer Schilderung etwas die Rolle der Bauern, die als soziale Gruppe und als Hauptbetroffene nicht so recht ins Blickfeld gerückt werden, dagegen geht sie – im Gegensatz zu allen anderen Büchern zum Bauernkrieg – sehr ausführlich auf die Verhältnisse in der Stadt (hier Freiburg) ein und zeigt, daß die unteren Schichten, die verarmten und ausgepreßten städtischen Plebejer auch partiell als Bundesgenosse gewonnen werden können, ja gewonnen werden müssen, soll eine Erhebung Erfolg haben. Selbst unter den wohlhabenden Bürgern, die versuchen, Abhängigkeiten von Adel und Klerus abzuschütteln, könnte man bei geschicktem Taktieren potentielle Verbündete finden. Mit der Einbeziehung dieses Aspekts versucht die Autorin vielleicht, die Theorie, die den Bauernkrieg als frühbürgerliche Revolution definiert, zu unterstützen.
Dagegen schildert ein schon klassischer Text eine der ersten großen bäuerlichen Bewegungen im fränkischen Raum, die durch die Predigten von Hans Böheim in Niklashausen ausgelöst wurde:
Alex Wedding: Die Fahne des Pfeiferhänsleins, Berlin ^{13} 1973.
Seppel Plattner, ein 12jähriger Bauernsohn, wird in die Ereignisse des Jahres 1476 verwickelt, er hört eine Predigt des Pfeiferhänsleins, begeistert sich für die Sache der aufständischen Bauern, bewährt sich als Kundschafter und erlebt den Tod Hans Böheims auf dem Scheiterhaufen, den Zusammenbruch der Erhebung mit. Zusammen mit wenigen anderen kann er entkommen, und er überwindet Verzweiflung und Verzagtheit durch die Überzeugung, daß der Kampf weitergehen und eines Tages siegreich für die Bauern enden muß. Alex Weddings Buch ist ähnlich aufgebaut wie das von H.-H. Kraze: ein halbwüchsiger Junge als Hauptfigur, die Handlung beginnt mit der Schilderung der elenden Lebensumstände von Seppels Familie und wird dann allmählich verbreitert durch die Einbeziehung weiterer Personen und anderer Handlungsorte. Alex Wedding vermeidet aber im Gegensatz zu Kraze die Gefahr der Unübersichtlichkeit, auch Oberflächlichkeit, indem sie sich auf einen eng begrenzten Raum (Umgebung Würzburgs), eine relativ kurze Zeitspanne (einige Wochen) und weniger Personen beschränkt, diese jedoch sehr eindringlich schildert. Die Gegenpartei der Bauern, d. h. Klerus und Adel, werden in streng getrennten Kapiteln ebenfalls vorgestellt, so daß man die unterschiedlichen materiellen Verhältnisse beider Parteien genau kennenlernt und auch die jeweiligen Pläne und Aktionen auf

beiden Seiten verfolgen kann. Sehr klar wird so herausgearbeitet, daß die Bauern trotz zahlenmäßiger Überlegenheit auf Grund ihrer Gutgläubigkeit, ihres in jahrhundertelanger Unterdrückung gewachsenen Kleinmuts und Fatalismus, ihrer mangelnden Organisation und ihrer Uneinigkeit an der Schlauheit und Falschheit ihrer Herren fast zwangsläufig scheitern mußten. Verrat spielt auch hier eine Rolle, aber keine so ausschlaggebende wie fast 50 Jahre später im Bundschuh, den H.-H. Kraze als auf einem viel weiter fortgeschrittenen revolutionären Niveau stehend beschreibt. Gerade weil sie verschiedene Stufen der geschichtlichen Entwicklung zeigen und beschreiben, ergänzen sich diese beiden Bücher gut, wobei ich dem von Alex Wedding in Bezug auf die sprachliche Gestaltung, die Charaktersisierung der einzelnen Personen und die Handlungsführung zweifelsohne den Vorzug geben würde.

Wenn man sieht, was für bewegende, spannende geschichtliche Kinderbücher in der DDR zum Thema „Großer Deutscher Bauernkrieg" geschrieben worden sind, dann wird es immer unverständlicher, warum die Kinder- und Jugendbuchautoren der BRD dieses Thema so konsequent übersehen und auslassen. Sind deutsche Revolutionen bei ihnen ein Thema, über das man nicht spricht, vielleicht gar nicht sprechen soll? Wer hat hier Angst vor was und vor wem? Woran soll da nicht gerührt werden? Was HAP Grieshaber kürzlich in einem anderen Zusammenhang formulierte, trifft nur zu genau auch auf die Kinder- und Jugendliteratur zu: „Zum 450. Jahrestag des deutschen Bauernkrieges, zu dem wir hier die Orte haben, von denen man drüben spricht, ist uns nicht viel eingefallen."

Anschriften

Herausgeber und Redaktion *Lesen 3*:

Dr. Erhard Schütz/Prof. Dr. Jochen Vogt, Universität Essen-Gesamthochschule, Fachbereich 3, Unionstraße 2, 4300 Essen.

Prof. Dr. Walter Raitz, Johann Wolfgang Goethe-Universität Frankfurt am Main, Fachbereich 10 – Deutsches Seminar, Gräfstraße 76, 6000 Frankfurt/M. 1.

Autorenkollektiv, Kontaktadresse: *Dr. Florian Vaßen*, Technische Universität Hannover, Seminar für deutsche Sprache und Literatur, Welfengarten 1, 3000 Hannover.

Manfred Dutschke, Gutzkowstraße 69, 6000 Frankfurt/M.

Dr. Hubertus Fischer, Freie Universität Berlin, Fachbereich 16 – Germanistik, Habelschwerdter Allee 45, 1000 Berlin 33.

Prof. Dr. Dieter Kartschoke, Technische Universität Hannover, Seminar für deutsche Sprache und Literatur, Welfengarten 1, 3000 Hannover.

Brigitte Raitz, Waldweg 67, 6090 Rüsselsheim.

Manfred Schurig, Modellversuch Regionale Lehrerfortbildung, 6080 Groß-Gerau, Gesamtschule.

Andreas Seiverth, Zeiselstraße 18, 6000 Frankfurt/M.

Klaus Siblewski, Burgstraße 74, 6000 Frankfurt/M.

Grundstudium Literaturwissenschaft

Hochschuldidaktische Arbeitsmaterialien

Herausgegeben von Heinz Geiger, Albert Klein, Jochen Vogt unter Mitarbeit von Bernhard Asmuth, Horst Belke, Luise Berg-Ehlers und Florian Vaßen

---

Band 1 *Heinz Geiger / Albert Klein / Jochen Vogt*
Literatur und Literaturwissenschaft – Materialien zur Einführung
200 Seiten. Folieneinband

Band 2 *Heinz Geiger / Albert Klein / Jochen Vogt*
Hilfsmittel und Arbeitstechniken der Literaturwissenschaft
100 Seiten. Folieneinband

Band 3 *Albert Klein / Jochen Vogt*
Methoden der Literaturwissenschaft I: Literaturgeschichte und Interpretation
136 Seiten. Folieneinband

Band 4 *Florian Vaßen*
Methoden der Literaturwissenschaft II: Marxistische Literaturtheorie und Literatursoziologie
192 Seiten. Folieneinband

Band 5 *Bernhard Asmuth / Luise Berg-Ehlers*
Stilistik
180 Seiten. Folieneinband

Band 6 *Bernhard Asmuth*
Aspekte der Lyrik
Mit einer Einführung in die Verslehre
160 Seiten. Folieneinband

Band 7 *Heinz Geiger / Hermann Haarmann*
Aspekte des Dramas
In Vorbereitung

Band 8 *Jochen Vogt*
Aspekte erzählender Prosa
96 Seiten. Folieneinband

Band 9 *Horst Belke*
Literarische Gebrauchsformen
180 Seiten. Folieneinband

Band 10 *Albert Klein / Heinz Hecker*
Trivialliteratur
Ca. 160 Seiten. Folieneinband

WESTDEUTSCHER VERLAG

GPSR Compliance

The European Union's (EU) General Product Safety Regulation (GPSR) is a set of rules that requires consumer products to be safe and our obligations to ensure this.

If you have any concerns about our products, you can contact us on ProductSafety@springernature.com

In case Publisher is established outside the EU, the EU authorized representative is:

Springer Nature Customer Service Center GmbH
Europaplatz 3
69115 Heidelberg, Germany

Batch number: 10809464

Printed by Printforce, the Netherlands